सुधारित तृतीय आवृत्ती

I0036008

आपत्ती व्यवस्थापन

संकल्पना आणि कृती

कर्नल (निवृत्त) पी. पी. मराठे

प्रा. व्ही. जे. गोडबोले

डायमंड पब्लिकेशन्स

आपत्ती व्यवस्थापन : संकल्पना आणि कृती
कर्नल (निवृत्त) पी. पी. मराठे, प्रा. व्ही. जे. गोडबोले

Aapatti Vyavasthapan : Sankalpana ani Kruti
Colonel (Retd.) P. P. Marathe, Prof. V. J. Godbole

प्रथम आवृत्ती : डिसेंबर २००५
द्वितीय आवृत्ती : जानेवारी २००७
तृतीय आवृत्ती : डिसेंबर २०१०

ISBN 81-89724-13-4

© डायमंड पब्लिकेशन्स

अक्षरजुळणी
डायमंड पब्लिकेशन्स, पुणे

मुखपृष्ठ
शाम भालेकर

प्रकाशक
डायमंड पब्लिकेशन्स
२६४/३ शनिवार पेठ, ३०२ अनुग्रह अपार्टमेंट
ओंकारेश्वर मंदिराजवळ, पुणे-४११ ०३०
☎ ०२०-२४४५२३८७, २४४६६६४२
info@diamondbookspune.com

ऑनलाईन पुस्तक खरेदीसाठी भेट द्या
www.diamondbookspune.com

प्रमुख वितरक
डायमंड बुक डेपो
६६१ नारायण पेठ, अप्पा बळवंत चौक
पुणे-४११ ०३० ☎ ०२०-२४४८०६७७

या पुस्तकातील कोणत्याही भागाचे पुनर्निर्माण अथवा वापर इलेक्ट्रॉनिक अथवा यांत्रिकी साधनांनी-फोटोकॉपिंग, रेकॉर्डिंग किंवा कोणत्याही प्रकारे माहिती साठवणुकीच्या तंत्रज्ञानातून प्रकाशकाच्या आणि लेखकाच्या लेखी परवानगीशिवाय करता येणार नाही. सर्व हक्क राखून ठेवले आहेत.

मनोगत

जे आपत्तीच्या खाईत लोटले गेलेले आहेत तेच आणि केवळ तेच मदतीचे मोल जाणू शकतात. मदतीमुळेच ते सुरक्षित राहू शकतात. आपला जीव वाचवू शकतात. सुदैवाने आज मदतीसाठी धावून जाणाऱ्यांच्या संख्येत वेगाने वाढ होते आहे. मागील पाच दशकांत लोकसंख्येत झालेली वाढ, आपत्तीच्या प्रमाणात आणि तीव्रतेत झालेली वाढ अशी कारणे यामागे असू शकतील. परंतु ठळकपणे जाणवते ते म्हणजे प्रसिद्धी माध्यमांनी लोकांपर्यंत पोहोचवलेल्या वृत्तांमुळे, दूरचित्रवाहिन्यांनी दाखवलेल्या दृश्यांमुळे कधी नव्हे ती आपत्तीविषयक जागरूकता वेगाने वाढली आहे. इतकेच नव्हे तर आज देशादेशांच्या सीमा ओलांडूनही लोक आपद्ग्रस्तांना भरघोस मदत करत आहेत. एकात्म मानवता यापेक्षा वेगळी ती काय असते ?

एक विरोधाभास मात्र जाणवतो. ज्यांना आपत्ती निवारणाविषयी सैद्धांतिक ज्ञान आहे, इतरांना मार्गदर्शन करण्याची ज्यांची क्षमता आहे, असे लोक प्रत्यक्ष आपत्ती निवारणाच्या कार्यात क्वचितच सहभागी होतात. उलट प्रत्यक्ष मदतीसाठी जे धावून जातात, त्यांना त्याविषयीची नेमकी माहिती नसते. अनुभवही नसतो. साहजिकच आपत्ती निवारणाचे कार्य विस्कळीत होते, वरवरचे होते. अपेक्षित यश मिळाले नाही की समाजही त्यापासून अलिप्त होत जातो. सुदैवाने भारत सरकार हे दोष दूर करण्यासाठी भरीव स्वरूपाची पावले उचलत आहे. एक मात्र खरे की, हे काम तसे सोपे नाही व त्याविषयी सर्वांगीण स्वरूपाचा विचार व्हायला हवा. त्याच्याशी संबंधित अशा सर्व घटकांचा समन्वय व्हायला हवा. या पुस्तकात या दृष्टीने विचार करण्यात आलेला आहे. समाजातील विविध घटक - सर्वसामान्य व्यक्ती, गृहसंकुलातील रहिवासी, औद्योगिक कर्मचारी, प्रशासन यंत्रणा या सर्वांना आपत्ती निवारण कार्यात कशा प्रकारे सहभागी होता येईल, याचे विवेचन केलेले आहे. आपत्ती निवारण हे अचूक अशा व्यवस्थापन कौशल्याशी संबंधित आहे. ते कोणाच्याही लहरीनुसार, राजकीय नेत्यांच्या सोयीनुसार होता कामा नये. आपत्तीमुळे गोंधळाची स्थिती निर्माण होते. निवारणाचे कार्य पद्धतशीरपणे, एकजुटीने करणे हेच त्यासाठीचे नेमके उत्तर आहे. त्यात कोणी राजकारण आणू नये की सोयीस्कर अशी सत्ता-समीकरणे जुळवू नयेत. केवळ मूठभर लोकांनाच त्याचा लाभ होऊ नये तर संकटांशी सामना करणाऱ्या

सामान्यांपर्यंत तो झिरपत जायला हवा, कारण त्यांनाच त्याची खरी गरज आहे.

आपत्ती व्यवस्थापनाशी संबंधित अशा विविध बारीकसारीक गोष्टी या पुस्तकात मांडण्याऐवजी या पुस्तकात एक निश्चित संकल्पना मांडलेली आहे. व्यावहारिकतेच्या कसोटीवर प्रत्येक पातळीवर करायच्या गोष्टी व कार्यपद्धती आजमावून तेवढ्यांचेच विवेचन या पुस्तकात केले आहे. त्यामागे लेखकाचा स्वत:चा अनुभव आहे. ही संकल्पना जाणून घेऊन प्रत्येक व्यक्ती, प्रत्येक संघटना आपापल्या पद्धतीनुसार, आपत्तीच्या संदर्भातील परिस्थितीचा विचार करून योग्य प्रकारे कमी-अधिक कार्य करू शकेल.

सेनादलात सेवा करताना माझा आपत्तीशी प्रथम संबंध हा १९८४ साली आला. त्यावर्षी पंतप्रधान इंदिरा गांधींच्या हत्येनंतर देशात प्रचंड दंगल उसळून शीख जमातीचे शिरकाण झाले. त्यानंतर पंजाबमधील दहशतवादाचा बंदोबस्त करण्यासाठी लष्करामार्फत झालेल्या कार्यातही मी सहभाग घेतला. देशाच्या अंतर्गत सुरक्षिततेच्या दृष्टीने मलाही काही जबाबदाऱ्या माझ्या कुवतीनुसार स्वीकाराव्या लागल्या. लष्कराच्या सेवेतून निवृत्त झाल्यानंतर मी आपत्तीविषयक समस्यांचा बारकाईने अभ्यास केला. आपत्ती व्यवस्थापनाची प्रक्रिया समजून घेतली. शासनाची यंत्रणा कशाप्रकारे कार्य करते? अशासकीय स्वयंसेवी संस्थांची भूमिका काय असते ? आपद्ग्रस्तांची प्रतिक्रिया काय होते? विविध राजकीय पक्ष आपत्ती ही संधी मानून तिचा लाभ कसा उठवतात? या साऱ्यांचे दर्शन मला माझ्या अभ्यासात झाले. आपत्तीमध्येच माणुसकीचा अनुभव आला. मला असे जाणवले की, मदतीसाठी अनेकजण नि:स्वार्थी भावनेतून पुढे येतात. मदत कार्यात प्रसंगावधान आणि अतुलनीय धैर्य दाखवतात. आपल्या जीवाचीही पर्वा न करता आपद्ग्रस्तांची सुटका करतात. या गोष्टी जशा आढळल्या तसेच अनेकांचा मुखवटाही उखडला जाऊन त्यांचा ढोंगी, स्वार्थी, लबाड चेहराही मला दिसला. बरेच लोक 'मला काय त्याचे?' या भावनेतून मदत कार्यापासून दूरच राहिलेले मला दिसले. मी आपद्ग्रस्तांचे अनुभव जाणून घेतले. मदतीचा हात मिळाल्यानंतर आपद्ग्रस्त निरागस बालकांच्या चेहऱ्यावर पुन्हा एकदा हास्य फुललेले मी पाहिले. उद्ध्वस्त होऊनही त्यांनी पुनश्च आपल्या भावी आयुष्याबाबत रंगविलेली आशादायक स्वप्ने मला जाणवली. अनेक आपद्ग्रस्तांना धार्मिक कार्यक्रमांतून, प्रवचनांतून मानसिक दिलासा मिळाला, त्यांचे दु:ख हलके झाले. आपत्तीच्या काळातच अनेकांच्या अंधश्रद्धेचे, उतावळेपणाचे व असहिष्णूवृत्तीचे मला दर्शन घडले. आपले घर सोडून मदत शिबिरात जायला नकारसुद्धा काहींनी दिला. माणसांतल्या चांगल्या आणि वाईट दोन्ही वृत्तींचा अनुभव मला माझ्या पाहणीत, अभ्यासात आला. त्यावरून काढलेले निष्कर्ष हे माझे स्वत:चे

आहेत, ते बिनचूक आहेत असा माझा दावा नाही. इतरांचे अनुभव काही वेगळे असू शकतात. युद्धाप्रमाणेच प्रत्येक आपत्ती ही स्वतंत्र असते. एका वेळेचा अनुभव पुढल्यावेळी येईलच असे नाही आणि म्हणूनच या पुस्तकात बिनचूक उत्तरे जरी नसली तरी आपत्तीच्या संदर्भातील माझ्या अनुभवातून मला आढळलेले निष्कर्ष, त्यातून माझ्या विचारांना चालना मिळून मनात आलेल्या संकल्पना आपत्तीमधून बाहेर पडण्यासाठी निश्चितच मार्गदर्शक ठरतील. या भूमिकेतूनच हे पुस्तक लिहिले आहे.

पुस्तकाचे लेखन चालू असतानाच भारताच्या संसदेत आपत्ती व्यवस्थापनविषयक विधेयक संमत झालेले आहे. लवकरच त्याचे कायद्यात रूपांतर होईल. माझ्या अभ्यासातील निष्कर्षांचे प्रतिबिंब जर त्यात आढळले तर तो एक योगायोग मानावा. विधेयकातले मार्ग, कार्यपद्धती जरी वेगळ्या असल्या तरीही मूळ भूमिका मात्र बदलणार नाही.

या पुस्तकाचा वाचकांना, शिक्षक आणि विद्यार्थ्यांना, औद्योगिक कर्मचाऱ्यांना व गृहसंकुलातील रहिवाशांना, अशासकीय संस्थांतील स्वयंसेवकांना आणि शासन यंत्रणेतील कर्मचाऱ्यांना व अधिकाऱ्यांना निश्चितच लाभ होईल. पुस्तकातील संकल्पनांचे, विचारांचे आपत्ती निवारणाच्या कार्यात त्यांना मार्गदर्शन व्हावे, हाच या पुस्तकाचा हेतू आहे.

कर्नल (निवृत्त) पी. पी. मराठे

लेखकाविषयी

कर्नल (निवृत्त) पी. पी. मराठे

हे मुंबई विश्वविद्यालयाचे पदवीधर आहेत. भारतीय रक्षा प्रबोधिनीत १९७१ साली रुजू झाल्यावर भारतीय तोफखान्यात त्यांची नियुक्ती झाली. 'स्कूल ऑफ आर्टिलरी' येथून लाँग गनरी स्टाफ कोर्स तसेच 'डिफेन्स सर्व्हिसेस स्टाफ कॉलेज' मधून एम्. एस्सी. (डिफेन्स स्टडीज) केले. तोफखान्याची एक तुकडी तीन वर्ष हाताळल्यानंतर त्यांनी वेळेपूर्वी सेवानिवृत्ती स्वीकारली. संगणकावर लश्करी अधिकाऱ्यांच्या लढाईच्या तयारीच्या दृष्टीने व्यहात्मक सरावासाठी तंत्रज्ञान विकसित केल्याबद्दल त्यांना DRDO चा सन्मान मिळाला.

सेवानिवृत्तीनंतर, त्यांचे जुने स्नेही, विंगकमांडर अविनाश ओक यांच्या भागिदारीत त्रिशक्ती पर्सनॅलिटी डेव्हलपमेंट ग्रुप ही संस्था स्थापन करून त्यात तरुण पिढीला व्यक्तिमत्त्व विकासाचे मार्गदर्शन करण्याचा उपक्रम सुरू केला. ते 'डिझास्टर मॅनेजमेंट आपत्तींमध्ये स्वत: जावून काम करण्याचा त्यांनी अनुभव घेतला आहे आणि त्यायोगे शासनाचे कार्य, इतर संघटनांची कार्यप्रणाली व आपद्ग्रस्त लोकांची स्थिति याचा त्यांनी जवळून अभ्यास केला आहे.

प्रा. वि. ज. गोडबोले

अर्थशास्त्राचे ज्येष्ठ प्राध्यापक, अर्थशास्त्र, बँकींग, व्यवस्थापकीय, अर्धशास्त्र, व्यावसायिक अर्थशास्त्र ह्या विषयातील विविध क्रमिक व संदर्भ पुस्तकांचे पुणे विद्यापीठ, यशवंतराव चव्हाण विद्यापीठासाठी सहलेखक, समाजविज्ञानकोशात लेखन, आर्थिक आणि ललित विषयावर दैनिके साप्ताहिके, मासिकांमध्ये लेख प्रसिद्ध. ८५ कथा, एकांकिका प्रकाशित, दूरदर्शनच्या Contrywide Classroom साठी विविध कार्यक्रमांचे लेखन.

डॉ. बाबासाहेब आंबेडकर एक व्यक्ती एक दृष्टी, चला संसदेत, समस्या १०० कोटींची.

तृतीय आवृत्तीच्या निमित्ताने

तृतीय आवृत्ती वाचकांच्या हाती देताना मला आनंद होत आहे. गेल्या पाच वर्षांत भारताच्या सर्वच राज्यांत आपत्ती व्यवस्थापनासंबंधी जास्त जागृकता निर्माण झाली आहे. आपत्तींना सामोरे जाण्यासाठी लागणाऱ्या तयारीसाठी आणि त्यासंबंधी आवश्यक असणाऱ्या शिक्षणासाठी केंद्र व राज्यसरकार निधी उपलब्ध करून देत आहेत. त्यामुळे शासकीय अधिकारी, समाज आणि शासकीय संस्था यांच्या कार्यक्षमता वृद्धिंगत झाल्या आहेत. विश्वविद्यालयांनी आपत्ती व्यवस्थापन हा विषय, शिक्षण प्रणालीमध्ये समाविष्ट केला आहे. त्यामुळे भावी पिढी जास्त जागृत होणार आहे.

हे सर्व जरी घडत असले तरीही भारतात आपत्तींचे प्रमाण व हानीची पातळी कमी झालेली नाही. रस्त्यावरील अपघात, आग व कारखान्यांतील अपघात नित्यनेमाने घडतच आहेत. इमारत बांधणी आजही बरेच ठिकाणी निकृष्ट दर्जाची आढळून येत आहे. कोणत्याही शहराचा विकास आराखडा हा राजकीय निकषांप्रमाणे बनविला जात आहे आणि त्यात आपत्तींचा विचार बहुदा समाविष्ट नसतो. याचा दुष्परिणाम निर्णय घेणाऱ्यांवर न होता समाजावर होतो. हे चित्र बदलणे आवश्यक आहे. आपत्ती व्यवस्थापनाचा कायदा, कारस्थान्यांवर असलेली बंधने, विकास कामात पर्यावरणासंबंधीचे कायदे यांचे काटेकोर पालन शासकीय अधिकारी, राजकारणी व्यक्ती व व्यवस्थापकीय अधिकारी यांनी करणे अत्यंत गरजेचे आहे. हे सर्व करण्यासाठी एका भक्कम कार्यप्रणालीची आवश्यकता आहे. उच्च दर्जाच्या समन्वयाची गरज आहे.

या पुस्तकात आपत्तीपूर्व, आपत्ती दरम्यान व आपत्तीनंतर करण्याच्या कार्यप्रणालीसंबंधीची माहिती दिलेली आहे. तसेच आपत्ती व्यवस्थापनाच्या दृष्टीने सरकारी कार्यप्रणाली, समाज, सामाजिक संस्था आणि आंतरदेशीय समन्वय साधण्याबद्दल माहिती दिली आहे.

या सुधारित आवृत्तीचा लाभ वाचकांना मिळेल अशी आशा आहे.

माझ्या देशबांधवांना आणि वाचकांना माझ्या शुभेच्छा आणि प्रणाम.

कर्नल (निवृत्त) पी. पी. मराठे

राष्ट्रीयआपत्ती व्यवस्थापन प्राधिकरण (NDMA)
सेंटॉर हॉटेल
इंदिरा गांधी आंतरराष्ट्रीय विमानतळाजवळ, नवी दिल्ली ११००३७

एन. विनोद चंद्रा मेनन
सदस्य (NDMA)

नवी दिल्ली

परिश्रमपूर्वक प्रयत्न करून कर्नल पी. पी. मराठे यांनी 'आपत्ती व्यवस्थापन' या महत्त्वपपूर्ण विषयावर जे दर्जेदार पुस्तक लिहिले याचा मला अतीव आनंद होत आहे.

या पुस्तकातून त्यांच्या भारतीय सेनादलातील यशस्वी अशा सेवेचे तसेच यथार्थ ज्ञानाचे प्रतिबिंब उमटले आहे. त्याचप्रमाणे त्सुनामीच्या प्रकोपानंतर केरळमधील कोकल जिल्ह्यातील व जुलै २००५ मध्ये महाराष्ट्रातील पूरपरिस्थितीत त्यांनी केलेल्या उत्स्फूर्त कार्यामुळे या पुस्तकाला सुसंस्कृतता प्राप्त झाली आहे.

आपत्ती व्यवस्थापन ही एक विस्तृत स्वरूपाची विद्याशाखा म्हणून उदयास येत आहे, ज्यामध्ये अनेक शाखांचा अंतर्भाव होतो. परंतु या संदर्भात उपयुक्त अशा पुस्तकांचा अभाव हे एक दुर्दैवच म्हटले पाहिजे. खरेतर, आपल्या देशात पुन्हा पुन्हा उद्‌भवणाऱ्या आपत्ती आणि त्यामुळे प्रभावित होणारे लाखो लोक विचारात घेता अशी दर्जेदार पुस्तके विनासायास उपलब्ध होणे ही काळाजी गरज बनली आहे. संयुक्त राष्ट्रसंघाने नव्वदावे दशक हे 'नैसर्गिक आपत्ती कपात' दशक मानले आहे. याच दशकात भारताने अनेक आपत्तींशी संघर्ष केला. उदा. लातूर, जबलपूर आणि उत्तर काशीतला भूकंप तसेच ओरिसातील महाभयानक चक्री वादळ. याचप्रमाणे या दशकात दुष्काळ व पुरामुळे अनेक राज्ये प्रभावित झाली. जानेवारी २००१ मधील भूज येथील भूकंप, डिसेंबर–२००४ मधील हिंद महासागरातील त्सुनामी, ऑक्टोबर २००५ मधील जम्मू–काश्मिरातील भूकंप या साऱ्या घटनांनी संकटांशी सामना करण्यासाठी पूर्वतयारी, सक्षमता, तात्काळ कृती इत्यादी बाबींचे महत्त्व अधोरेखित केले आहे.

भारत सरकारने स्थापन केलेले 'राष्ट्रीय आपत्ती व्यवस्थापन प्राधिकरण' याच दृष्टीने प्रयत्नशील आहे.

या वेळेस तात्काळ प्रतिसाद देणारे संघटन जसे अग्निशमन दल, नागरी संरक्षण दल तसेच होमगार्डस यांना योग्य प्रशिक्षण देऊन सक्षम बनविणे महत्त्वाचे आहे. यांच्याबरोबरच आपत्तीप्रवण क्षेत्रातील नागरिक यांनाही 'समूह तत्त्वावर आधारित आपत्तीतील धोक्याचे व्यवस्थापन' यावर प्रशिक्षण देण्याची गरज आहे. हे कार्य यशस्वी होण्यासाठी नागरीसंस्था, स्वयंसेवी संस्था, पंचायतराज संस्था इत्यादींचे सहकार्य आवश्यक आहे.

आपण जर आपत्तीबाबत जागरूक नसलो तर कित्येक दशकांच्या मेहनतीवर क्षणात पाणी फिरू शकत व होत्याचे नव्हते होते.

यासाठीच क्षणाचाही विलंब न करता एका आपत्तीप्रतिरोधक भारत बनविण्यासाठी कंबर कसली पाहिजे.

चिकाटी जबाबदारी आणि समर्पित अशा या प्रवासात कर्नल मराठे यांसारख्या व्यक्तीचे कार्य तसेच 'डिमार्क' मधील त्यांच्या सहकाऱ्यांचे कार्य निश्चितच युवा पिढीसाठी एक आदर्श निर्माण करतील.

मी आशा करतो की हे पुस्तक तसेच त्याच्या मराठी आवृत्तीतील त्याच्या संकल्पनांचा, विचारांचा आपत्ती निवारणाच्या कार्यात काम करणाऱ्या प्रत्येकासाठी बहुमूल्य उपयोग होईल.

❖ ❖ ❖

अनुक्रमणिका

१	आपत्ती आणि मानव	१
२	आपत्ती निवारणाचा आकृतिबंध	३१
३	आपत्तीचे स्वरूप, त्यातील हानी आणि धोका यांच्या तीव्रतेचे विश्लेषण	६२
४	जनतेची पूर्वतयारी आणि प्रतिसाद	८०
५	आपत्ती निवारणाची कार्यपद्धती	११०
६	आपत्तीमधून बचाव	१३१
७	मदतकार्य	१७५
८	विकास आणि पुनर्रचना – विध्वंसातून विजयाकडे !	१९८
९	आपत्ती व्यवस्थापनाचा एकात्मिक व सर्वसमावेशक विचार	२१५

१
आपत्ती आणि मानव

मी निर्माता, संहारक मी !

श्रीमद् भगवतगीता अध्याय ७ श्लोक ६

१.१ भूतलावरील भौगोलिक घडामोडी आणि मानवावरील परिणाम

कोट्यवधी वर्षांपूर्वी आपली पृथ्वी म्हणजे तप्त वायू आणि धूळ यांचा प्रचंड गोळा होता. पुढील कालावधीत त्यात विविध भौतिक बदल होत गेले. प्रत्येक बदल होताना अकल्पित अशा घडामोडींचे उद्रेक होत गेले. अठरा कोटी वर्षांपूर्वी पृथ्वीवर एक प्रचंड भूभाग होता. 'पॅन्गी' या नावाने तो ओळखला जात असे. बारा कोटी वर्षांपूर्वी काही अतर्क्य कारणांमुळे तो दुभंगला व त्यातून उत्तर गोलार्धात 'लॉरेसिया' तर दक्षिण गोलार्धात 'गोंडवाना' असे दोन खंड निर्माण झाले. हे इथेच थांबले नाही, तर सहा कोटी वर्षांपूर्वी गोंडवानाचे तुकडे होऊन त्यातून ऑस्ट्रेलिया, आफ्रिका, दक्षिण अमेरिका व अंटार्क्टिका अशी खंडे आणि हिंदुस्थान उपखंड बनले. हिंदुस्थानचे उपखंड उत्तर गोलार्धाकडे सरकले. लॉरेसियाचेही तुकडे होऊन त्यातून उत्तर अमेरिका व युरोप ही खंडे निर्माण झाली. हिंदुस्थानचा जो भाग लॉरेसियाला थडकला, त्यायोगे हिमालय पर्वतरांगा अस्तित्वात आल्या. त्या काळात असणाऱ्या जीवसृष्टीला, पक्षी, प्राणी, कीटक, जीवजंतू इत्यादींना या सर्व आपत्तींना सामोरे जावे लागले असणारच. त्यांच्या त्याबाबत कोणत्या प्रतिक्रिया झाल्या व या संकटांना त्यांनी कसे तोंड दिले असेल, याबाबत काहीच कल्पना करता येत नाही. त्या काळातही भूकंप, ज्वालामुखी, झंझावात, महापूर, भूस्खलन यांसारख्या आपत्ती आल्या असणारच, तसेच वृक्ष मुळापासून उखडले गेले असणार आणि जंगलात वणवेसुद्धा पेटले असणारच. दगड-मातीच्या ढिगाऱ्याखाली कैक प्राणी गाडले गेले असणार! काय घडले ते नेमके सांगता येणार नाही. आजवर आपल्याला प्राचीन काळातील मानवी संस्कृतीविषयी थोडीफार माहिती घेणे शक्य झालेले आहे. पाण्यात बुडालेल्या पुरातन द्वारका नगरीचे अवशेष, पृथ्वीच्या पोटात गाडली गेलेली ग्रीक, बॅबिलोनियन किंवा भारतातील सिंधुसंस्कृती यांविषयीची माहिती उत्खनन, संशोधन याद्वारे मिळू शकते. परंतु त्या आधीच्या काळातील मेसापोटेमियम संस्कृती का लोप पावली, याबाबत काहीच ठोस माहिती

सापडत नाही. मानवाच्या संदर्भात जर ही अशी परिस्थिती आहे तर मानवापूर्वी होऊन गेलेल्या प्राण्यांच्या बाबतीत नोंदी कशा उपलब्ध होणार? पुरावे कोठून मिळणार? या अशा नैसर्गिक आपत्तींमध्ये प्रचंड संहार झाला, प्रदेश भूगर्भात गाडले गेले. तथापिं यावरून एक निष्कर्ष मात्र मिळतो; ही संकटे अटळ होती, सर्वसंहारक होती मात्र त्यातूनही जीवसृष्टीची उत्क्रांती झाली. प्रगती होत गेली. आपत्ती या सर्वच प्राण्यांच्या पाचवीला पूजलेल्या आहेत व त्या न संपणाऱ्या आहेत. त्यातून मार्ग काढण्यासाठी प्रत्येक प्राण्याला धडपड ही करावी लागतेच. त्यातूनच प्राणिसृष्टीची उत्क्रांती, विशेषत: मानवप्राण्याची प्रगती होत गेल्याचे आपल्याला आढळून येते.

१.२ आपत्ती म्हणजे काय?

या अशा प्रचंड आपत्ती पूर्वीपासूनच घडत आहेत आणि भविष्यातही घडत राहणारच. मात्र ज्या वेळेला त्यांच्यामुळे पर्यावरण व मानवी जीवनाला धोका निर्माण होतो, त्याच वेळी केवळ त्यांच्या भयानकतेची जाणीव होते. संयुक्त राष्ट्रसंघाने 'आपत्ती म्हणजे अशी घटना की, ज्यामुळे अगदी आकस्मिकपणे प्रचंड जीवितहानी व अन्य प्रकारची हानी संभवते,' अशी आपत्तीची व्याख्या केलेली आहे. यातील 'आकस्मिकपणे' आणि 'प्रचंड' हे शब्द महत्त्वाचे आहेत. आपत्ती ही आकस्मिकपणे ओढवते. तिचा आधी अंदाज येऊ शकत नाही. त्यामुळे त्याबाबत सावधगिरी बाळगता येत नाही. 'प्रचंड' या शब्दाने नुकसानीची व्याप्ती स्पष्ट होते. याचाच अर्थ हे नुकसान पूर्णपणे भरून येऊ शकत नाही किंवा ते किरकोळ लोकांपुरते मर्यादित राहात नाही. तसेच त्यातून वाचलेल्या लोकांना आपल्या आयुष्याची नव्यानेच आणि वेगळ्या प्रकारे सुरुवात करावी लागते. आपत्ती ही विस्तृत अशा भौगोलिक क्षेत्रात ओढवते. लक्षावधी जनतेला तिची झळ पोहोचते. त्या परिसरातल्या मालमत्तेचे प्रचंड नुकसान होते व त्या घटनेचे समाजावर दीर्घकालीन परिणाम होतात. हे परिणाम आर्थिक, सामाजिक, सांस्कृतिक, राजकीय, कायदा आणि प्रशासन अशा सर्वच क्षेत्रांत होतात. हा झाला संपूर्ण देशाच्या मानवी वंशाच्या, समाजाच्या पातळीवरील विचार. त्याला 'समग्रलक्षी' किंवा 'साकलिक' पातळीवरील दृष्टिकोन असे संबोधले जाते. याच बरोबर या आपत्तींचा 'अंशलक्षी' / 'अंशिक' पातळीवरही विचार करावा लागतो. कारण सर्वांवरील संकट हे माझ्यावरील, माझ्या कुटुंबीयांवरील, माझ्या गल्लीत राहणाऱ्या लोकांवरील, माझ्या गावात राहणाऱ्या लोकांवरील संकट असतेच आणि म्हणूनच आपत्तीचे निवारण करण्यासाठी राष्ट्रीय पातळीवर जसे प्रयत्न करावे लागतात, तसेच स्थानिक पातळीवरही प्रयत्न करणे आवश्यक असते. नेमके याच गोष्टीकडे पुरेसे लक्ष दिले जात नाही. स्थानिक पातळीवरील लोकांवर आलेल्या

आपत्तीचे इतर भागातल्या लोकांना कोणतेही सोयरसुतक नसते. जेव्हा ती सर्वच भागातल्या जनतेवर ओढवते, तेव्हाच तिची तीव्रता साऱ्यांना जाणवते. या आपत्तीची तीव्रता आणि व्याप्ती यांना अनुसरून 'एल ०' ते 'एल ३' अशा वेगवेगळ्या पातळ्या करण्यात आलेल्या आहेत.

विविध आपत्तींचा थोडक्यात आढावा

१.३ विकास आणि आपत्ती

पूर्वीच्या काळात निर्माण होणारी संकटे ही बव्हंशी नैसर्गिक असत. मानवाची जसजशी प्रगती होऊ लागली, तंत्रज्ञानाचा विकास होऊन जसजशी त्याच्या राहणीमानात सुधारणा होऊ लागली, तसतशी संकटे वाढतच गेली. प्रगती करून घेण्यासाठी मानवाने निसर्गव्यवस्थेत जी ढवळाढवळ केली, त्याचाच हा परिणाम होता. निसर्ग आणि मानवसमाज अशा दोघांमुळे ही गुंतागुंत अधिकच वाढत गेली. कारण लोकसंख्येतील प्रचंड वाढ आणि प्रगती करून घेताना निसर्गाच्या मार्गात आणलेले अडथळे यांमुळे निसर्गनिर्मित आणि मानवनिर्मित अशी दुहेरी संकटे निर्माण झाली. इतकेच नव्हे तर या संकटांची भयानकता अधिकच वाढली. एक उदाहरण घेऊ. भूकंपाचा जबरदस्त हादरा ही नैसर्गिक घटना झाली. परंतु त्यामुळे जर मानवाने बांधलेले धरण फुटले तर त्यातून वाहणारा पाण्याचा प्रचंड लोंढा हा नदीच्या परिसरात जीवित आणि वित्त यांची अपरिमित हानी घडवतो. याच प्रकारे मानवाच्या विकासाच्या धडपडीत जर पर्यावरणाचा समतोल ढासळला तर पर्यावरणाचीही मोठी हानी होऊन त्याचे भौगोलिक परिस्थिती आणि मानवी जीवनावर अनिष्ट परिणाम होतात. पर्यावरणातील समतोल ढळल्यामुळे वातावरणात बदल घडतात. बर्फमय प्रदेशातला बर्फ वितळून समुद्राची पातळी वाढणे व त्यामुळे काही बेटे व किनारपट्ट्या पाण्याखाली बुडणे, हाही त्यातलाच एक प्रकार.

१.४ लोकसंख्येची वाढलेली घनताही त्या प्रदेशाच्या परिस्थितीत बिघाड घडवायला कारणीभूत होते. एका छोट्या प्रदेशात जर लोकसंख्या एकवटली, तेथे लोकांची प्रचंड गर्दी झाली तर तेथे धोक्याची तीव्रताही वाढते. भूकंप, नद्यांना आलेले पूर यांमुळे घडणारी जीवितहानीही खूप मोठी असते. तुलनेने विरळ लोकवस्तीच्या प्रदेशात संकटाची तीव्रता कमी असते. संपूर्ण देशाचा विचार केल्यास दाट वस्तीच्या प्रदेशांना संकटांचा सामना अधिक करावा लागतो.

१.५ बेसुमार प्रमाणात होणारी बांधकामे संकटाचा धोका अधिक वाढवतात. वाढत्या नागरीकरणामुळे जंगले तोडली जातात. जमिनीला भार पेलवेल की नाही याचा विचार

न करता जेथे जागा सापडेल तेथे बांधकामे केली जातात. कमकुवत असलेल्या भूपृष्ठावर जर अशा प्रकारच्या बांधकामांची दाटी झाली, तर कोणते संकट कधी ओढवेल त्याची कल्पनाच करता येत नाही. विशेषत: किनारपट्टीलगत जर अशी बांधकामे झाली तर भूकंप, पूर आणि वादळे यांसारख्या आपत्ती जेव्हा उद्भवतात, तेव्हा या नैसर्गिक आपत्तींना पूरक अशा मानवनिर्मित आपत्ती त्यानंतर ओढवतात. या परिसराचे झालेले बेसुमार नागरीकरण आणि अमर्याद औद्योगिकीकरण यांमुळे पर्यावरणाची प्रचंड हानी होऊन संकटाची भीषणता अधिकच वाढते. गंगेच्या खोऱ्यात प्रतिवर्षी नियमितपणे येणारे पूर व त्यामुळे होणारी जीवित व मालमत्ता यांची प्रचंड हानी या विधानाची साक्ष पटवतात.

१.६ या साऱ्या विवेचनावरून विकास आणि आपत्ती यांचा असणारा परस्परसंबंध स्पष्ट होतो. विकासापाठोपाठ आपत्तीचा धोका अधिकच वाढतो. त्यायोगे होणारी हानीही जास्त असते. मात्र त्याबरोबरच अशा वारंवार उद्भवणाऱ्या संकटांची कारणे कोणती? त्यांचे परिणाम कोणते होतात? हेही लोकांच्या ध्यानात येते. त्यानुसार ते संकटाचा मुकाबला करू शकतात. प्रगतीमुळेच ज्या सोयीसुविधा निर्माण झाल्या, माहिती–तंत्रज्ञानाची जी प्रगती झाली, त्यायोगे संकटामधून बाहेर पडून लवकरात लवकर मानवी जीवन पूर्वपदाला येऊ शकते. संकटाच्या खुणाही शिल्लक राहात नाहीत. इतकेच नव्हे तर आपत्ती ही वरदान ठरून मानवाची अधिकच प्रगती होते. परिसराचा झपाट्याने विकास होतो. लातूर परिसरात जो प्रचंड भूकंप झाला, त्यामुळे अपरिमित हानी झाली हे जरी खरे असले तरीही त्यानंतरच त्या परिसराचा अधिक वेगाने विकास झाला हेही ध्यानात घ्यायला हवे.

आपत्तींचे प्रकार

१.७ आपत्तींना नैसर्गिक व मानवनिर्मित अशा दोन ढोबळ प्रकारात विभागण्याची प्रथा आहे. पण त्याची विभागणी खालील ४ प्रकारात सुद्धा करता येते.

    (अ) भौगोलिक आपत्ती

    (ब) पर्यावरणीय आपत्ती

    (क) निष्काळजीपणामुळे उद्भवलेली आपत्ती

    (ड) अतिरेकी व कलहामुळे घडलेली आपत्ती

नैसर्गिक आपत्ती या खालील प्रकारच्या आहेत. यथावकाश आपण त्यांचा सविस्तरपणे विचार करू –

    १.७.१ भूकंप

    १.७.२ पूर

१.७.३ वादळे

१.७.४ त्सुनामी

१.७.५ दरडी कोसळणे/भूस्खलन

१.७.६ अतिवृष्टी

१.७.७ हिमवादळे व हिमपात

१.७.८ मानवी अविचार, उतावळेपणा यांतून ओढवलेली नैसर्गिक आपत्ती

१.७.९ नैसर्गिक रोगराई, साथीचे आजार.

१.७.१० जंगलातील वणवे

१.७.११ ज्वालामुखीचा उद्रेक

१.७.१२ उल्कापात

१.७.१३ प्रदेश ओसाड होणे

१. आपत्तीमुळे परिसराचा संपूर्ण विध्वंस होतो.

२. त्यानंतर मात्र परिसराची प्रगती अधिक वेगाने होते.

१. प्रगतीमुळे आपत्ती निर्माण होतात.

२. प्रगती जितकी जास्त तितकी संकटांची तीव्रता जास्त असते.

आपत्ती

प्रगती

विकास आणि आपत्ती

१.८ आपत्तींचे काही प्रकार

मानवनिर्मित आपत्ती या अपघातातून तसेच सुरक्षिततेचे पुरेसे उपाय न योजल्याने होतात. त्यांचे स्वरूप गुंतागुंतीचे असते व त्यांची तीव्रता व व्याप्ती कमी अधिक प्रमाणात असते.

१.८.१ आग-औद्योगिक क्षेत्रातील व अन्य प्रकारची

१.८.२ रासायनिक व वायुगळती

१.८.३ इमारत कोसळणे

१.८.४ रेल्वे, हवाई, रस्ते व जलवाहतुकीतील अपघात

१.८.५ अणुभट्टीतील किरणोत्सर्ग, जैविक संहार

१.८.६ युद्धे- पारंपरिक व अपारंपरिक

१.८.७ दहशतवाद व गुन्हेगारी वाढल्याने घडलेले बाँबस्फोट, अपहरण, खून, यांसारख्या आपत्ती

१.८.८ पर्यावरण ऱ्हासामधून ओढवलेली संकटे

१.८.९ माहिती तंत्रज्ञानाशी संबंधित गुन्हेगारी आणि त्यातून उद्भवणारी संकटे

आता आपण वरील आपत्तींपैकी काही आपत्तींची कारणे, परिणाम आणि वैशिष्ट्ये पाहू.

आपत्ती – कारणे, परिणाम आणि वैशिष्ट्ये

१.९ भूकंप

भूकंपाची कारणे

१.९.१ भूगर्भाची रचना ही अनेक स्तरांची मिळून झालेली आहे. त्यात वरचे दोन स्तर हे खडकांचे आहेत. त्यापैकी तळाचा स्तर हा अखंड असून दुसऱ्या स्तरात अनेक भेगा आहेत. हे दोन्ही स्तर अर्धप्रवाही अशा तप्त लाव्हारसावर तरंगत असतात. भूगर्भातील हे वरचे दोन स्तर सतत हालत राहतात. त्यायोगे जमीन आणि समुद्रात ठिकठिकाणी पापुद्र्यांना घड्या पडतात. अशा चौदा प्रमुख घड्या आहेत. त्याखेरीज अनेक छोट्या मोठ्या भेगा या वरच्या स्तरात आहेत. आरंभी पॅन्गी दुभंगून लॉरेसिया व गोंडवानाप्रदेश निर्माण होताना अशा अनेक घड्या भूस्तरात निर्माण झाल्या.

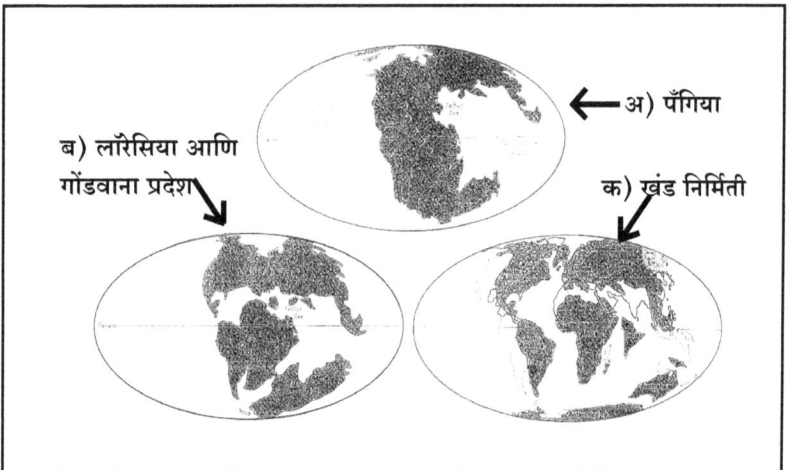

अ) पँगिया
ब) लॉरेसिया आणि गोंडवाना प्रदेश
क) खंड निर्मिती

(आकृती – अ,ब आणि क पहावी) या घड्यांना स्वतःची अशी गती आहे. केंद्राकर्षी, केंद्रोत्सारी आणि समांतर असे या गतीचे तीन प्रकार आढळतात. या गतीमधून भूभागात प्रचंड शक्ती निर्माण होऊन त्यामुळे भूपृष्ठाला हादरे बसतात. त्यातून काही वेळेस लाव्हारसही थोड्या प्रमाणात बाहेर पडतो. या भूपृष्ठांना बसणाऱ्या हादऱ्यांनाच 'भूकंप' असे म्हणतात. भूपृष्ठांच्या घड्यांच्या हालचालीतूनही भूकंप निर्माण होतात. सामान्यतः प्रतिवर्षी ८०० ते १००० भूकंप होतच असतात. त्याचे पृथ्वीला हादरेही बसतात. मात्र ज्यावेळी ५ किंवा त्याहून अधिक 'रिश्टर स्केलचे' धक्के बसतात, त्यावेळी गंभीर परिस्थिती निर्माण होते.

भूपृष्ठांच्या घड्यांची हालचाल

१.९.२ भूकंपांची क्षमता ही वेगवेगळ्या प्रकारची असते आणि त्यांचे परिणामही अनेक प्रकारचे होतात. प्रतिवर्षी भूपृष्ठांच्या घड्या २ सें.मी.पासून १० सें. मीटरपर्यंत सरकल्याचे आढळून आलेले आहे. वरील आकृतीत ही गोष्ट दर्शवलेली आहे.

१.९.३ भूकंपांमुळे भूपृष्ठावर वेगवेगळ्या प्रकारे नुकसान होते. या भूकंपांचे सामर्थ्य आणि त्यायोगे होणाऱ्या हानीचे प्रमाण हे भूकंपाच्या केंद्रबिंदूपासून प्रदेशाचे असलेले अंतर आणि भूपृष्ठाचा कमकुवतपणा यांना अनुसरून ठरते. भूकंपाचा केंद्रबिंदू यासाठी 'फोकस' असा शब्द आहे.

१.१० परिणाम – भूकंपांचे परिणाम खालीलप्रमाणे होतात.

१.१०.१ भूपृष्ठावरील दोन घड्या जर एकमेकांकडे खेचल्या गेल्या तर त्यायोगे भूपृष्ठ उचलले जाऊन उंचसखल क्षेत्र निर्माण होते. जमिनीखालचे खडक

भूपृष्ठावर येतात. परिणामी नद्या-नाल्यांच्या प्रवाहांची दिशाही बदलून प्रचंड नुकसान होते.

१.१०.२ या दोन घड्या एकमेकांवर आदळल्या तर त्यातून भूपृष्ठ उचलले न जाता, त्याच्या रचनेत बदल होतो.

१.१०.३ जेव्हा या समांतर दिशेने सरकतात, त्यावेळी दरडी कोसळणे, भूपृष्ठाला भेगा पडणे, जमिनीखालील पाणी उसळून वर येऊन वाहात राहणे, यांसारख्या घडामोडी होतात.

१.१०.४ जमिनीखालच्या या हालचालींमुळे परस्परांना समांतर अशा भेगा भूपृष्ठावर पडतात.

१.१०.५ घड्यांच्या हालचाली कशाही प्रकारे झाल्या, तरी त्यायोगे केंद्रबिंदूवरील प्रदेश आणि त्याच्या परिसरातील प्रदेश यांतील इमारती, रस्ते, बांधकामे उद्‌ध्वस्त होतात. केंद्रबिंदूच्या ठिकाणी प्रचंड ऊर्जा निर्माण होते व तिचा हादरा केंद्रबिंदूच्या वरील बाजूस असणाऱ्या सर्वांत जवळच्या भूप्रदेशाला बसतो.

१.१०.६ भूकंपांचे हे परिणाम प्रकर्षाने जाणवतात.

१.१०.६.१ इमारती व बांधकामे कोसळून त्यांचा पाया खचतो व माती आणि दगडमातीच्या ढिगाऱ्यात माणसे गाडली जातात.

१.१०.६.२ दरडी कोसळून त्याखालील बांधकामे उद्‌ध्वस्त होऊन प्रचंड नुकसान होते.

१.१०.६.३ मोठमोठे वृक्ष मुळांपासून उन्मळून पडतात.

१.१०.६.४ धरणांना तडे जाऊन धरणे फुटतात. जलाशयात साठवलेले पाणी धरणांखालील प्रदेशात प्रलय घडवते. भूकंपांमुळे जर रासायनिक कारखाने, अणुभट्ट्या यांना तडे गेले तर रासायनिक गळती आणि किरणोत्सर्जन यांमुळे मानवी जीवनाची प्रचंड हानी होते. मोठ्या प्रमाणात नरसंहार होतो.

१.११ वैशिष्ट्ये – भूकंपांची वैशिष्ट्ये खालीलप्रमाणे आहेत.

१.११.१ भूपृष्ठाखालील बाजूस केंद्रबिंदूच्या ठिकाणी निर्माण झालेल्या ऊर्जेच्या लहरी वर्तुळाकार होतात व भूपृष्ठाला धडक देतात. त्यांची तीव्रता प्रचंड असते. प्रतिसेकंदाला ३.८ पासून ६.८ किलोमीटर या वेगाने त्या भूपृष्ठाकडे सरकतात. हा वेग केंद्रबिंदूच्या भूपृष्ठापासून असलेल्या खोलीवर अवलंबून असतो. पण हे इतक्या वेगाने घडते की त्याविरुद्ध उपाययोजना करणे कोणालाही शक्य होत नाही. तुलनेने या लहरी भूपृष्ठावर आल्या की त्यांचा वेग मंदावतो. तरीही तो

प्रतिसेकंदाला ३ ते ४ किलोमीटर इतका असतोच.

अंगभूत लहरी : या लहरी भूपृष्ठाला वर ढकलतात त्यामुळे भूपृष्ठाला प्रचंड भेगा पडतात. या लहरींमुळेच प्रचंड हानी होते. या लहरींतून भूपृष्ठावरील लहरींचा उगम होतो.

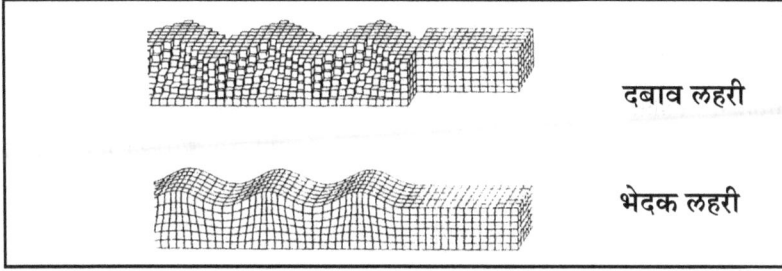

दबाव लहरी

भेदक लहरी

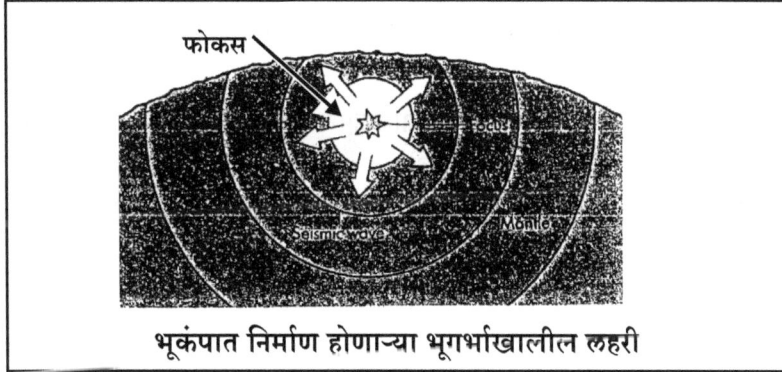

भूकंपात निर्माण होणाऱ्या भूगर्भाखालील लहरी

भूपृष्ठावरील लहरी : या लहरी लोव्हेलहरी आणि रेलीलहरी अशा दोन प्रकारच्या असतात. त्या लहरींमुळे इमारती व बांधकामांचे प्रचंड नुकसान होते. या वरच्या लहरींची ताकद सुद्धा मोठी असते.

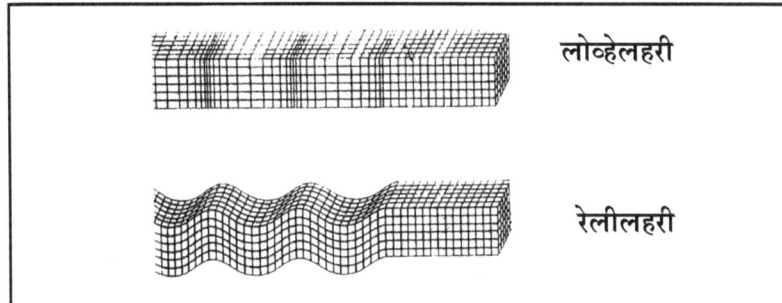

लोव्हेलहरी

रेलीलहरी

१.११.२ ही सर्व ऊर्जा एकदाच तडकाफडकी बाहेर पडत नाही. त्याआधीही भूपृष्ठाला लहान-मोठे हादरे टप्प्याटप्प्याने बसतात. काही प्राण्यांना या हादऱ्यांची चाहूल आधीच लागलेली असते. शास्त्रज्ञ या आधीच्या हादऱ्यांच्या अनुषंगाने सर्वोच्च हादरा किती मोठा असेल, याचा अंदाज घेण्याचा प्रयत्न करतात. तथापि केंद्रबिंदूवरील नजीकचा पृष्ठभाग नेमका कोणता आहे व सर्वोच्च धक्क्याची तीव्रता किती असेल व हा धक्का कोणत्या वेळी बसेल ते मात्र त्यांना बिनचूकपणाने सांगता येत नाही. भूगर्भशास्त्रज्ञ विहिरीतील पाण्याची अकस्मात वाढलेली पातळी, त्या पाण्याच्या रासायनिक गुणधर्मात झालेले बदल, भूपृष्ठावरील घडामोडी यांसारख्या भूकंपाआधी जाणवणाऱ्या लक्षणांचा अभ्यास करून भूकंपांच्या संभाव्यतेविषयी भाकीत करतात. मात्र अशा प्रकारची भाकिते बिनचूक ठरतीलच असे नाही.

१.११.३ भूकंपाचा सर्वांत मोठा धक्का बसल्यानंतरही एका बंदिस्त ठिकाणी गोळा झालेल्या ऊर्जेचा संपूर्ण निचरा होईपर्यंत, लहानमोठे धक्के हे त्यानंतरच्या काळात बसतात.

१.११.४ भूगर्भशास्त्रज्ञ भूकंपांचे मोजमाप करण्यासाठी 'सेस्मोमीटर' नावाच्या उपकरणाचा वापर करतात.त्याच्या मदतीने ते भूकंपमापनाचे आलेख तयार करतात. 'रिश्टर स्केल' या परिमाणाद्वारे भूकंपाची तीव्रता मोजली जाते. या भूकंपामुळे होणारे नुकसान भूपृष्ठाचा कमकुवतपणा, त्या प्रदेशातील लोकसंख्येची घनता, बांधकामांचे प्रमाण, घड्यांच्या हालचालींचे नेमके स्वरूप यांवर अवलंबून राहते.

१.११.५ याप्रकारे भूकंप हे सर्वांत मोठे संकट आहे. त्यामुळे जीवित आणि मालमत्ता यांची प्रचंड हानी होते. तसेच ते इतके अचानक घडतात की त्याविषयी कोणतेही भाकीत, पूर्वअंदाज बांधणे शक्य नसते, तसेच ते केव्हा आणि कोठे घडतील व त्यायोगे किती हानी होईल याविषयी काहीच सांगता येत नाही. भूकंपाबाबत लोकांना सावध करणेही शक्य नसते. वाचलेल्या लोकांच्या हाती संकटाला खंबीरपणाने तोंड देणे आणि लवकरात लवकर जीवन पूर्वपदाला आणणे एवढेच असते.

१.१२ त्सुनामी

त्सुनामी म्हणजे काय? ती कशी उद्‌भवते ?

समुद्रासारख्या विस्तीर्ण जलाशयाच्या तळाशी असलेल्या भूगर्भात भूकंप झाल्याने ज्या पर्वतप्राय लाटा उसळतात, त्यांना 'त्सुनामी' असे संबोधले जाते. अशा भूकंपांच्या केंद्रबिंदूच्या नजीकचा पृष्ठभाग हा सागराच्या तळाशी असतो. त्यायोगे

पाण्यात प्रचंड खळबळ निर्माण होऊन तयार होणारी ऊर्जा पाण्याला वरच्या दिशेने ढकलत असल्याने या लाटा निर्माण होऊन त्या किनारपट्टीलगतच्या प्रदेशात आपटतात. भूकंपामुळे निर्माण झालेली ऊर्जा प्रतिसेकंदास ८०० ते ९०० किलोमीटर वेगाने बाहेर पडते. तथापि, तिचा पाण्यामध्ये बऱ्याच प्रमाणात लय होऊन वेग दर तासाला ८०० ते ९०० कि.मी. इतका होतो व या लाटा किनारपट्टीवर आदळल्या की ऊर्जेचा पूर्णतया विलय होतो.

१.१३ परिणाम

त्सुनामीचे प्रारंभिक आणि त्यानंतरचे असे दुहेरी परिणाम होतात.

१.१३.१ किनारपट्टीपासून १ ते २ कि.मी. अंतरावर जवळजवळ ३० मीटर उंचीच्या लाटा उसळतात व त्या किनारपट्टीच्या दिशेने प्रचंड वेगाने येतात. काही सेकंदातच लाटांमुळे किनारपट्टीचा प्रदेश जलमय होतो. लाटा किनाऱ्यावर वेगाने आदळल्यानंतर परत पाणी समुद्राच्या दिशेने वेगाने खेचले जाते. पाणी समुद्रात परतताना आपल्याबरोबर जमिनीचा भर व त्यावरील सर्व संपदा वेगाने वाहून नेते.

१.१३.२ लाटांची ताकद इतकी असते की, त्यामुळे किनारपट्टी-लगतच्या १ कि.मी. परिसरातल्या बहुतांशी इमारती, बांधकामे उद्ध्वस्त होतात. २६ डिसेंबर २००४ या दिवशी ज्या त्सुनामी लाटा उसळल्या त्याची सर्वाधिक झळ इंडोनेशियाला पोचली. १ कि.मी. पर्यंतच्या किनाऱ्यालगतच्या भूप्रदेशात जीवित आणि मालमत्ता यांची प्रचंड हानी झाली तर २ कि.मी.पर्यंतच्या प्रदेशात त्याची झळ थोडी कमी पोहोचली. भारतातही किनारपट्टीपासून ५०० मीटर परिसरातली घरे, त्यातील लोक यांची नामोनिशाणीही उरली नाही तर १ कि.मी.च्या परिसरात त्याचे दुष्परिणाम जाणवले.

१.१३.३ काही मिनिटांच्या अंतराने एका पाठोपाठ अशा त्सुनामी लाटा किनारपट्टीवर आदळतच राहतात. सामर्थ्यशाली अशा पहिल्या लाटेमुळे किनाऱ्या-लगतच्या प्रदेशाचे सर्वाधिक नुकसान होते. त्यानंतर येणाऱ्या लाटांनी उरले-सुरलेही धुऊन जाते. लाट किनाऱ्यावर फुटल्यानंतर, लाटेच्या ओसरत्या पाण्याचा जोर सुद्धा प्रचंड असतो व त्यामुळे उद्ध्वस्त झालेल्या गोष्टी समुद्रात वाहून जातात. 'मागे खेचणाऱ्या लाटा' असे त्यांचे वर्णन केले जाते. पहिल्या लाटेच्या एकवटल्या गेलेल्या सामर्थ्यामुळे प्रदेशाचे प्रचंड नुकसान होते. मात्र जर काही कारणांनी ही लाट दुभंगली गेली तर मात्र नुकसानीचे प्रमाण तुलनेने कमी असते. त्सुनामीमुळे झालेल्या हानीच्या अभ्यासात ज्या पक्क्या घरांच्या कुंपणांच्या भिंती ४ फुटांपेक्षा अधिक उंच आहेत अशी

घरे, तसेच ज्या घरांच्या भिंती या लाटांच्या दिशेला कोन करतात अशी घरे बऱ्याच अंशी सुरक्षित राहिल्याचे आढळून आले आहे. तर लाटांना आडव्या येणाऱ्या भिंती क्षणात कोसळल्याचे आढळून आले आहे. कारण कुंपणांच्या भिंतीमुळे व लाटांच्या दिशेने बांधलेल्या भिंतीमुळे लाटा दुभंगल्या जाऊन हानी कमी होते.

१.१३.४ किनारपट्टीलगतचा प्रदेश हा मुख्यत: वालुकामय असतो. जी बांधकामे भुसभुशीत वाळूवर केली जातात, त्यांचा पाया कमकुवत असल्याने ती पूर्णतया वाहून जातात, तर ज्या बांधकामांचा पाया अधिक खोदाई करून 'पाईल फाउंडेशन' पद्धतीने बांधला जातो, ती बांधकामे टिकून राहतात.

१.१३.५ किनारपट्टीपासून दूर खोल समुद्रात गेलेल्या होड्या, बोटी, जहाजे यांचे कोणतेही नुकसान होत नाही. कारण खोल समुद्रात लाटा पसरट असतात व किनाऱ्याकडे जाताना त्यांची उंची वाढते. किनाऱ्याजवळच्या होड्या व जहाजांची हानी जास्त होते.

१.१३.६ मुळापासून उन्मळून पडणारी झाडे आणि पाण्यात गुदमरल्याने झालेली जीवितहानी हे त्सुनामीचे दुय्यम स्वरूपाचे परिणाम आहेत. मात्र मुळे खोलवर गेलेली आहेत असे मोठे वृक्ष त्सुनामीच्या लाटा भेदण्यासाठी उपयुक्त ठरतात. त्यामुळे हानीचे प्रमाण कमी होते.

१.१४ त्सुनामीची लक्षणे व विचारार्थ मुद्दे

१.१४.१ त्सुनामी लाटा निर्माण होण्यासाठी सागराच्या तळाशीच भूकंप व्हायला हवा. तसेच त्याच्या धक्क्याची तीव्रता ७ रिश्टरपेक्षा अधिक हवी, तरच त्यायोगे समुद्रात उंच लाटा उसळू शकतात. अपवादात्मक परिस्थितीत यापेक्षा कमी तीव्रता असूनही त्सुनामी लाटा निर्माण झाल्याचे आढळून आलेले आहे. ही पर्वतप्राय लाट येण्याच्या अगोदर अचानक समुद्राचे पाणी आटून खूप आत गेल्याचे अनुभव कित्येकांनी सांगितले आहेत. पाणी ज्या शीघ्रतेने आटते, त्याच शीघ्रतेने या त्सुनामीच्या लाटा किनाऱ्याकडे झेपावतात.

१.१४.२ पाण्याखालील भूगर्भात भूकंप झाल्यानंतर केंद्रबिंदूपासून सर्वच दिशांना ऊर्जा पसरत जाते. ती सागराच्या तळाशी पोचली की त्यानंतर ऊर्ध्व आणि समांतर अशा दोन प्रकारे पाण्यात पसरते. ऊर्ध्व दिशेला जाणाऱ्या ऊर्जालहरींमुळे उंच लाटा ('एस्' लहरी) निर्माण होतात तर समांतर दिशेकडे जाणाऱ्या ऊर्जेतून पसरट लाटा ('पी' लहरी) निर्माण होतात. या लहरी जोपर्यंत भूपृष्ठापासून दूर खोलवर समुद्रात असतात, तोपर्यंत ऊर्जा सर्व दिशेला पाण्यात पसरल्याने लहरींची उंची जास्त नसते. मात्र त्या जसजशा

किनाऱ्याकडे येतात, तशा कमी खोल भूपृष्ठामुळे पाणी पसरण्यास अडथळा आल्याने लहरींची उंची वाढत जाते. खोल समुद्रात पी लहरी शेकडो मीटर पाण्यात दूरवर जातात तर एस् लहरींची उंची जेमतेम काही मीटर असते. किनारपट्टीकडे येताना भूपृष्ठाच्या अडथळ्यामुळे 'एस्' लहरींची उंची प्रचंड प्रमाणात वाढते. खालील आकृतीमध्ये ही गोष्ट दर्शवली आहे.

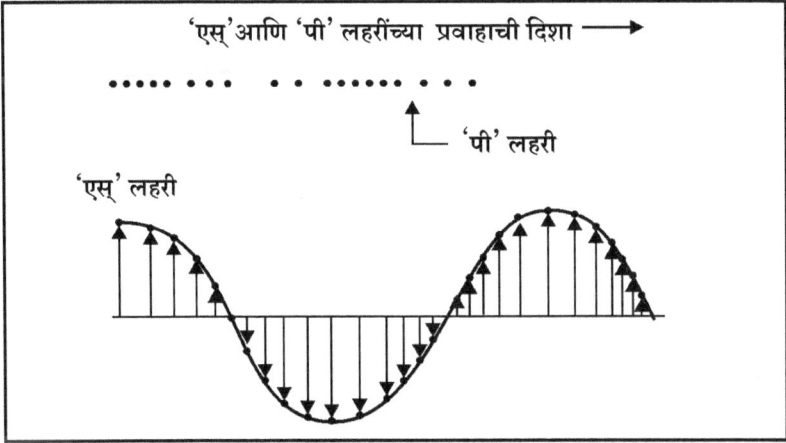

१.१४.३ पाण्याखालील भूकंपामुळे त्सुनामीलाट निर्माण झाल्यावर तत्काळ तिचा अंदाज घेऊन नोंद करणे भूगर्भशास्त्रज्ञांना शक्य होते. त्यायोगे किनारपट्टी लगतच्या प्रदेशातील लोकांना सावध करून जीवितहानी तरी टाळणे शक्य होते. त्यासाठी सुयोग्य प्रकारची कार्यक्षम व तत्काळ कार्य करणारी यंत्रणा निर्माण करणे गरजेचे असते.

१.१५ महापूर

महापूर ही संपूर्ण जगात, नद्यांच्या खोऱ्यातील प्रदेशात वारंवार उद्भवणारी आपत्ती आहे. भारताच्या उत्तरेकडील सर्व राज्यांत, गंगेच्या खोऱ्यात प्रतिवर्षी महापूर येतो. बांगलादेशात तर ८३% प्रदेशाला महापुराची झळ पोहोचते. जेव्हा नद्यांच्या पात्रातून समुद्रात वाहून जाणाऱ्या पाण्यापेक्षा पाऊस, नाले, ओढे, उपनद्यांद्वारे जमा होणाऱ्या पाण्याचे प्रमाण अधिक असते, तेव्हा पुराचे संकट निर्माण होते. त्या वेळी अत्यल्प काळात आणि प्रचंड प्रमाणात पाणी पात्राबाहेर नजीकच्या प्रदेशातून वाहू लागते. यापैकी काही पाणी परिसरातील जमिनीत मुरते. अन्य वेळी सामान्यतः पाणी

वाहण्याचे प्रमाण आणि जमिनीत मुरण्याचे प्रमाण हे सारखेच असते. मात्र दरडी कोसळल्याने किंवा घाण तुंबून प्रवाह थांबल्याने हे वाढलेले पाणी परिसरात पसरते. त्याचप्रमाणे समुद्रालगतच्या प्रदेशात आणखी एका कारणाने पुराचे संकट येते. समुद्राला भरती आली की खाड्यांतून समुद्राकडे जाणारा नद्यांच्या पाण्याचा प्रवाह बंद होतो. उलट भरतीचे खारे पाणी मुखातून नद्यांतच घुसते व पूर येतो.

१.१६ कारणे

वर उल्लेखलेल्या पुरांच्या कारणांचा आपण सविस्तर विचार करू.

१.१६.१ पावसाळ्याच्या हंगामात जलवृष्टीच्या प्रमाणात मोठी वाढ होते. पर्वत, डोंगररांगा, उंचावरील भूप्रदेशातून हे पाणी नाले, ओढे व उपनद्यांत जमा होते. तेथून ते नद्यांच्या प्रवाहात जाते. या पाण्याबरोबर वाहणारा चिखल, गाळ, कचरा वगैरे नद्यांच्या प्रवाहात गेला की, त्यामुळे त्यांचे पात्र उथळ होते व सतत पडत राहणारे पाणी नजीकच्या प्रदेशात घुसते. जोपर्यंत पाणी पात्रात असते तोपर्यंत काही प्रश्न येत नाही. मात्र जेव्हा अधिक प्रमाणात जमा होणारे पाणी पात्राबाहेर जाते तेव्हा पुराचे संकट ओढवते. पात्रात वाहणाऱ्या पाण्याचे मापन 'क्युसेक्स' या परिमाणाद्वारे केले जाते. त्याची एक मर्यादा असते. जेव्हा ही मर्यादा ओलांडली जाते त्यावेळी पूरस्थिती निर्माण होते.

१.१६.२ याखेरीज ज्या नद्यांचा उगम हिमालयातून होतो, त्या नद्यांना उन्हाळ्यातही पूर येतो. उन्हाळ्यात तेथील बर्फ वितळले की त्या पाण्याचा प्रवाह नद्यांत जमा होऊन पूर येतो. मात्र हा पूर नद्यांच्या मर्यादित क्षेत्रात येतो. बाकीच्या ठिकाणी त्याची झळ पोहोचत नाही. पावसाळ्यातील पूर मात्र नद्यांच्या खोऱ्यातील क्षेत्रापासून ते ज्या ठिकाणी त्या सागराला मिळतात त्या मुखाच्या क्षेत्रापर्यंत सर्वत्र येतो. नदी जसजशी उगमापासून दूर जाते तसतसे अधिकाधिक पाणी पात्रात गोळा होऊन महापुराचे संकट ओढवते.

१.१६.३ मुखालगतच्या खाड्यांतून ओहोटीच्या वेळी पाणी समुद्राला मिळते. तथापि भरतीच्या वेळी मात्र समुद्रातील पाणी उलटे नदीत घुसते. त्यामुळे पाणी पात्राबाहेर परिसरातील प्रदेशात पसरते.

१.१६.४ मोठ्या शहरात सामान्यत: सांडपाण्याचा निचरा हा गावाबाहेर उतारावरील नाले, ओढे, नद्या अथवा समुद्रात होत असतो. तथापि, बेसुमार प्रमाणात पाऊस झाला की निचरा करणारी व्यवस्था अपुरी पडून गटारे तुंबतात व ते पाणी रस्त्यावर पसरते आणि त्याची पातळी वाढली तर ते झोपड्यांत व घरांतही घुसते.

याबाबतीत मुंबईचे उदाहरण बोलके आहे. २६ जुलै २००५ या एकाच दिवशी ९४४ मि.मी. इतका विक्रमी पाऊस अवघ्या २४ तासांत झाला. मुंबईत बेसुमार प्रमाणात निर्माण झालेली अधिकृत तसेच अनधिकृत बांधकामे, वेड्यावाकड्या पसरलेल्या झोपडपट्ट्या यांमुळे या अफाट प्रमाणात आलेल्या पाण्याचा निचरा व्हायला जागाच नव्हती. हवामानातील बदलामुळे समुद्राला भरतीही अधिक प्रमाणात आली आणि मग पुरामुळे एकच हाहाकार झाला. अशीच परिस्थिती नजीकच्या रायगड जिल्ह्यात झाली. अतिवृष्टी, कोसळलेल्या दरडी, नद्या व उपनद्यांना आलेले पूर यांसारख्या कारणांनी अनेक गावे जवळजवळ आठवडाभर पाण्याखालीच होती. महाड या शहरात व परिसरात उपनद्यांना आलेल्या पुरामुळे सावित्री नदीच्या पाण्याची पातळी वाढून परिसर जलमय झाला. त्यातच भरतीच्या काळात पाण्याच्या पातळीत अधिकच वाढ होत होती. २६ जुलै ते २ ऑगस्ट २००५ या कालावधीत हा परिसर पाण्याखालीच होता. भरतीच्या वेळी ही पातळी वाढायची व बाकीच्या वेळी कमी व्हायची इतकेच !

१.१७ परिणाम

महापुराचे परिणाम खालीलप्रमाणे :

१.१७.१ पुराच्या पाण्याच्या लोंढ्याची ताकद इतकी असते की त्यायोगे परिसरातील कमकुवत इमारती व बांधकामे उद्ध्वस्त होतात.

१.१७.२ परिसरातील शेतजमिनीत लावलेल्या पिकांचे अमाप नुकसान होते.

१.१७.३ परिसरातील लोकांचा इतर भागांशी येणारा संपर्क काही काळ तुटतो. त्यामुळे जनतेचे हाल होतात.

१.१७.४ वीजपुरवठा करणाऱ्या वाहिन्या तुटल्यामुळे वीजपुरवठा खंडित होऊन अंधाराचे साम्राज्य रात्री पसरते. या तारा जर पाण्यात पडल्या व त्यातून वीजपुरवठा चालू राहिला तर विजेचा धक्का बसून अपघात होतात. अशा अपघातात सापडलेली तसेच पाण्यात बुडालेली अनेक माणसे आणि जनावरे यांना आपले प्राण गमवावे लागतात.

१.१७.५ पूर ओसरल्यानंतरही आजार, रोगराई यांमुळे लोकांचे आरोग्यमान खालावते.

१.१७.६ पुरांमुळे उताारावरील प्रदेशातील जमिनीची धूप होऊन तो गाळ पात्रालगतच्या सपाट प्रदेशात जमा होतो. या कारणामुळेच उत्तरेकडील राज्यांमधील जमीन ही सुपीक बनलेली आहे.

१.१७.७ डोंगराळ भागात पुराच्या पाण्याच्या वेगामुळे दोन्ही बाजूच्या काठांवरील जमिनी कमकुवत होऊन खचतात व त्यांचे तुकडे काठांपासून अलग होऊन पाण्याच्या प्रवाहाबरोबर वाहून जातात.

१.१८ वैशिष्ट्ये

महापुराची वैशिष्ट्ये खालीलप्रमाणे आहेत.

१.१८.१ सपाट प्रदेशात पुराचे संकट अचानकपणे ओढवत नाही तर नदीतील पाण्याच्या पातळीत हळूहळू वाढ होत जाते. त्यामुळे परिसरातील जनता आणि प्रशासन यंत्रणा यांना सावधगिरीचे उपाय अवलंबण्यासाठी पुरेसा अवधी मिळतो.

१.१८.२ नद्यांवर जेव्हा धरणे बांधली जातात, तेव्हा पुरावर नियंत्रण ठेवणे शक्य होते. त्यासाठी धरणांचे दरवाजे योग्य प्रमाणात उघडून पुराची पातळी नियंत्रित करता येते. तसेच पाणी वाहून जाण्यासाठी जर कालवे खोदले गेले तर त्यातूनही पाण्याचा निचरा होतो. या कालव्यांमुळेच अधिकाधिक जमीन ओलिताखाली आणता येते.

१.१८.३ महापूर ही प्रतिवर्षी ठराविक काळात ओढवणारी आपत्ती असल्यामुळे तिची झळ परिसरात किती प्रमाणात बसणार, लोकांचे कशाप्रकारे स्थलांतर करावे लागणार, किती कालावधीनंतर मूळ जागी त्यांचे पुनर्वसन करता येईल, या साऱ्यांविषयी योग्य अंदाज घेऊन प्रशासन यंत्रणा त्याबाबत सावधगिरीचे उपाय अवलंबते.

१.१८.४ डोंगराळ प्रदेश संपून नद्या ज्या ठिकाणी सपाट प्रदेशात येतात, तेथे मात्र अतिवृष्टीनंतर अचानक महापूर येतो. त्याबाबत तेथील लोकांना पूर्वसूचना देणे शक्य नसते, तसेच सावधगिरीचे उपायही अवलंबता येत नाहीत. त्या ठिकाणी पाण्याची पातळी जरी फारशी वाढली नाही तरी प्रवाहाचा वेग प्रचंड असतो. अशा परिसरात जीवित व मालमत्तेची हानी अधिक होते. त्यामुळे तेथे बांधकामे करताना जमिनीचा उतार, भुसभुशीतपणा, प्रवाहापासूनचे अंतर यांसारख्या गोष्टींचा आधीच विचार होणे गरजेचे असते. अशा भागात दरडी कोसळण्याचे प्रमाणही जास्त असते. रस्त्यावर कोसळणाऱ्या दरडींमुळे परिसराचा इतर भागाशी संपर्क तुटतो. तेथे मदतकार्य पोहोचवणेही शक्य होत नाही.

१.१९ वादळे, झंझावात

कारणे, परिणाम आणि वैशिष्ट्ये

उत्तर अमेरिका आणि भारताची पूर्व किनारपट्टी या प्रदेशात वादळे ही सातत्याने निर्माण होणारी आपत्ती आहे. वादळे 'कॅटरिना', 'रिटा' अशा वेगवेगळ्या नावांनी ती

ओळखली जातात. सन २००५ मध्ये आलेल्या कॅटरिना आणि रिटा वादळांमुळे न्यू ऑर्लिन्स, टेक्सास आणि फ्लोरिडा या अमेरिकेतील प्रदेशात प्रचंड जीवित आणि वित्तहानी घडवली. भारतातही पूर्वेकडील ओरिसा, आंध्रप्रदेश, तामिळनाडू या राज्यात तसेच पश्चिमेकडील गुजरात या राज्यात जवळजवळ प्रत्येक वर्षी वादळाचे संकट ओढवते. हवेमध्ये निर्माण होणारे कमी अधिक दाबांचे पट्टे आणि त्यायोगे वारंवार हवामानात होणारे बदल यांमुळे वादळे निर्माण होतात. विविध प्रकारच्या वादळांची कारणे व त्यायोगे होणारे परिणाम या संदर्भात वेगवेगळे सिद्धांत मांडले जातात. सिद्धांतामागील मूलतत्त्वे ठराविकच असतात. हवेतील उष्मा आणि दाब यांमध्ये वारंवार बदल झाल्याने हवेच्या हालचाली वाढतात. उभ्या (ऊर्ध्व) आणि आडव्या (चारी मुख्य) दिशांना या हालचाली होतात. त्यांचा वेग हळूहळू वाढत जाऊन हवेत चक्राकार आवर्त निर्माण होतात. जगाचा चार पंचमांश हिस्सा हा पाण्यानेच व्यापलेला असल्याने वादळे ही बव्हंशी सागरातच निर्माण होतात. ती समुद्रकिनाऱ्यांच्या दिशेने सरकताना वाऱ्यांचा वेग हा वाढत जातो. चक्रावर्ताच्या मध्यभागी असलेल्या कमी दाबाच्या पट्ट्याला 'भोवरा' जसे संबोधले जाते. (इंग्लिशमध्ये त्यासाठी आय (eye) डोळा असा शब्द आहे) सभोवतीचे अधिक दाबाचे पट्टे एकाच वेळी त्या कमी दाबांच्या पट्ट्यांमध्ये घुसतात व त्या भागात असलेला पालापाचोळा, कचरा हा गोलाकार फिरून वरच्या दिशेने जातो. वाहणाऱ्या वाऱ्याच्या या प्रचंड वेगामुळे वादळे, झंझावात निर्माण होतात. सामान्यत: जेव्हा हा वेग दर तासाला ११९ किलोमीटरपेक्षा अधिक होतो, त्यावेळी त्या वादळासाठी झंझावात/ तुफान (storm) असा शब्द वापरला जातो. या झंझावाताच्या वेगामुळे जसे किनारपट्टीच्या प्रदेशांचे नुकसान होते, तसेच झंझावातामुळे निर्माण झालेल्या अधिक उंचीच्या सागरी लाटांमुळेही नुकसान होते. असा त्या प्रदेशाला दुहेरी फटका बसतो व जीवित आणि मालमत्ता यांची अपरिमित हानी होते. भूकंप, महापूर यांच्या सारखीच झंझावात ही भीषण आपत्ती आहे. फरक इतकाच की, आधीच्या आपत्तीत हे दुष्परिणाम एका पाठोपाठ एक असे होतात तर झंझावातात ते एकाच वेळी होतात. त्यानंतर जी शांतता निर्माण होते, तिला 'स्मशान शांतता' असेच संबोधता येईल! सॅफिर आणि सिंप्सन या हवामान शास्त्रज्ञांनी वादळाच्या तीव्रतेनुसार चढत्या श्रेणीत सौम्यपासून अतितीव्रपर्यंत ५ प्रकारात वादळांची क्रमवारी केलेली आहे. पाचव्या श्रेणीचे वादळ हे सर्वांत भीषण असते. या वादळाचा वेग ताशी २५० कि.मी. पेक्षा जास्त असतो.

सॅफिर व सिंप्सन प्रणीत वादळांचा तक्ता

श्रेणी	वाऱ्याचा वेग			हवेचा किमान दाब
	मैल (प्रतितास)	किलोमीटर (प्रतितास)	नॉट्स (प्रतितास) (सागरी क्षेत्र)	
प्रथम	७४ ते ९५	११९ ते १५३	६४ ते ८२	९८०+
द्वितीय	९६ ते ११०	१५४ ते १७७	८३ ते ९५	९७९ ते ९६५
तृतीय	१११ ते १३०	१७८ ते २०९	९६ ते ११३	९६४ ते ९४५
चतुर्थ	१३१ ते १५५	२१० ते २४९	११४ ते १३५	९४४ ते ९२०
पंचम	१५६+	२५०+	१३६+	९१९-

१.२० न्यू ऑर्लिन्स शहराला चक्रीवादळाचा तडाखा

न्यू ऑर्लिन्स या अमेरिकेतील शहराला कायमच वादळांचा सामना करावा लागतो. समुद्रसपाटीपेक्षा खोलगट असलेल्या भागात हे शहर वसलेले आहे. त्यामुळे या शहराच्या भोवती भक्कम अशी पक्की भिंत बांधलेली आहे. आजवर चतुर्थ श्रेणीपर्यंतची वादळे यायची. त्यातून या भिंतीमुळे शहराचे संरक्षण होत असे. तथापि २००५ साली 'कॅटरिना' हे पाचव्या श्रेणीचे वादळ आल्याने लाटांच्या तडाख्याने भिंती कोसळल्या व झंझावाताने, तसेच पुराने शहराचे प्रचंड नुकसान झाले व जीवितहानीही मोठ्या प्रमाणात झाली.

१.२१ कृत्रिम उपग्रहांचा उपयोग

अंतरिक्षात सोडलेले कृत्रिम उपग्रह हे संभाव्य वादळाविषयी काही प्रमाणात पूर्व-अंदाज येण्यासाठी आवश्यक ती माहिती पुरवतात. याचे श्रेय वैज्ञानिक प्रगतीला द्यावे लागेल. त्यामुळे या संकटापासून लोकांचा बचाव करण्यासाठी सावधगिरीने उपाय अवलंबणे शक्य झाले आहे. तथापि, कॅटरिना झंझावाताचा वेगच इतका प्रचंड होता की, ३ ते ४ दिवस आधी कळूनही बचावाचे कार्य अंशत:च होऊ शकले व शहरातील बहुसंख्य लोकांचे या आपत्तीत नुकसान झाले.

१.२२ दरडी कोसळणे (भूस्खलन)

कारणे, परिणाम आणि वैशिष्ट्ये :

१.२२.१ भूकंप, त्सुनामी, अतिवृष्टी, वादळे, महापूर वगैरे मोठ्या

आपत्तींनंतर त्यानंतरचे परिणाम म्हणून दरडी कोसळण्यासारखे प्रकारे घडतात. मुसळधार पावसामुळे खडकांना जखडून ठेवणारी माती वाहून जाते. ते उघडे पडतात. बेसुमार वृक्षतोडीमुळेही जमिनीची धूप होते. भूकंपानंतर जमिनीला भेगा पडतात. अशा वेगवेगळ्या प्रकारांनी डोंगरापासून दगड अलग होऊन ते खाली पडतात. डोंगराळ भागात खडीसाठी डोंगर खोदले जातात किंवा घाटामधून रस्ते बांधले जातात. प्रगतीसाठी हे आवश्यक असते. खडीला बांधकाम क्षेत्रातून कायमच मागणी असते. यामुळे डोंगर कमकुवत होतात व त्यांच्या कडेचे दगड कोसळतात. यालाच 'भूस्खलन' किंवा रूढ भाषेत 'दरड कोसळणे' असे म्हटले जाते. आधीच्या अन्य संकटांपाठोपाठ हे संकट निर्माण होते. विशेषत: पाऊस जेवढा जास्त, मुसळधार पडेल तितक्या दरडी अधिक प्रमाणात कोसळतात. २००५ च्या ऑगस्ट महिन्यात कोकण विभागात केलेल्या पाहणीत अनेक डोंगरांना उभ्या भेगा पडून अतिवृष्टीनंतर ते खडक डोंगरापासून अलग झाले व गडगडत खाली गेल्याचे आढळून आले. तसेच भविष्यातही असे प्रकार कायमच घडण्याची शक्यता आढळली.

१.२२.२ भूस्खलन हे अगदी मर्यादित क्षेत्रात उद्भवणारे संकट आहे. त्याची तीव्रता ही मातीचा प्रकार, डोंगराचा उतार, व्याप्ती आणि खडकांची रचना यांवर अवलंबून असते. माती ही खडकांना घट्ट जोडून ठेवते. तथापि, तांबडी माती ही भुसभुशीत असते. ती वाहून गेल्यानंतर खडक अलग होतात. मातीप्रमाणेच वृक्षांची जमिनीत खोलवर घुसलेली मुळेही खडकांना आधार देतात. परंतु माती वाहून गेल्यामुळे दरडी कोसळतात व त्यालगतचे वृक्षही उन्मळून पडतात. उतारावर झालेली बांधकामे कोसळल्याने उद्ध्वस्त होतात व हे सर्व दगड– मातीचे ढिगारे, वृक्ष खाली सपाट क्षेत्रात पडतात व त्या क्षेत्रातील रहिवाशांचाही त्यात बळी जातो. जुलै २००५ मध्ये मुंबई शहरात अतिवृष्टीमुळे दरड कोसळून त्याखाली १४० झोपड्या गाडल्या जाऊन तेथील रहिवासी मृत्युमुखी पडले. मुळातच धोक्याच्या जागी अनधिकृतरीत्या बांधल्या गेलेल्या या झोपड्या दरड कोसळून नष्ट झाल्या. निसर्ग आणि मानव असे दोघेही या आपत्तीला जबाबदार आहेत. याचप्रमाणे रायगड जिल्ह्यातही एक संपूर्ण डोंगर अतिवृष्टीने कोसळला व त्याखाली शेकडो लोक गाडले गेले.

१.२२.३ वाहतुकीच्या रस्त्यांवर दरड कोसळली की रस्त्यावरील मोटारी, ट्रक वा अन्य वाहने खाली गाडली जाऊन लोक गुदमरून मरतात. कोसळलेल्या दगडांमुळे त्या भागातील वाहतूक पूर्णपणे ठप्प होते. लोक अडकून पडतात. वाहतुकीचे प्रमाण अधिक असल्यास वाहनांची रस्त्यावर प्रचंड गर्दी होते. ती पुढे किंवा मागे नेणे अशक्य असते. अडथळे दूर करण्यासाठी तेथे यंत्रसामग्री व मजूर पाठवणेही अशक्य होते.

तसेच पहिले दगड बाजूला केले की वरून अडकलेले दगड खाली येतात. अतिवृष्टीनंतर रस्त्यावर प्रचंड चिखल गोळा होऊन रस्ता निसरडा होतो व वाहने घसरून अपघात होतात.

१.२३ अग्निप्रलय / वणवा

आग किंवा वणवा हा ज्वालाग्राही पदार्थ पेटण्यामुळे निर्माण होतो. वणवा हा जंगलातील झाडे पेटून त्याची व्याप्ती वाढल्याने अस्तित्वात येतो, तर आग ही मुख्यत: निष्काळजीपणामुळे लागते. तिचे विस्तृत व अतिसंहारक स्वरूप दर्शविण्यासाठी 'अग्निप्रलय' या शब्दाचा प्रयोग केलेला आहे. अग्नीमुळेही जगात होणाऱ्या संहाराचे/ नुकसानीचे प्रमाण खूप मोठे आहे. खरे तर पुरेशी सावधगिरी बाळगल्यास हे संकट टाळणे शक्य आहे. तथापि, अप्रगत देशातील लोकांमध्ये त्या संदर्भात मर्यादित स्वरूपात असलेली जाणीव व एकंदरीतच जाणवणारी बेफिकिरी हेच या संकटाचे महत्त्वाचे कारण आहे.

१.२४ कारणे

१.२४.१ जंगलातील वणवा हा बव्हंशी नैसर्गिक कारणांनी पेटतो. वाऱ्यामुळे झाडांचे घर्षण होऊन पडणाऱ्या ठिणग्या या सुकलेल्या गवतावर, पालापाचोळ्यावर पडून तो पेटतो, त्याची धग लागून झाडे पेटतात. बघता बघता संपूर्ण जंगलात वणवा पसरतो. तो विझवण्याचे काम अत्यंत अवघड असते. जवळजवळ संपूर्ण जंगल भस्मसात झाल्यानंतर तो शांत होतो. काही वर्षांपूर्वी ऑस्ट्रेलिया आणि इंडोनेशिया देशातील जंगलात पेटलेले वणवे शांत व्हायला आठवड्याहूनही जास्त कालावधी लागला. मात्र काही वेळेस मानवी निष्काळजीपणामुळेही वणवे पेटतात. जळणाऱ्या सिगारेटचे निष्काळजीपणाने फेकून दिलेले थोटूक किंवा जंगलातील मुक्कामात रात्री पेटवलेली व पूर्णपणे न विझवलेली शेकोटी, वाऱ्यामुळे त्यातून इतरत्र गेलेल्या ठिणग्या यामुळेही जंगलात आगी लागतात.

१.२४.२ नागरी आणि औद्योगिक भागात मात्र आगी या मानवाच्या निष्काळजीपणामुळे, पुरेशी सावधगिरी न बाळगल्याने लागतात. विजेचे शॉर्टसर्किट, अर्थिंग चांगले नसणे, आगीच्या क्षेत्रात काम करताना पुरेसे सुरक्षिततेचे उपाय न अवलंबणे, अग्निशमन यंत्रणा न ठेवणे, गॅस किंवा रॉकेलच्या गळतीकडे दुर्लक्ष करणे, जळत्या सिगारेटची थोटके कोठेही फेकून देणे, गजबजलेल्या वस्तीमध्ये, प्रचंड वर्दळ असणाऱ्या ठिकाणी शोभेची दारू उडवणे यांसारख्या लोकांच्या अक्षम्य

हलगर्जीपणामुळेच आगीचे संकट ओढवते. ज्वालाग्राही रसायनांचा वापर होणाऱ्या उद्योगांतही आगीचा धोका अधिक असतो. मोटारगाड्यांच्या व विमानांच्या अपघातानंतरही स्फोट झाला की आग लागते व ती परिसरात पसरते. पुरेशी काळजी घेतली तर हे सर्व टाळणे शक्य आहे.

१.२५ परिणाम

१.२५.१ आगीचे तीन प्रमुख परिणाम होतात. लगतच्या भागातील उष्णतेत प्रचंड वाढ होते. तिची धग लागून परिसरातील वस्तूही पेटतात व आगीची व्याप्ती वाढते. बाहेर पडणारा धूर हा विषारी असतो. धुराने गुदमरून बेशुद्ध पडण्याचा व प्रसंगी मरण्याचा धोकाही त्यातून उद्भवतो. जळताना उडालेली राखही हे संकट अधिक वाढवते. आगीपासून आपले संरक्षण करताना या तीन गोष्टींची काळजी घ्यावी लागते.

१.२५.२ आग पूर्णपणे विझली तरी जळालेल्या इमारती कमकुवत होऊन त्या कोसळतात. याला आगीचा पश्चात परिणाम असे म्हणता येईल.

१.२६ वैशिष्ट्ये

१.२६.१ आग पेटण्यासाठी ज्वालाग्राही पदार्थ, प्राणवायूचे हवेतील प्रमाण आणि पुरेशी उष्णता असे तीन घटक आवश्यक आहेत. ज्वालाग्राही पदार्थाचा पेटलेल्या पदार्थाशी संयोग झाला की हवेतील प्राणवायूमुळे तो काही काळ धुमसत राहतो, त्यायोगे उष्णतेत वाढ होते. ती एका मर्यादेपलीकडे गेली की तो पदार्थ पेटतो. काही पदार्थांबाबत मात्र त्यांचा पेटलेल्या पदार्थाशी संयोग होण्याची गरज नसते. उष्णता एका मर्यादेपलीकडे गेली की ते आपोआपच पेटतात. या मर्यादेस 'ज्वालाग्राहकतेचा बिंदू' (इग्निशन पॉईंट) असे म्हटले जाते. याखेरीज 'अग्निकारक बिंदू' (फ्लॅश पॉईंट) व 'ज्वालानिर्मितीचा बिंदू '(फायर पॉईंट) अशा दोन मर्यादांचाही या संदर्भात आपल्याला विचार करावा लागतो. उदाहरणार्थ, एखादी पेटलेल्या मेणबत्तीची ज्योत ज्वालाग्राही पदार्थाला चिकटवली तर तो पदार्थही तापू लागतो, पेटतो. पण पुरेशी उष्णता निर्माण न झाल्याने मेणबत्ती दूर नेली की तो विझतो. मात्र ती ज्योत जर अधिक वेळ पदार्थाजवळ धरली तर मात्र ज्वालानिर्मितीच्या बिंदूपर्यंत उष्णतेत वाढ होते. त्यायोगे तो पदार्थ पेटून त्यातून विस्तव बाहेर पडतो. त्यानंतर मेणबत्ती दूर नेली तरीही तो पदार्थ पूर्णतया जळेपर्यंत तसाच पेटलेला राहतो.

१.२६.२ सोबतच्या त्रिकोणाच्या आकृतीद्वारे निर्मितीचा सिद्धांत आपल्याला स्पष्ट करता येईल. आगीचा संयोग झाल्यामुळे ज्वालाग्रही पदार्थांनजीकची उष्णता

वाढत जाते. ही उष्णता अधिक प्रमाणात वाढवण्याचे कार्य प्राणवायू करतो. त्यायोगे ज्वालाग्राही पदार्थ पेटून आग लागते.

या तीनपैकी एखादा घटक जरी कमी झाला तरी आग निर्माण होत नाही.

१.२६.३ आगीची अ, ब, क आणि ड याप्रमाणे ज्वालाग्राही पदार्थांच्या प्रकारांनुसार वर्गवारी केली जाते. 'अ' वर्गात कागद, कापूस, गवत, लाकूड यांसारख्या पदार्थांचा समावेश होतो, तर 'ब' वर्गात खनिज तेले, रबर, रंग, अन्य प्रकारची तेले समाविष्ट होतात. 'क' वर्गात ज्वालाग्राही वायू, रसायने यांचा समावेश होतो तर सोडियम, गंधक यासारख्या धातूंनी, मूलद्रव्यांनी लागणारी आग 'ड' वर्गात मोडते. आगीच्या या प्रत्येक प्रकारानुसार ती विझवण्यासाठी व प्रतिबंध करण्यासाठी उपाययोजना या वेगवेगळ्या केल्या जातात. सामान्यत: वाळू, किंवा काही रायायनिक पदार्थ हे अग्निरोधक म्हणून वापरले जातात. कारण त्यांच्या बाबतीत अग्नी निर्मितीचा बिंदू हा इतका वरच्या पातळीवर असतो की सामान्यत: तेवढी उष्णता निर्माण होऊ शकत नाही. तसेच कार्बनडायॉक्साईड सारखा वायू अग्निरोधक म्हणून उपयुक्त आहे. आग विझवण्यासाठी हा वायू व पाण्याचा उपयोग केला जातो.

१.२७ स्फोट

जगात दहशतवादाचे संकट जसजसे वाढत गेले, तसतशा बॉंबस्फोटांच्या घटना ठिकठिकाणी घडू लागल्या. दहशतवादी संघटना या प्रस्फोटकांचा वापर करून विविध वस्तू, खेळणी वगैरेंचा छुपे बॉंब बनवण्यासाठी वापर करतात व दाट वस्तीच्या गजबजलेल्या, गर्दीच्या ठिकाणी त्यांचा स्फोट घडवतात. प्रचंड विध्वंस घडवण्याचा व लोकांत घबराट माजवण्याचा त्यांचा हेतू असतो. त्यासाठी लागणारी रसायने व अन्य पदार्थ बाजारात सहजासहजी मिळू शकतात. स्फोटक हे वेगवान प्रज्वलन घडवणारे व त्यात वापरलेली रसायने तापून प्रचंड ताकद निर्माण करणारे असे साधन आहे. ही ताकद सर्व दिशांना उसळून त्यात वापरलेल्या पदार्थामुळे परिसराचा विध्वंस तसेच जीवितहानी घडवते. प्रथम स्फोटाचा, त्यायोगे विध्वंसाचा आणि अखेर प्रचंड वाढणाऱ्या उष्णतेचा असे तीन प्रकारचे परिणाम प्रस्फोटकामुळे होतात. या सर्व परिणामांची झळ सभोवतीच्या प्रदेशाला पोहोचते. अतितीव्र स्फोटक, कमी तीव्रतेचे स्फोटक आणि धूर व अनुषंगिक विषारीवायू पसरवणारे असे स्फोटकांचे तीन प्रकार आहेत. स्फोटकांची ताकद त्यातील द्रव्यांच्या गतिमानतेवर अवलंबून असते. सामान्यत: प्रतिसेकंदाला २ कि.मी. पासून ९ कि.मी. पर्यंत हा वेग असतो. त्यामुळेच क्षणार्धात त्याचे परिणाम परिसरात जाणवतात. स्फोटातून निर्माण झालेल्या शक्ती

लाटा सर्व दिशांनी सरकतात व विध्वंस घडवतात. ट्रिनायट्रो टोल्यूइन (टी.एन्.टी.) रिसर्च व डेव्हलपमेंट एक्स्प्लोझिव (आर्.डी. एक्स) ॲमेटॉल, बॅरटोल, गन पावडर, गन कॉटन, नायट्रोग्लिसरीन, नायट्रोसेल्यूलोझ यांसारख्या प्रस्फोटकांची ताकद प्रचंड असते. स्फोटकांचे कार्य व्हावे यासाठी सल्फ्युरिक ॲसिड, शिसे, ॲटिमॉनी संयुगे, फॉस्फरस संयुगे, पास संयुगे यांचा वापर केला जातो. काळ्या तपकिरी, फिकट पिवळ्या, पांढऱ्या इ. विविध रंगांचे हे पदार्थ, रसायने असतात. तसेच ते घट्ट, अर्धप्रवाही, जेलीप्रमाणे किंवा वायुरूप असे विविध प्रकारचे असतात. त्यांचा वापर कशासाठी होणार ते सहजासहजी समजू शकत नाही.

१.२८ बाँब स्फोट

सैन्यदलामध्ये युद्धासाठी उपयुक्त ठरणाऱ्या बाँब, क्षेपणास्त्रे, रॉकेट्स, तोफगोळे, भूसुरूंग, हँडग्रेनेड्स, गोळ्या वगैरेमध्ये स्फोटकांचा वापर होतो. त्यांचा वापर करण्यासाठी वेगवेगळ्या प्रकारची प्रणाली कार्यान्वित केली जाते. स्फोटकांसाठी ठिणगीची गरज असते. ती प्रज्वलनातून निर्माण होते. प्रज्वलन फ्यूजद्वारे निर्माण होते. उष्णतावर्धक, यांत्रिक विस्तव पेटवणारे, उच्च दाब निर्माण करणारे, खेचल्यानंतर कार्यान्वित होणारे असे फ्यूजचे वेगवेगळे प्रकार असतात. फ्यूज मागे खेचून, आघात करून, विजेच्या ठिणग्या निर्माण करून असा या यांत्रिक तसेच इलेक्ट्रॉनिक फ्यूजचा वापर केला जातो. त्यांच्या

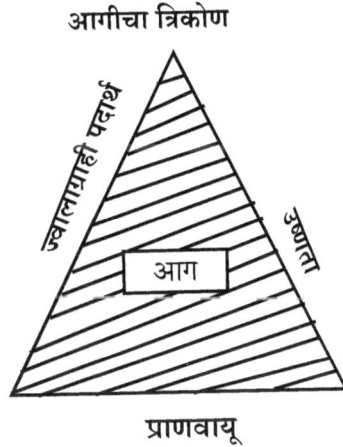

आगीचा त्रिकोण

ज्वलनग्राही पदार्थ

उष्णता

आग

प्राणवायू

वापरामुळे स्फोट होऊन परिसरात हादरे बसतात. दहशतवादी हे छुप्या प्रस्फोटकांचा वापर करतात. एखादी मोटार, स्कूटर, सुटकेस, खेळणे, गाठोडे वगैरेत ही स्फोटके लपवली जातात. दूरनियंत्रकाद्वारे किंवा स्पर्श केल्यावर त्यांचा स्फोट होऊन अनेकांचा जीव जातो. एखादे बंद कागदी पाकीट हा देखील बाँब असू शकतो. पाकीट उघडल्यावर स्फोट होऊन उघडणाऱ्या व्यक्तीचा जीव जातो. दिल्ली व मुंबईमध्ये रस्त्यांवर, लोकलमध्ये किंवा बसगाड्यांत याच प्रकारे स्फोट घडवण्यात आले होते. हे छुपे बाँब लोकांना समजलेही नाहीत.

१.२९ विस्फोटकांचा परिणाम

स्फोटाची तीव्रता ही स्फोटकांचे बाँबमध्ये असलेले प्रमाण, स्फोटकांचे स्वरूप आणि बाँबची केलेली बांधणी, घट्ट आवरण यांवर अवलंबून असते. बाँब खुल्या जागी ठेवला तर स्फोटाची तीव्रता कमी राहते. उलट तो बंदिस्त जागेत असल्यास तीव्रता वाढते. पक्क्या, मजबूत भिंतीच्या बांधकामात स्फोटाची तीव्रता कमी होते. तसेच हवेतील दमटपणामुळे किंवा भिजल्यामुळे सर्दावलेले स्फोटक फारसे प्रभावी ठरत नाही. भुसभुशीत माती किंवा वाळूमध्ये स्फोटाच्या लहरी निष्प्रभ ठरतात. अंगावर रबरी बुचांचे आवरण घातल्यास स्फोटामुळे हादरे बसत नाहीत किंवा अंगात छर्रे घुसून जखमा होत नाही. स्फोटातून उद्भवणाऱ्या लहरींमुळे पृष्ठभाग छिन्नविछिन्न होतो. त्यानंतर त्यात छर्रे घुसतात. त्यानंतर उष्णता वाढल्याने होणारा परिणाम हा तुलनेने कमी तीव्र असतो. अमेरिकेत जागतिक व्यापार केंद्रावर दहशतवाद्यांनी ९ सप्टेंबर २००१ मध्ये विमाने इमारतीत घुसवून जो हल्ला केला, त्यात प्रथम वेगात आलेली विमाने इमारतीवर आपटल्याने बांधकाम खिळखिळे झाले. त्यानंतर विमानातील पेट्रोलमुळे स्फोट होऊन ते कोसळून जमीनदोस्त झाले.

१.३० अपघात

अपघात हे बव्हंशी मानवाच्या चुकांमुळे होतात. यंत्रणा बिघडल्याने किंवा निकामी झाल्याने होणाऱ्या अपघातांचे प्रमाण तुलनेने कमी असते. निष्काळजीपणा, अंदाज घेण्यात झालेली चूक किंवा फाजील आत्मविश्वास असलेले लोक अपघाताचे कारण ठरतात. रस्ते, हवाई वाहतूक, रेल्वे किंवा जलवाहतुकीच्या संदर्भात अपघात घडतात. त्यात वाहकाची चूकच अधिक असते. तसेच खराब रस्ते, वाईट हवामान, दाट धुके, मुसळधार पाऊस असे पर्यावरणाच्या संदर्भातील घटकही अपघातांना कारणीभूत होतात.

१.३१ भारतात रस्त्यावरील व रेल्वेच्या अपघातांचे प्रमाण मोठे आहे. त्याच्या तुलनेत विमानांच्या अपघांताचे प्रमाण कमी आहे. रस्त्यावरील अपघात हे वाहनचालकांच्या निष्काळजीपणामुळे, नियम व शिस्त यांकडे दुर्लक्ष झाल्याने होतात. मात्र त्यांची तीव्रता एल ० इतकी मर्यादित असते. याउलट रेल्वे व हवाई अपघातांची झळ अधिक पोहोचते. त्यांची तीव्रता एल-१ प्रकारात येते. सन २००१ ते २००५ या दरम्यान भारतात वाहन अपघातात मृत्यू पावलेल्यांची वार्षिक सरासरी ८५,००० ते १ लाख अशी असल्याचा दावा 'रिडर्स डायजेस्ट'ने केला आहे.

१.३२ आण्विक, जैविक व रासायनिक आपत्ती

वैज्ञानिक प्रगतीचे दुष्परिणाम असे आपल्याला या प्रकारच्या सर्व आपत्तींबद्दल म्हणता येईल. युद्धात आण्विक, जैविक व रायायनिक शस्त्रांचा वापर केला जातो. हिरोशिमा आणि नागासाकीची आठवण जरी झाली तरी अस्त्रांची सर्वसंहारकता ध्यानात येते. रासायनिक गळतीचे दुष्परिणामही भोपाळ परिसराने अनुभवले आहेत. आज दहशतवादी संघटनाही अशाच प्रकारच्या शस्त्रांचा अवलंब करू शकतात. म्हणून त्याविषयी आपण जाणून घ्यायला हवे.

१.३३ अणुऊर्जेशी संबंधित समस्या

आपल्याला ज्ञात असणाऱ्या ऊर्जेमध्ये अणुऊर्जा ही सर्वांत सामर्थ्यशाली आहे. एका किंवा अधिक अणूंच्या विभाजनाद्वारे ती निर्माण केली जाते. तसेच त्या अणूंच्या संयोगातून किंवा दोन्ही प्रकारांनी ती निर्माण होते. ही ऊर्जा बाहेर पडली की अनेकपटीने वाढत असते. त्यासाठीच अणुभट्टीत अणुस्फोट घडवताना सर्वतोपरी खबरदारी घेतली जाते. शांततेच्या परिस्थितीत विधायक कारणांसाठी होणारा अणुऊर्जेचा वापर स्वागतार्ह व किफायतशीर ठरतो. परंतु युद्धामध्ये मात्र तिचे स्वरूप सर्वसंहारक ठरते. त्यातून बाहेर पडणारे अल्फा, बीटा व गॅमा हे किरण उत्सर्जनानंतर विघातक होतात. मानवी शरीर काही मर्यादेपर्यंत हे किरणोत्सर्जन सहन करू शकते. कॅन्सरपीडित रुग्णांवर त्यांच्याद्वारे उपचारही केले जातात. तथापि मर्यादा ओलांडली गेल्यानंतर हेच किरण अनर्थकारी ठरतात. कॅन्सरग्रस्तांवर उपचार करणाऱ्या डॉक्टरांना कायम किरणोत्सर्गाच्या धोक्याला सामोरे जावे लागते.

१.३३.१ अण्वस्त्रांच्या स्फोटांचे परिणाम

अणुबॉंबचा स्फोट झाला की अणुविभाजन किंवा अणुसंयोग किंवा दोन्हींमुळे अत्यंत वेगाने प्रचंड ऊर्जा निर्माण होते. प्रकाश, उष्णता, अणुलहरी, किरणोत्सर्जन अशा वेगवेगळ्या प्रकारे ती सर्वत्र पसरते. अणुस्फोट घडवण्यास इंधन किती वापरले, त्यावर या ऊर्जेचे प्रमाण व सामर्थ्य अवलंबून असते. ६ ऑगस्ट १९४५ या दिवशी जपानमध्ये हिरोशिमावर टाकलेल्या 'लिट्ल बॉय' या नावाच्या अणुबॉंबसाठी अवघे एका टेनिस बॉलच्या आकाराइतकेच इंधन वापरले गेले होते. परंतु त्या एकाच बॉंबस्फोटामुळे संपूर्ण परिसर उद्‌ध्वस्त झाला. मानवी संहार झाला. पाठोपाठ नागासाकीला दुसरा बॉंबस्फोट केल्यानंतर झालेल्या संहारामुळे जपानला युद्धात शरणागती पत्करावी लागली. आरंभी अशा बॉंबची निर्मिती हे अत्यंत कौशल्याचे, खर्चाचे व कठीण काम होते. तथापि नंतरच्या काळात झालेली वैज्ञानिक प्रगती व

बाँबसाठी लागणाऱ्या सामग्रीची सहज होऊ शकणारी उपलब्धता यामुळे आज जगातील अनेक राष्ट्रे अण्वस्त्रधारी झालेली आहेत. युद्धात या बाँबचा वापर होण्याचा धोकाही वाढलेला आहे. जर दहशतीचे मार्ग अवलंबणाऱ्या मूलतत्त्ववाद्यांनी ते बनवून त्याचा वापर केला तर जगावर जे भीषण संकट ओढवेल त्याची कल्पनाही करता येत नाही. विसाव्या शतकाच्या अखेरच्या दशकांपासून हा धोका अधिकच वाढला आहे व त्याच्या विरुद्ध सावधगिरी बाळगण्याची गरज निर्माण झालेली आहे.

१.३३.१.१ अण्वस्त्राची कार्यपद्धती

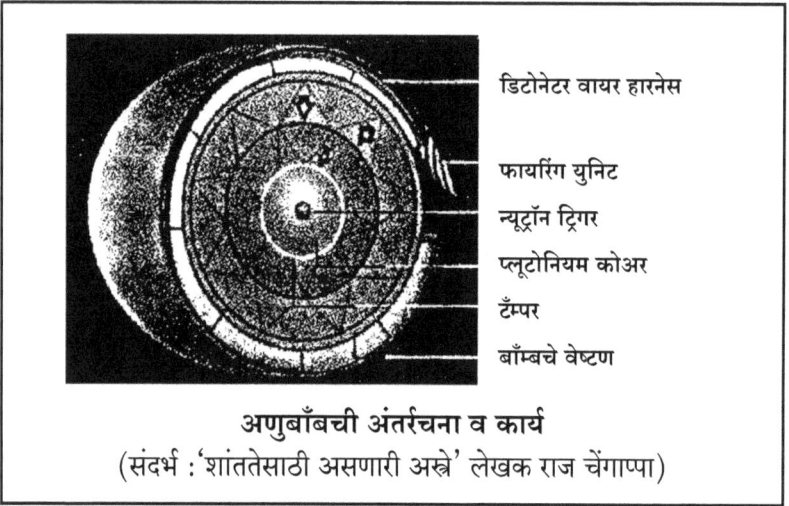

डिटोनेटर वायर हारनेस
फायरिंग युनिट
न्यूट्रॉन ट्रिगर
प्लूटोनियम कोअर
टॅम्पर
बाँम्बचे वेष्टण

अणुबाँबची अंतर्रचना व कार्य

(संदर्भ : 'शांततेसाठी असणारी अस्त्रे' लेखक राज चेंगाप्पा)

१.३३.१.२ अधिक उंचावरून किंवा भूपृष्ठालगत थोड्या उंचीवर या बाँबचा स्फोट केला जातो. त्याचप्रमाणे भूगर्भात किंवा सागरात पाण्याच्या पातळीखालीही स्फोट घडवता येतो. ज्या जागी स्फोट होतो, त्या बिंदूच्याबरोबर खाली किंवा वरती असलेल्या भूपृष्ठावरील बिंदूला 'ग्राउंड झिरो बिंदू' (ground zero) असे म्हटले जाते. दाट मानवी वस्तीच्या ठिकाणी असा स्फोट घडवला की, बाहेर पडणारी ऊर्जा वेगवेगळ्या प्रकारचे परिणाम घडवते. डोळे दिपवून टाकणाऱ्या प्रकाशामुळे नेत्रपटलांना धोका पोहचून कायमचे अंधत्व येते. उष्णतेत वाढ होऊन परिसरातील सर्व गोष्टी, प्राणी करपून, वितळून जातात. परिसरातील साधारण: १ कि.मी. अंतरापर्यंत असणाऱ्या प्रदेशात स्फोटक लहरींमुळे, आग लागून किंवा किरणोत्सर्जनामुळे सुमारे ९०% गोष्टींचा विध्वंस होतो. तितक्याच प्रमाणात लोकही मृत्युमुखी पडतात. बाँबची संहार क्षमता, भूपृष्ठावर पोहोचेपर्यंतचे अंतर अशा विविध घटकांवर संहाराचे प्रमाण

अवलंबून असते. आपण एक काल्पनिक उदाहरण घेऊ. १ कोटी लोकसंख्या असणारे 'अ' दर्जाचे एक शहर आहे. क्षेत्रफळ विचारात घेतल्यास प्रति चौरस किलोमीटरला १००० लोक इतकी लोकसंख्येची घनता आहे . अशा शहरावर जर बाँबस्फोट झाला तर १२००० लोक तत्काळ मरतील. सुमारे १ लाख लोक काही मिनिटांनंतर मरतील. तर त्यानंतर लागलेल्या आगीमुळे, कोसळलेल्या इमारतीमुळे २ लाख लोकांचा मृत्यू काही काळानंतर ओढवेल. स्फोटानंतरच्या उष्णतेमुळे हवामानात बदल होतील. सोसाट्याचे वारे वाहतील, आकाशात ढग जमा होतील. त्यात स्फोटामुळे वर जाणारे किरणोत्सारक धूलिकण सामावले जातील व त्यानंतर अतिवृष्टी होऊन दूरवरच्या प्रदेशातील जनतेला त्याची झळ पोहोचेल. अणुस्फोटानंतर निर्माण झालेल्या शक्तीपैकी १५% प्रकाशात २०%, उष्णतेमध्ये ४५% स्फोटातून उद्‌भवलेल्या लाटांमध्ये, तर २०% किरणोत्सर्जन मध्ये परावर्तित होईल. ५% किरर्णोत्सर्जन तत्काळ तर १५% किरर्णोत्सर्जन नंतर होईल.

१.३३.१.३ स्फोटांच्या लाटेचे परिणाम

स्फोटानंतर निर्माण झालेल्या लहरींमुळे तत्काळ व सर्वाधिक नुकसान होईल. त्यांच्या ताकदीमुळे परिसरातील इमारती कोसळतील किंवा त्यांची मोडतोड होईल. स्फोटाच्या ठिकाणी निर्वातप्रदेश निर्माण होईल व इतर भागातून त्या भागात वेगाने हवा घुसेल, या वाऱ्यांच्या वेगामुळेही अधिक नुकसान होईल. केंद्रोत्सारी लाटांतून वाचलेल्या इमारती नंतरच्या केंद्राकर्षी लाटांमुळे उद्‌ध्वस्त होतील.

१.३३.१.४ किरणोत्सर्जनांचे परिणाम

अणुस्फोटानंतर अल्फा, बीटा आणि गॅमा असे तीन प्रकारचे किरण वारंवार बाहेर पडतात. हेलियम धातूच्या अणूंपासून अल्फा किरण फेकले जातात. ते धनभारित असतात. त्याच्या कक्षेवरील इलेक्ट्रॉन्समुळे बीटा किरण बाहेर पडतात ते ऋणभारित असतात. तर गॅमा हे किरण क्ष किरणांप्रमाणे विद्युत चुंबकीय स्वरूपाचे असतात. यापैकी अल्फा व बीटा या किरणांच्या संसर्गामुळे वेदना उद्‌भवत नाहीत व केवळ कागद वा पातळ धातूचा पत्रा समोर ठेवून ते अडवता येऊ शकतात. परंतु गॅमा हे किरण मात्र अत्यंत वेदनाकार असतात. सुमारे १ मीटर जाडीची भिंत, लाकूड अथवा काँक्रीटच्या बांधकामातूनही ते आरपार जाऊ शकतात. त्यामुळे सर्व प्राण्यांच्या अंगावरील त्वचा करपून जाते. ६०रॅड प्रतितासाला या मापनात हे किरण शरीरावर आदळले की, त्याचे दुष्परिणाम दीर्घकाळापर्यंत होतात. तर ६०० रॅड पेक्षा प्रमाण अधिक झाल्यास ते जीवघेणे ठरतात.

१ रॅड = शरीराशी संसर्गात येणाऱ्या उर्जेच्या प्रतिग्रॅमला १००
(अर्ग ताकदीची) मात्रा

रोएंटजेन = हे किरणोत्सर्जनाच्या मापनाचे परिमाण आहे. प्रतितासास (ROENTGEN) होणाऱ्या उत्सर्जनासाठी आर या परिमाणाचा मापनासाठी वापर केला जातो.

रेम (REM) - किरणोत्सर्जनाचा प्राण्यावरील दुष्परिणाम रेमद्वारे मोजला आहे.

टीप : रॅड – शरीराशी किरणांचा येणारा संसर्ग रॅडद्वारे मोजला जातो.

१.३३.२ अपघातजन्य किरणोत्सर्जन

रशियातील चेर्नोबिल येथील अणुभट्टीत ही घटना १९८६ मध्ये घडली. गळती होऊन किरणोत्सर्जन झाले व संपूर्ण रशियात हाहाकार माजला. भारतातही डिसेंबर २००४ मध्ये कलपक्कम येथील अणुभट्टीला त्सुनामीच्या संकटामुळे थोडेबहुत तडे गेले का, अशी भीती व्यक्त करण्यात येत होती. पण सुदैवाने तसे झाले नाही. अन्यथा बिकट परिस्थिती निर्माण झाली असती. अणुभट्ट्यांसाठी जागा निवडताना हा घटकही विचारात घ्यायला हवा.

१.३३.३ पूर्वी अल् कायदा या दहशतवादी संघटनेने सुटकेस बॉंब तयार करायचे ठरवले होते, अशी माहिती प्रसिद्ध झाली होती. सुदैवाने हे घडले नाही. अन्यथा जगातल्या अनेक देशांना वर उल्लेख केलेल्या संकटांना तोंड द्यावे लागले असते. अपरिमित जीवितहानी झाली असती. यामुळेच अण्वस्त्रांच्या वापरावर नियंत्रण आणण्याची गरज आहे.

१.३४ जैविक अस्त्रांचे दुष्परिणाम

अण्वस्त्रांप्रमाणेच जैविक अस्त्रेही भयानक आहेत. वैज्ञानिक प्रगतीमुळे ती बनवण्याचे तंत्रज्ञानही अनेक देशांना अवगत झालेले आहे. प्रत्येक दिवशी या अस्त्रांची निर्मिती वाढण्याचा असलेला धोका विचारात घेऊन जगातील अनेक राष्ट्रांनी त्यांची निर्मिती न करण्याच्या आंतरराष्ट्रीय करारावर स्वाक्षऱ्या केलेल्या आहेत. भारत हा त्यांपैकीच एक देश आहे. या अस्त्रांची वाहतूक करणे व ती हाताळणे सोपे असते. ती अतिशय कमी वजनाची असतात. अण्वस्त्रांपेक्षा ती अधिक विस्तीर्ण प्रदेशात वापरली जाऊ शकतात. पुढील पानावरील तक्त्यात या अस्त्रांतील घटक व त्यांचे परिणाम दर्शवले आहेत.

घटक	परिणाम	जीवितहानीची मात्रा
अँथ्रॅक्स	हा एक प्रकारचा जंतू आहे. तो शरीरात श्वासावाटे गेला की प्रचंड ताप येतो, झटके येतात. श्वसनयंत्रणेत अडथळे उद्‌भवतात व २४ ते ७२ तासांमध्ये संसर्ग झालेल्या व्यक्तीचा मृत्यू होतो.	१ ते २ मि.ग्रॅ.
बोटुलिनम टॉक्सिन	याद्वारे दृष्टी अंधुक होते. अस्पष्ट दिसते. घशात त्रास होऊन काहीही गिळता येत नाही. शरीर लुळे पडते. श्वसन यंत्रणेत अडथळे येऊन मनुष्य २४ तासांत मरतो.	१ मि.ग्रॅ. पेक्षा कमी.
ॲफलेटॉक्सिन	रक्तवाहिन्या फुटतात, झटके येऊन मनुष्य कोमात जातो. यकृतात कॅन्सर होतो.काही दिवसांनंतर किंवा महिन्यानंतर मनुष्य मृत्युमुखी पडतो.	

१.३५ रासायनिक घटकांचे दुष्परिणाम

१९८४ मध्ये भोपाळ या शहरात गॅसगळतीमुळे झालेली दुर्घटना ही या प्रकारच्या आपत्तींमध्ये सर्वांत भीषण म्हणावी लागेल. 'सायनाईड' या विषारी द्रव्यामुळे निर्माण झालेला वायू गळतीमुळे परिसरात पसरला. त्यामुळे हजारो लोक मेले. तितक्याच लोकांना कायमचे अंधत्व आले किंवा श्वसनयंत्रणेत कायमचा बिघाड होऊन जन्माचे दुखणे ओढवले. दुसऱ्या महायुद्धापासूनच रासायनिक अस्त्रांचा वापर झाल्याचे आढळते. हिटलरने गॅसचेंबरमध्ये लक्षावधी ज्यू लोकांना मारले. सद्दाम हुसेन या इराकच्या पूर्वीच्या हुकूमशहानेही इराण विरुद्धच्या युद्धात तसेच कुर्दवांशिकांबरोबर झालेल्या युद्धात रासायनिक अस्त्रांचा वापर केल्याचे बोलले जाते. भारतासह अनेक राष्ट्रांनी रासायनिक अस्त्रे निर्माण न करण्याचा निर्णय घेतलेला आहे. तथापि, औद्योगिक क्षेत्रात वेळोवेळी होणाऱ्या गॅस व रासायनिक गळतीमुळे हे संकट कायमच उद्‌भवते. ही विघातक रसायने व त्यांचे परिणाम पुढील पानावरील तक्त्यात दर्शवले आहेत.

घटक	परिणाम
व्ही. एक्स्. नर्व्ह. गॅस सॅरिन	मज्जासंस्था निष्क्रिय बनवते. अपस्माराचे झटके, श्वसनसंस्थेत बिघाड, अर्धांगवायू व मृत्यू ओढवतो. मज्जासंस्थेत बिघाड घडवतो व काही मिनिटांतच मृत्यू होतो.
मस्टर्ड गॅस	त्वचा व डोळ्यांची जळजळ होते, अंगावर फोड येतात, फुफ्फुसात दोष निर्माण होतो. कॅन्सर होऊनही मनुष्य मरतो.

१.३६ आपत्तीसमवेत जगण्याची गरज

मानवी जीवनात आपत्ती हा एक अविभाज्य घटक आहे. मानवाची प्रगती व त्यासाठी पर्यावरणात होत असलेला हस्तक्षेप यांमुळे आपत्तीमध्ये होणाऱ्या हानीतही वाढ झालेली आहे. निसर्गव्यवस्थेत बिघाड घडवून मानव आपल्याच पायावर स्वत:च्या हाताने धोंडा पाडून घेत आहे. जुलै २००५ मध्ये मुंबईला आलेल्या पुराला व त्यानंतर आलेल्या रोगराईला तेथील लोकच जबाबदार आहेत. कारण त्यांनीच फेकलेल्या प्लॅस्टिकच्या व अन्य प्रकारच्या कचऱ्यामुळे गटारे तुंबली. सांडपाणी सर्वत्र पसरले. अतिवृष्टीमुळे ते घरातही घुसले. लेप्टो-स्पायरोसिससारख्या आजाराला ही अस्वच्छता कारणीभूत होऊन शेकडो लोक मृत्युमुखी पडले. बेसुमार वाढलेल्या झोपटपट्ट्या, अनधिकृत स्वरूपाची प्रचंड बांधकामे यांमुळे समुद्रात किंवा नद्यांत पाण्याचा निचराच होऊ शकला नाही. यातूनच योग्य तो बोध घेण्याची आवश्यकता आहे. आजच्या जगात आपत्ती या अटळ आहेत. योग्य ती सावधगिरी बाळगणे, होतील तेवढे प्रतिबंधक उपाय अवलंबणे, आपत्ती ओढवून विनाश झालाच तर फिनिक्स पक्ष्याप्रमाणे राखेतून पुनर्जन्म घेऊन शून्यातून गगनाकडे पुन्हा भरारी घेणे हे मानवमात्राला जमायलाच हवे. त्यातूनच उद्याच्या पिढीसाठी आपण चांगले दिवस निर्माण करू शकतो. धर्म, जाती, भाषा, उच्च-नीचतेचे सर्व भेदाभेद बाजूला ठेवायला हवेत. सर्वांवरच ओढवलेल्या या संकटाचा एकजूट दाखवूनच प्रतिकार करायला हवा. त्यातूनच भविष्यात प्रेमभाव वाढू शकेल. लोकांच्या दु:खाचे निवारण होऊन त्यांच्या चेहऱ्यावर हसू फुलेल. भविष्यात पुन्हा एकदा सोन्याचे दिवस निर्माण होतील.

□

२

आपत्ती निवारणाचा आकृतिबंध

परमेश्वरा, जे जे अवांच्छित ते ते टाळण्यासाठी बुद्धी दे
घडलेच तर त्याच्या प्रतिकारासाठी सामर्थ्य दे !

२.१ प्रास्ताविक

आपत्ती या ओढवणारच! त्या ओढवू नयेत यासाठी प्रत्येकानेच सावधगिरी घ्यायला हवी अन् ओढवल्याच तर त्यांचा प्रतिकार करणे हे प्रत्येकाचे कर्तव्य आहे. आपत्ती याव्यात असे कुणालाच कधीही वाटत नाही. तथापि, त्या ओढवल्याच तर त्यांची तीव्रता पद्धतशीरपणाने कमी करता येते. आपत्ती या नियोजित नसतात. परंतु, योजनाबद्ध प्रयत्नांनी त्यांचे निवारण होऊ शकते. आपत्ती निर्माण झाली की ती सौम्य करण्यासाठी प्रयत्न करणे हे ओघानेच येते. एक गोष्ट घडली की, तिची प्रतिक्रिया म्हणून दुसरी गोष्ट ही घडवावी लागतेच. संकटे ही आधी घडतात. त्यांची कारणे नैसर्गिक किंवा मानवनिर्मित असतात. त्यांच्या निवारणासाठी धडपड करणे ही प्रतिक्रियात्मक स्वरूपाची घटना आहे. ते स्वाभाविकच घडते. तथापि, त्या संदर्भात जर योजनाबद्ध प्रयत्न केले, व्यवस्थित ठरवून सर्व गोष्टी केल्या तर त्यांचे फळ अधिक मिळते. साहजिकच व्यवस्थापनाच्या संदर्भातील तत्त्वज्ञान, त्याची कार्यपद्धती व नेतृत्वाकडून घेतले जाणारे योग्य प्रकारचे निर्णय व त्यांची कार्यवाही या गोष्टी महत्त्वाच्या आहेत. याचाच अर्थ असा की शास्त्रशुद्ध पायावर होणारे प्रयत्न, नेतृत्वाकडून अवलंबली जाणारी व्यूहरचना आणि व्यवस्थापनातील सुयोग्य तंत्राचा वापर यांद्वारे आपत्ती निवारणाचे कार्य चांगल्या प्रकारे होऊन ते अधिक लाभदायक ठरते. 'पर्यावरण सुरक्षित बनवण्याचे कार्यक्षेत्र' या व्यवस्थापनात असते. 'जीविताची सुरक्षितता' हे त्याचे कार्य असते तर 'संकटांवर मात करून टिकून राहण्याचे उद्दिष्ट' त्यामध्ये साधले जाते. प्रत्येक देशाने, राष्ट्रांच्या समूहाने जेव्हा आपल्या अस्तित्वाचे उद्दिष्ट आपल्यासमोर ठेवलेले असते, त्यावेळी तेथील जनता आणि शासनयंत्रणा यांना त्याबाबतीत दक्ष राहण्याची आपली कर्तव्ये जबाबदारीने पार पाडण्याची भूमिका बजावावीच लागते. व्यवस्थापन शास्त्राच्या भाषेत असे झाले तरच 'आपत्ती निवारण' हे उत्पादन उत्तम दर्जाचे होते. ते उपभोक्त्यांपर्यंत व्यवस्थित पोहोचते व उपभोक्ते

२.२ जेव्हा आपण देशाच्या राज्यघटनेचा विचार करतो, तेव्हा 'प्रत्येक व्यक्तीला सुरक्षितता, जगण्याचा अधिकार व राष्ट्रीय एकात्मता या संदर्भात कटिबद्ध राहण्याची आपण घेतलेली शपथ' त्यात नोंदवलेली आहे. प्रत्येकास आपले जीवित आणि मालमत्ता सुरक्षित राखण्याचा अधिकार घटनेनेच दिलेला आहे; तर त्या संदर्भातील संरक्षण, शांतता व सुव्यवस्था निर्माण करण्याची जबाबदारी शासनाची आहे. घटनेमध्ये याबाबत विस्तृतपणाने लिहिलेले आहे. तसेच राष्ट्रीय एकात्मता आणि सुरक्षितता राखणे हे प्रत्येक व्यक्ती व संस्थेचे मूलभूत कर्तव्य असते, तर सरकारसाठी ते मार्गदर्शक तत्त्व असते. साहजिकच आपत्ती निवारणाची जबाबदारी ही प्रत्येक व्यक्ती, संस्था आणि सरकार यांच्यावर आपोआपच येते.

२.३ आपत्ती निवारण हे योजनाबद्धरीतीने अंमलात आणता येते, असे जेव्हा आपण म्हणतो, तेव्हा आपत्ती यायच्या आधीच योग्य ती सावधगिरी बाळगणे, आपत्तीचा प्रतिकार करणे, तिचापासून लोकांना वाचवणे, आपत्तीची झळ कमी करणे अशा एका पाठोपाठ करायच्या गोष्टींचा विचार ओघानेच येतो. हे सर्व टप्पे आकृतीच्या साहाय्याने याप्रमाणे मांडता येतील.

आपत्ती निवारण व्यवस्थापनातील टप्पे

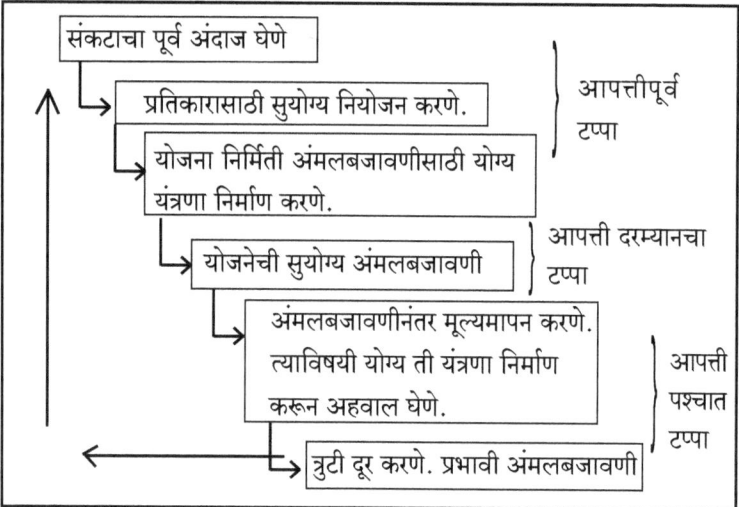

आपत्ती निवारण ही कोणा एकाची जबाबदारी नसते. सरकार, शासन-यंत्रणेतील सर्व घटक, विविध व्यावसायिक, उद्योगपती यांचे समूह/संघ, सामाजिक संस्था, शैक्षणिक संस्था, कुटुंबे आणि त्यातील प्रत्येक व्यक्ती अशा सर्वांनीच आपत्ती

निवारणाच्या व्यवस्थापनात सहभागी होणे गरजेचे असते. कोणती ना कोणती तरी जबाबदारी ही घ्यावीच लागते. सर्वांना कार्यपद्धतीचे हे टप्पे अवलंबावे लागतात.

२.४ आपत्ती व्यवस्थापनाच्या संदर्भात अ) आपत्तीपूर्वीची अवस्था ब) आपत्तीच्या दरम्यानची कार्यपद्धतीची अवस्था व क) आपत्तीनंतरची अवस्था अशा तीन अवस्था असतात. या प्रत्येक अवस्थेसाठी स्वतंत्र धोरण ठरवून त्यानुसार कार्यक्रम तयार करून ते प्रभावीरीत्या अंमलात आणावे लागतात. तरच एका अवस्थेमधून पुढच्या अवस्थेत कोणत्याही अडचणी निर्माण न होता जाणे शक्य होते. मात्र बऱ्याच वेळेला हा क्रम आणि त्याचा कालावधी निश्चित नसतो.

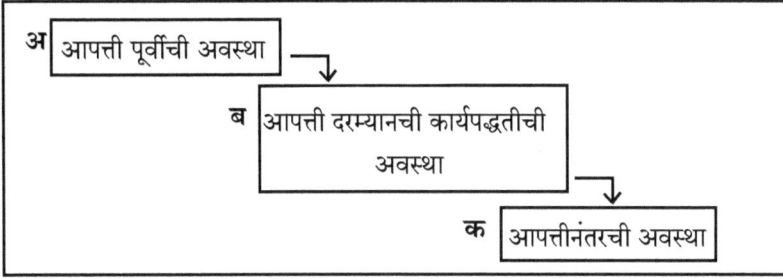

अ
आपत्ती पूर्वीची अवस्था
ब
आपत्ती दरम्यानची कार्यपद्धतीची अवस्था
क
आपत्तीनंतरची अवस्था

२.५ आपत्तीपूर्व अवस्था (पूर्वतयारी अवस्था)

सर्वात महत्त्वाची अशीही अवस्था असून आपत्तीची तीव्रता ही अवस्था यशस्वीपणे राबवल्यामुळेच कमी होते. या अवस्थेतील टप्पे खालीलप्रमाणे आहेत.

२.५.१ अंदाज घेण्याचा टप्पा

शास्त्रशुद्धरीत्या अभ्यास करून संकटाचे क्षेत्र, तीव्रता आणि सातत्य याचा पूर्वीच्या निरीक्षणांद्वारे पूर्व अंदाज घेता येतो. 'तीव्रता विश्लेषणाच्या' मदतीने किती लोकांना आपत्तीची झळ पोहोचणार? किती इमारतींचे नुकसान होणार? नुकसानाचे प्रमाण किती राहील? याविषयी बिनचूक अंदाज घेणे शक्य होते. याला 'धोकामापनाची प्रक्रिया' असे म्हणतात. या दोन्हींच्या मदतीने पूर्वअंदाज घेता येतो. एक उदाहरण घेऊ. रस्त्यावर वाहनांची प्रचंड गर्दी आहे, गावातील लोकांची वाहने चालवताना बेशिस्तीची/नियम धुडकावण्याची प्रवृत्ती आहे. रस्त्यात खाचखळगे आहेत, वाहतूक नियंत्रक यंत्रणा कमजोर आहे. या सर्व गोष्टी योग्यप्रकारे समजावून घेतल्या की संभाव्य अपघातांचे प्रमाण, त्यांची तीव्रता, होऊ शकणारी प्राणहानी या विषयी आधीच अंदाज घेता येईल. उलट, ज्या ठिकाणी या विरुद्ध परिस्थिती आहे,

लोक वाहतुकीच्या नियमांचे काटेकोर पालन करतात, वेगमर्यादा कमी ठेवतात, त्या ठिकाणी अपघातांची संख्या ही कमीच राहणार. हे घटक व अपघात एका दिशेने होतात तर हेल्मेट्सचा वापर, वाहनांची स्थिती, रस्त्यांची देखभाल यांचे प्रमाण अधिक असेल तर अपघात व त्यांचे परिणाम कमी होतात; म्हणजे हे प्रमाण विषम असते, विरुद्ध दिशेने राहते. याचप्रमाणे सुरक्षा पट्ट्यांचा वापर, वाहनातील अपघात प्रतिबंधक रचना व सुविधा यांच्याशी अपघातांचे प्रमाण हे विषम असते. याप्रमाणे 'संकटाची तीव्रता, प्रतिबंधक उपाय – जोखीम' याबाबत विश्लेषण केले जाते.

हे विश्लेषण खालील तक्त्यात दर्शवले आहे.

घटक	शहर अ	शहर ब	शहर क
	उत्तम रस्ते, सुनियंत्रित वाहतूक, शिस्तप्रिय नागरिक	मध्यम प्रतीचे रस्ते, वाहतुकीवर मर्यादित नियंत्रण, वाहतूक-नियमांचे बेताचे ज्ञान.	खराब रस्ते, वाहनांची गर्दी, नियंत्रण ठेवणे अशक्य, बेशिस्त वाहतूक
अपघातप्रवणतेची पातळी	कमी	थोडी जास्त	खूप जास्त
अपघातांची तीव्रता			
अ) मर्यादित वेग	कमी	कमी	थोडी जास्त
ब) अधिक वेग	थोडी जास्त	खूप जास्त	प्रचंड
धोक्याचे प्रमाण			
अ) हेल्मेट वापरल्यास	खूपच कमी	कमी	कमी
ब) हेल्मेट न वापरल्यास	थोडे जास्त	खूप जास्त	प्रचंड

महत्त्वाचे – प्रत्येक घटना/आपत्तीचे याप्रकारे वैयक्तिक व्यक्तिसमूहाच्या समाजाच्या किंवा संपूर्ण देशाच्या (शासकीय) पातळीवर विश्लेषण केले जाऊ शकते.

२.५.२ आपत्तीची तीव्रता कमी करण्याविषयीचे नियोजन

पहिल्या टप्प्यातील विश्लेषणनंतरचा हा दुसरा टप्पा आहे. आपत्तीचा वस्तुनिष्ठ स्वरूपाचा पूर्व अंदाज घेतल्यानंतर आपत्तीच्या प्रसंगात योग्य प्रकारची कारवाई करून, पावले उचलून धोक्याची तीव्रता आणि हानीचे प्रमाण कमी करणे शक्य होते. धोका कमी झाला की, हानीही कमी होऊन मदतीची गरजही कमी होते. यासाठी आपत्ती

कमी झाला की, हानीही कमी होऊन मदतीची गरजही कमी होते. यासाठी आपत्ती पूर्वीचे –आपत्ती दरम्यानचे व आपत्ती नंतरचे असे तीन प्रकारचे नियोजन केले जाते. या सर्व नियोजनाची प्रक्रिया याप्रमाणे असते.

२.५.२.१ आपत्ती निवारणासाठी सुयोग्य संघटना निर्माण करणे

शासनामार्फत सर्वसामान्य प्रशासनयंत्रणेच्या जोडीने तिन्ही प्रकारचे नियोजन (आपत्तीपूर्व, दरम्यान व पश्चात) राबवण्यासाठी स्वतंत्र यंत्रणा निर्माण करावी लागते. अशी यंत्रणा ही अधिक कार्यक्षम, घेतलेल्या प्रत्येक निर्णयास जबाबदार व विश्वासार्ह अशी असावी लागते. मध्यवर्ती सरकारच्या, घटक राज्यांच्या तसेच जिल्हा प्रशासनाच्या पातळीवर याप्रमाणे स्वतंत्र यंत्रणा निर्माण केल्या जातात. भारतात मा.पंतप्रधानांच्या अध्यक्षतेखाली 'राष्ट्रीय आपत्ती व्यवस्थापन प्राधिकरण' स्थापन केले आहे. त्याच्या नियंत्रणाखाली राज्यपातळीवरील प्राधिकरणे व राज्य-प्राधिकरणांच्या नियंत्रणाखाली जिल्हा-पातळीवरील प्राधिकरणे असतात. या प्रत्येक पातळीवरील प्राधिकरणांचे अधिकार, कार्यकक्षा आणि जबाबदाऱ्या या निश्चित केल्या जातात. त्याच्या जोडीला सैन्यदल, निमलष्करीदले आणि अशासकीय सामाजिक संस्था यांचीही या संदर्भातील भूमिका स्पष्ट ठरवली पाहिजे. त्यांचे सहकार्य संकट विमोचनात पूर्णपणे सुनिश्चित होणे आवश्यक आहे. आपत्ती निवारणाची संपूर्ण यंत्रणा ही एकाच व्यक्तीच्या नियंत्रणाखाली ठेवणे उपयुक्त ठरते. त्यामुळे संपूर्ण योजनेत, तिच्या अंमलबजावणीत एकसूत्रता आणता येते. एरवीच्या सर्वसामान्य परिस्थितीत शासनाचे विविध विभाग जलसिंचन, बांधकाम, शिक्षण, गृहखाते, युवक संघटना इ. हे आपल्या ठरवून देण्यात आलेल्या चौकटीत कार्य करत असतातच! त्यांचे अधिकार आणि जबाबदाऱ्या यांची काटेकोरपणे विभागणी झालेली असते. मंत्री आणि सचिवांच्या पातळीवर सर्व निर्णय घेतले जातात. त्यांची फक्त अंमलबजावणी हाताखालील अधिकाऱ्यांपासून ते अखेरच्या पातळीवरील कर्मचाऱ्यांपर्यंत सर्वांकडून केली जाते; अशी ही ताठर यंत्रणा आपत्ती निवारणासाठी उपयुक्त ठरत नाही; तर त्यात आवश्यकतेनुसार लवचिकता, परिवर्तनीयता आणण्याची गरज असते. आपत्ती जरी देशव्यापी असली तरीही तिची झळ ही स्थानिक पातळीपर्यंत पोहोचलेली असते. त्यामुळे वरिष्ठ वा कनिष्ठ अशा सर्वच पातळीवरील शासनयंत्रणेला जिल्हा-धिकाऱ्यांच्या नियंत्रणाखाली कार्य करावे लागते. आपत्ती येण्याआधीपासून ते आपत्ती पश्चात करायच्या कार्यांपर्यंत सर्वांमध्ये सुसूत्रता आणण्यासाठी सर्व शासकीय विभाग हे आपत्ती निवारणासाठी जिल्हाधिकाऱ्यांच्या नियंत्रणाखाली आणावेच लागतात. त्यामुळेच उपलब्ध सामग्रीचा योग्य वापर होऊन शासनयंत्रणेची कार्यक्षमता वाढते. आकृतीद्वारे ही गोष्ट दर्शवली आहे.

सर्वसामान्य परिस्थिती

```
                    मुख्यमंत्री व त्यांचे मंत्रिमंडळ
         ┌──────────────┬───────────┬──────────────┐
    विभाग अ       विभाग ब      विभाग क        विभाग ड

पहिली पातळी              सर्वच विभागांचे सचिव
                 ┌───────────┬──────────┬──────────┐
दुसरी पातळी     २ अ         २ ब        २ क          २ ड

तिसरी पातळी  ३अ――३अ न  ३ब―――३ब न  ३क―――३क न  ३ड――३ड न

चौथी पातळी  ◄──  या सर्व विभागांमार्फत होणारी अंमलबजावणी  ──►
```

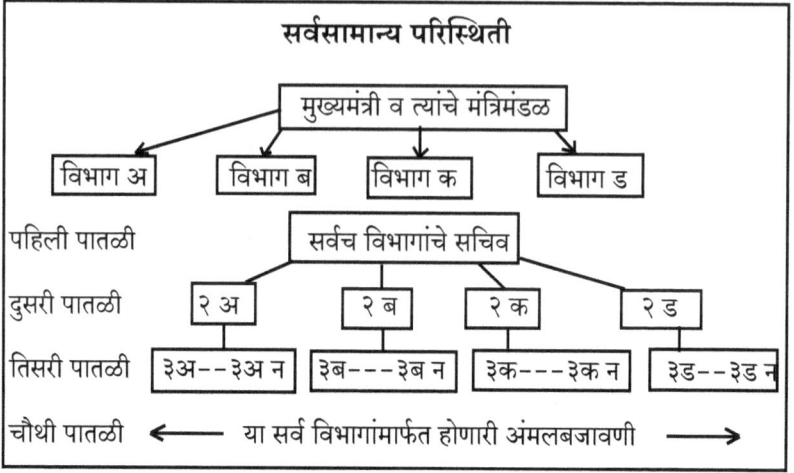

(सर्वसामान्य परिस्थितीत या पद्धतीने कार्य चालते. पहिल्या २ पातळींमधील अधिकारी सर्व निर्णय घेऊन ते अंमलबजावणीसाठी जिल्हाधिकाऱ्यांच्या तिसऱ्या पातळीला पाठवतात. जिल्हाधिकारी आपल्या हाताखालील अधिकारी, कर्मचाऱ्यांमार्फत त्यांची अंमलबजावणी करतो. आपत्ती निराकरणासाठी ही अशी ताठर यंत्रणा उपयुक्त नसते.)

आपत्ती निवारक यंत्रणा

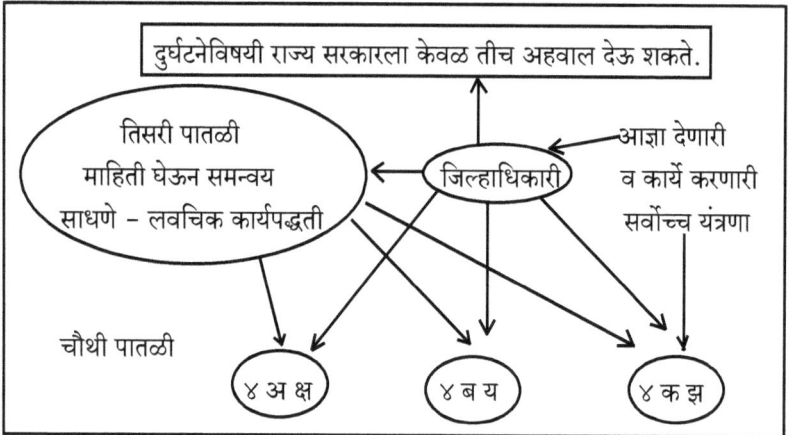

```
┌──────────────────────────────────────────────────────────────┐
│        दुर्घटनेविषयी राज्य सरकारला केवळ तीच अहवाल देऊ शकते.      │
│                                                                │
│   ⭕ तिसरी पातळी                      ⭕ आज्ञा देणारी             │
│     माहिती घेऊन समन्वय        जिल्हाधिकारी   व कार्ये करणारी     │
│     साधणे – लवचिक कार्यपद्धती                सर्वोच्च यंत्रणा      │
│                                                                │
│   चौथी पातळी                                                    │
│        ⭕ ४ अ क्ष      ⭕ ४ ब य        ⭕ ४ क झ                  │
└──────────────────────────────────────────────────────────────┘
```

अशाच प्रकारे राज्यस्तरावर 'राज्य आपत्ती व्यवस्थापन प्राधिकरणांखाली' सर्व विभागीय ज्येष्ठ काम करतात. राज्यात मुख्यमंत्री हे राज्य आपत्ती व्यवस्थापन प्राधिकरणाचे मुख्य आहेत.

o प्रत्येक जिल्ह्यात आपत्ती निवारणाच्या कार्यात जिल्हाधिकारी हा मुख्य सूत्रधार असतो. सर्व कार्ये त्याच्या देखरेखीखाली केली जातात.

o प्रभावी कार्य करण्यासाठी तो अनेक यंत्रणा/उपयंत्रणा निर्माण करू शकतो.

२००५ साली भारत सरकारने कायद्याद्वारे आपत्ती व्यवस्थापन सुसंगत करण्यासाठी शासकीय संरचना अस्तित्वात आणली आहे. यात प्रत्येक पातळीवर वेगवेगळ्या विभागातील अधिकाऱ्यांमध्ये आपत्ती व्यवस्थापनासाठी समन्वय साधण्याचा प्रयत्न करण्यात आला आहे. तसेच गैर सरकारी संस्था आणि सर्वसाधारण नागरिकांपर्यंत हा समन्वय पोहोचविण्याचा प्रयत्न करण्यात आला आहे. ही संरचना खालील आकृतीत दर्शविली आहे. (आकृती पान नं.३८ वर)

शासकीय यंत्रणेप्रमाणेच उद्योगक्षेत्र, शिक्षणसंस्था, अशासकीय संस्था अन्य संघटना यांच्या आपत्ती निवारणाच्या कार्यासाठी याच प्रकारची कार्यपद्धती अवलंबावी लागते, तरच आपापल्या कार्यक्षेत्रात त्या प्रभावीपणे कार्य करू शकतात. ज्या एका अधिकाऱ्याकडे याबाबतची सर्व सूत्रे, सर्व अधिकार दिले जातात, त्याला 'डिझॅस्टर मिटिगेशन मार्शल' या नावाने संबोधले जाते. तो, त्याच्या नियंत्रणाखाली असलेले विभाग, त्यातील अधिकारी व कर्मचारी यांच्यामार्फत हे कार्य चांगल्याप्रकारे करतो. आपत्ती निवारणासाठी एरवीची ताठर कार्यपद्धती सोडून ही अशी लवचिक कार्यपद्धती अवलंबणे महत्त्वाचे असते. अशी लवचिक कार्यपद्धतीशी सर्वसामान्य शासन यंत्रणेतूनच निर्माण करणे आवश्यक आहे. म्हणजेच आपत्ती ओढवल्यानंतर किंवा तशी सूचना मिळाल्यानंतर, यंत्रणेतील पूर्वसूचित अधिकारी लवचिक यंत्रणा कार्यरत करू शकतात.

२.५.२.२ विविध प्रकारचे निकष ठरवणे

योग्य सावधगिरी बाळगल्यास संकटांमुळे होणारी हानी कमी करणे कसे शक्य आहे ते आपण यापूर्वीच पाहिले. यामागील तत्त्व असे की, संभाव्य संकटांची तीव्रता किती मोठी राहील हे ध्यानात घेऊन त्याविरुद्ध उपाययोजना आधीच करणे शक्य असते.

एक वेळ निसर्गनिर्मित आपत्ती टाळता येणार नाहीत. तथापि, मानवनिर्मित आपत्ती टाळणे, आपत्तीमध्ये होणाऱ्या हानीचे प्रमाण घटवणे शक्य आहे. त्यामुळेच आपल्या विकासामध्ये हानी होणार नाही, अशा प्रकारची बांधकामाची तंत्रे व पद्धती शोधाव्या लागतात.त्यांचा अवलंब करावा लागतो. अग्निरोधक साधनसामग्री वापरणे, भूकंप, त्सुनामी किंवा जल प्रलयांतही इमारत टिकून राहील असे बांधकामाचे तंत्र अवलंबणे, पाण्याच्या निचऱ्यातील अडथळे दूर करणे अशा वेगवेगळ्या प्रकारे हे

```
                    ┌──────────────────────────────────┐
                    │  नॅशनल डिझास्टर मॅनेजमेन्ट ॲथॉरिटी      │
                    │  अध्यक्ष : पंतप्रधान, समन्वय साधक          │
                    │  मंत्रालय : गृहमंत्रालय                    │
                    └──────────────────────────────────┘
```

सावधगिरीचे इशारे देणाऱ्या संस्था

इतर संस्था

```
                    ┌──────────────────────────────────┐
                    │  स्टेट डिझास्टर मॅनेजमेन्ट ॲथॉरिटी       │
                    │  अध्यक्ष : मुख्यमंत्री                      │
                    └──────────────────────────────────┘
```

```
                    ┌──────────────────────────────────┐
                    │  जिल्हा डिझास्टर मॅनेजमेन्ट ॲथॉरिटी     │
                    │  अध्यक्ष : जिल्हाधीश                     │
                    └──────────────────────────────────┘
```

```
                    ┌──────────────────────────────────┐
                    │  तालुका डिझास्टर मॅनेजमेन्ट ॲथॉरिटी     │
                    │  अध्यक्ष : तहसीलदार                      │
                    └──────────────────────────────────┘
```

गाव पातळीवरची समिती

सामान्य जनता

आपद्ग्रस्त भागात प्रत्यक्ष सुटका, बचाव आणि मदतकार्य करणारी संरचना

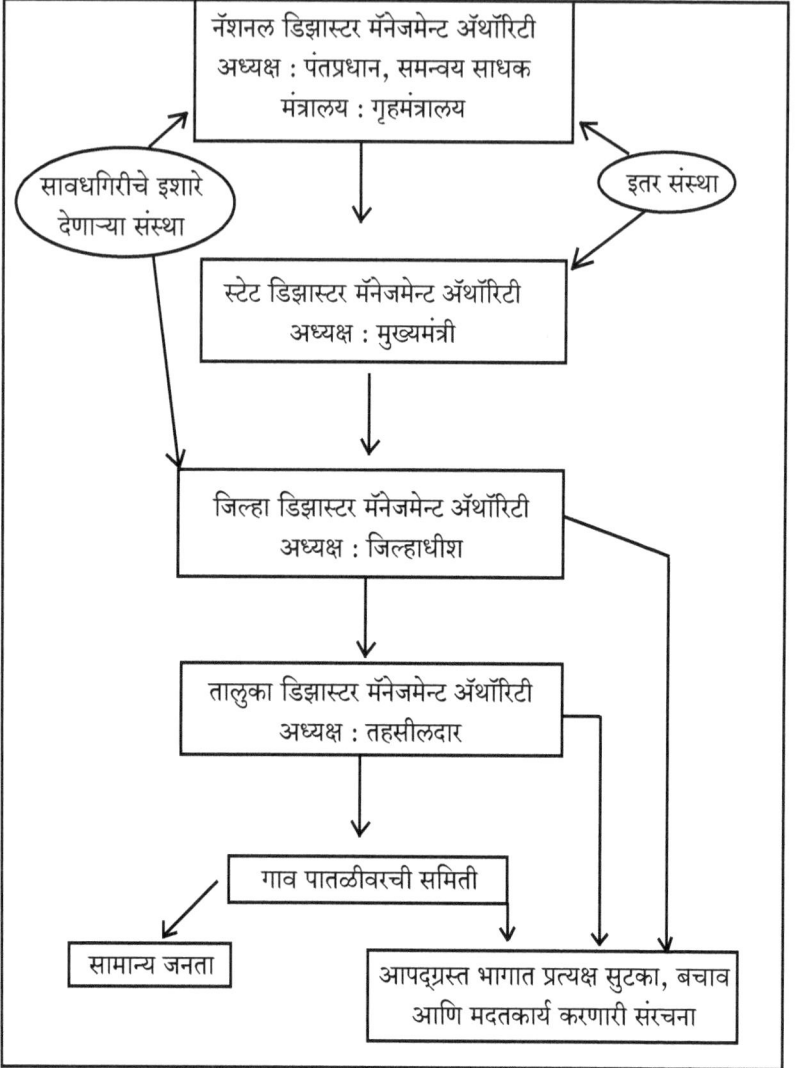

करता येईल. प्रत्येक बांधकामाच्या संदर्भात याबाबतचे वेगवेगळे निकष अवलंबता येतात. इमारती, रस्ते, गटारे, बंधारे अशा वेगवेगळ्या प्रकारच्या बांधकामाचे निकष वेगवेगळे असतात. ते अंमलात आणले की हानी उद्भवत नाही आणि झाली तरी अगदी थोडी होते. विविध प्रकारची संकटे व त्यामुळे होणारे त्यांचे अनेकविध परिणाम यांचा विचार करूनच हे उपाय अवलंबावे लागतात. तसेच एका पाठोपाठ उद्भवणाऱ्या संकट मालिकेचाही त्याबाबतीत विचार करावा लागतो. विकासाबरोबर आधीचे

तंत्रज्ञान कालबाह्य होऊन नवीन निकष निर्माण होतात. कोयनानगरमध्ये १९६८ मध्ये झालेल्या भूकंपामध्ये धरणाला थोडे-फार तडे गेले. हे लक्षात आल्यानंतरच सरकारने कोयना धरण आधुनिक बांधकामाच्या निकषांचा वापर करून चांगले भक्कम करण्याचा निर्णय घेतला. भारतीय मानकसंस्थेने बांधकामांच्या संदर्भात ठरवलेले निकष जर अंमलात आणले तर भूकंपासारख्या आपत्तींच्या तडाख्यातूनसुद्धा बरीच बांधकामे बचावतील. मात्र, याबाबतचे निर्णय राज्यपातळीवर घ्यावे लागल्याने त्यात राजकारण निर्माण होते. त्सुनामीच्या संकटानंतर किनारपट्टीत ५०० मीटरपर्यंत कोणतेही बांधकाम होऊ न देण्याचा निर्णय सरकारने घेतला. तथापि, केरळमध्ये आलाप्पड परिसरातील मच्छीमार समाजातील लोकांची घरे किनाऱ्यालगत होती. चिंचोळा प्रदेश व लोकसंख्येची घनता यांमुळे त्यांना देण्यासाठी पर्यायी जागाही नव्हत्या. होत्या त्या जागा लोकांना पटणाऱ्या नव्हत्या. त्यामुळे मच्छीमार समाजाच्या प्रचंड दबावामुळे सरकारला आपला निर्णय मागे घेणे भाग पडले. अन्य राज्यातही अनधिकृत बांधकामे, झोपडपट्ट्या बेसुमार वाढतात. परंतु, मतपेटीच्या राजकारणामुळे अशा गोष्टी थांबवणे शक्य होत नाही. प्रशासनयंत्रणेने कडक निर्णय अवलंबण्याचे ठरवले तर त्याला स्थानिक जनतेचाच प्रचंड विरोध होतो. अखेर सरकारला लोकमतापुढे मान तुकवणे भाग पडते. (जानेवारी २००७ मध्ये भारताचे मा. प्रधानमंत्री डॉ. श्री. मनमोहन सिंह यांनी बांधकामातील निष्कर्षाचा वापर करण्यासाठी नियमावली अवलंबायची घोषणा केली. हे स्वागतार्हच आहे.) हेल्मेट सक्ती, ध्वनिप्रदूषणावर निर्बंध, अनधिकृत बांधकामे तोडणे, झोपडपट्ट्या उठवणे यातले काहीही सरकारला करणे आजतागायत शक्य झालेले नाही. त्याखेरीज धर्म, संस्कृती, दारिद्र्य यांचेही अडसर या मार्गात निर्माण होतात. त्यामुळे अखेर निसर्गच आपत्ती घडवतो व जनतेचे जीवित आणि मालमत्ता यांची प्रचंड हानी करतो. या संदर्भात, दिल्ली न्यायालयाच्या निर्णयानुसार दिल्लीतील अनधिकृत बांधकामे पाडण्याचा दिल्ली सरकारचा डिसेंबर २००५ मधील उपक्रम वाखाणण्याजोगा आहे.

२.५.२.३ धोक्याचे इशारे व सूचना देण्याच्या पद्धती

आपत्तीची चाहूल जर पुरेशी आधी लागली, तर त्याबाबत लोकांना वेळीच सावध करणे, होणारी हानी कमी करणे हे शक्य होते. वैज्ञानिक प्रगती, अवकाशात सोडलेले उपग्रह यामुळे आता त्सुनामी, वादळे, अतिवृष्टी याबाबत आधी अंदाज घेता येतो. राष्ट्रीय तसेच आंतरराष्ट्रीय पातळीवरील वैज्ञानिक संस्थांची याबाबत मदत होऊ शकते. परंतु, हा लाभ खेडी आणि लहान गावांना सध्या तरी मिळू शकत नाही. तसेच सावधगिरी बाळगण्यासाठी पूर्वसूचना दिल्याने नको इतकी घबराट निर्माण होऊन

त्यामधूनही अनर्थ ओढवू शकतो. वास्तविक कॅटरिना वादळापूर्वी सूचना मिळाल्याने न्यू ऑर्लीन्समधील शासनयंत्रणेने लोकांच्या स्थलांतराबाबत पूर्ण नियोजन केलेले होते. तथापि, लोकांमध्ये घबराट निर्माण झाल्याने शहर सोडणाऱ्यांची एकच प्रचंड गर्दी होऊन पूर्वी केलेले नियोजन पूर्णपणे कोलमडले. नियोजित कालावधीत पुरेशा लोकसंख्येचे स्थलांतर होऊ शकले नाही. मध्यवर्ती सरकारलाही स्थानिक प्रशासनाला पुरेसे साहाय्य वेळेवर उपलब्ध करून देणे शक्य झाले नाही. इंडोनेशिया आणि भारतात तर त्सुनामीच्या संकटाची पूर्वकल्पनाही लोकांना देता आली नाही. किनारपट्टीवरील लोकांचे आगाऊ स्थलांतर घडवणे तर दूरच राहिले. त्यामुळे हजारो लोक मेले. कित्येक हजार लोक बेपत्ता झाले. अन्य प्राणी व मालमत्ता यांच्या हानीची तर गणतीच नाही. वस्तुत: भोंगे, ध्वनिवर्धकावरून दिलेल्या सूचना यामुळे लोकांना पूर्वकल्पना दिली जाऊ शकते. यंत्रणेची कार्यक्षमता त्यावरच अवलंबून असते. प्रगत देशात हे सहज घडू शकते. साधी इमारतीला जरी आग लागली तरी त्याची सूचना देणारी यंत्रणा अप्रगत देशात निर्माण होऊ शकत नाही. त्याकडे लक्षही दिले जात नाही. वास्तविक अशी यंत्रणा उभारणे, त्यांची वेळोवेळी रंगीत तालीम घेणे या गोष्टींचा संकटाची तीव्रता कमी होण्यासाठी उपयोग होऊ शकतो. दुसऱ्या महायुद्धात लंडन शहरावर रोजच्या रोज बाँबचा वर्षाव होत असे. तथापि, भोंग्याद्वारे मिळालेले इशारे, जमिनीखालील भुयारे, खंदक व तळघर यांची केलेली व्यवस्था यांमुळे जीवितहानी फारशी झाली नाही. विमाने परत गेल्यानंतर भोंगे होत व तेथील जीवन पूर्ववत होत असे. आपण एक काल्पनिक उदाहरण घेऊ; जर धोक्याची पातळी ४ इतकी तीव्र असणारे वादळ येत असल्याचा इशारा ३ दिवस आधी मिळाला, तर त्यामुळे ५० कि.मी. लांबीच्या व १० कि.मी. रुंदीच्या प्रदेशातील जनतेचे स्थलांतर सुरक्षित ठिकाणी घडवून धोक्याच्या तीव्रतेची पातळी ४ वरून १ पर्यंत कमी करता येईल. पहिल्याच दिवशी पुरेसे स्थलांतर घडवून ही पातळी २ पर्यंत आणता येईल, तर दुसऱ्या दिवशी केलेल्या स्थलांतरामुळे ती आणखी खाली १पर्यंत आणणे शक्य होईल व प्रत्यक्ष झंझावाताचा तडाखा तिसऱ्या दिवशी कोणालाच बसणार नाही. ही गोष्ट काल्पनिक वाटते ना! परंतु, संगणकांच्या साहाय्याने हा प्रयोग करणे शक्य आहे. पूर्व अंदाज घेऊन लोकांना त्याविषयी आधीच कल्पना दिली, प्रशासन यंत्रणेने त्याबाबत योग्य ती कार्यक्षमता दाखवली आणि लोकांनीही उतावळे न होता योग्य तो संयम दाखवून प्रशासनाला प्रतिसाद दिला तर हे सर्व घडणे अजिबात अशक्य नाही. आपत्ती निवारक व्यवस्थापन यंत्रणेवरही ही जबाबदारी असते.

२.५.२.४ संपर्क यंत्रणेची कार्यक्षमता

आपत्ती निवारक व्यवस्थापनात जनतेशी योग्य प्रकारे संवाद साधणे, त्यांच्या मनातील अनावश्यक भीती नाहीशी करणे हे नियंत्रण व कार्यक्षम अंमलबजावणीच्या संदर्भात अत्यंत महत्त्वाचे असते. यामध्ये संपर्क यंत्रणेची भूमिका महत्त्वाची असते. त्यादृष्टीने कार्यक्षम अशी दूरसंपर्क यंत्रणा निर्माण करावी लागते. त्यायोगे लोकांना संकटांची पूर्वसूचना द्यावी लागते. संकटाच्या काळात मार्गदर्शन करावे लागते. तथापि, आपत्तीच्या काळात नेमकी या बाबतीतच अडचण निर्माण होते. मनोरे कोलमडतात व त्यातील संपर्क यंत्रणाच नादुरुस्त होते. यासाठी पर्यायी यंत्रणाही निर्माण करावी लागते. जनतेला पूर्वसूचना देणे, होणारे बदल तत्काळ कळवणे आणि प्रत्यक्ष संकटात मार्गदर्शन करणे त्यामुळे शक्य होते. ध्वनिलहरींच्या उच्च आणि लघुप्रक्षेपणाद्वारे असा संपर्क प्रस्थापित करता येतो.

२.५.२.४.१ सावधगिरीचे इशारे देणारी यंत्रणा

महत्त्वपूर्ण केंद्रात उच्चलहरी ध्वनिक्षेपणाद्वारे थेट उपग्रहाशीच संपर्क साधून विना अडथळा संपर्क प्रस्थापित होऊ शकतो. जिल्ह्यातील महत्त्वाची कार्यालये, पोलीस स्टेशन वगैरे ठिकाणी रेडिओ संच बसवून त्यावरून ही माहिती घेऊन संपर्काच्या स्थानिक साधनांद्वारे ती जनतेपर्यंत पोहोचविता येते. बॅटरीवरील रेडिओ संच सतत चालू ठेवता येतात. याचप्रकारे तालुका पातळीवर आणि नगरपरिषद/ग्रामपंचायतींच्या पातळीवरही अशी संपर्कयंत्रणा निर्माण करता येईल. तिचा वापर, देखभाल याविषयी संबंधितांना योग्य ते शिक्षण देता येईल. पोलिसांच्या बिनतारी संपर्क यंत्रणेचाही आपत्तीची पूर्वसूचना देण्यासाठी उपयोग होतो. परंतु, त्याचा वापर अगदी आवश्यक परिस्थितीतच केला जावा, म्हणजे जनतेत घबराट निर्माण होत नाही. त्यानंतर बॅटरीवरील कर्ण्याद्वारे दवंडीने ही माहिती जनतेपर्यंत पोहोचवता येते.

२.५.२.४.२ ऐन आपत्तीच्या प्रसंगातील संपर्क

आपत्तीचे नेमके स्वरूप व तिची तीव्रता कमी होण्यासाठीचे मार्गदर्शन वाहनात बसवलेल्या ध्वनिक्षेपकांद्वारे वेगवेगळ्या भागात करता येते; अशा अनेक वाहनांची यंत्रणा मार्गदर्शन व मदत कार्यासाठीही उपयोगी पडते. एका जागी कायमस्वरूपी यंत्रणा उभारून तिच्याद्वारे सर्व वाहनांशी संपर्क साधला जातो.

२.५.२.४.३ अखंडित संपर्क

यासाठी जिल्ह्याच्या व तालुक्याच्या पातळीवर अखंडित विद्युतपुरवठा व त्यायोगे कायम संदेशवहन करणाऱ्या यंत्रणा बसवाव्यात. आज अस्तित्वात आलेले इंटरनेटचे जाळे अखंडित व त्वरित संपर्क होण्यासाठी उपयुक्त ठरते. जनरेटर सेट्स,

बॅटरी बॅकअप द्वारे ही अशी यंत्रणा सर्वत्र निर्माण करता येते. साधारण ११ केव्ही क्षमतेचा विद्युतपुरवठा आवश्यक तो संपर्क दूरवर प्रस्थापित होण्यासाठी उपयुक्त ठरतो. मात्र त्याचा a/c चालवायला वापर होता कामा नये. 'हॅम रेडियो' हे एक अखंडित संपर्क साधण्याचे उत्तम साधन आहे. त्यासाठी प्रशिक्षण व लायसेन्सची आवश्यकता आहे. त्याचप्रमाणे जिल्हाधिकाऱ्याच्या अधिपत्याखाली वाहनात 'हाय फ्रिक्वेन्सी' व 'व्हेरी हाय फ्रिक्वेन्सी'चे रेडियोसेट बसवून आपद्‌ग्रस्त भागात आपत्तींच्या वेळी पाठविल्यास संपर्क पुन:प्रस्थापित करता येईल.

२.५.२.४.४ स्वयंसेवी संघटना व लष्कर यांच्याशी संपर्क

स्वयंसेवी संघटनांचे स्वयंसेवक, लष्कर व अर्धलष्करी यंत्रणेतील जवान व अधिकारी यांच्याशीही असा संपर्क साधला जावा. ही संपूर्ण यंत्रणा खालील आकृतीत दर्शवलेली आहे.

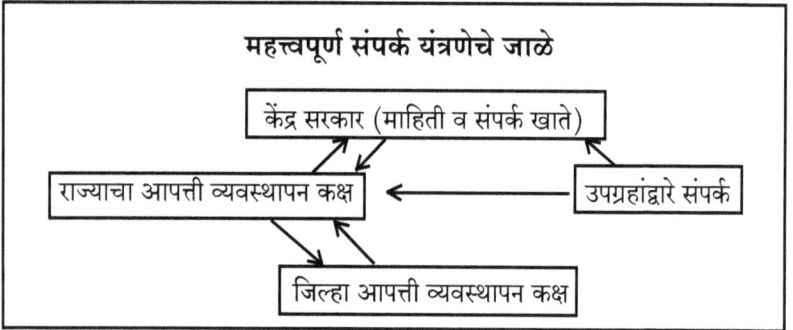

२.५.२.५ आपत्ती व्यवस्थापनाचे प्रशिक्षण

हे शिक्षण देण्यासाठी स्वतंत्र यंत्रणा निर्माण करावी लागते. लोकांना हे शिक्षण एकदाच देऊन पुरेसे ठरत नाही, तर वारंवार त्याची उजळणी व्हावी लागते. त्यात नवीन माहितीची भर घालावी लागते. अगदी केंद्रसरकारच्या पातळीपासून ते खेड्याच्या पातळीपर्यंत आपत्ती व्यवस्थापनात प्रशिक्षण देण्यासाठी विविध यंत्रणा निर्माण कराव्या लागतात.

२.५.२.५.१ शासकीय पातळीवर

सर्वच शासकीय कर्मचाऱ्यांना संकटप्रसंगी स्वत:चा बचाव करता यावा, इतरांना अडचणीत मदत करता यावी, यासाठी योग्य ते शिक्षण देणे उपयुक्त ठरते. हे शिक्षण अगदी जुजबी स्वरूपाचे दिले तरी चालू शकते. मात्र वेळोवेळी या विषयीची माहिती अद्ययावत करावी लागते. तसेच अशा सर्व प्रसंगात शासनयंत्रणेच्या भूमिकेविषयी, शासकीय कर्मचाऱ्यांच्या जबाबदाऱ्या व कर्तव्याविषयी त्यांना योग्य ती

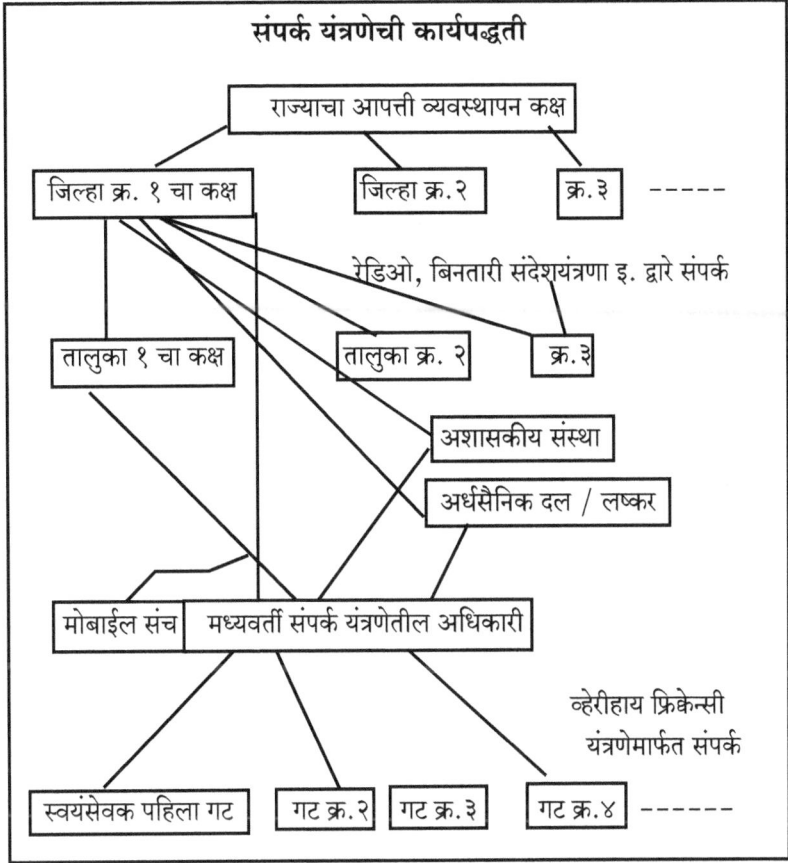

संपर्क यंत्रणेची कार्यपद्धती
राज्याचा आपत्ती व्यवस्थापन कक्ष
जिल्हा क्र. १ चा कक्ष
जिल्हा क्र.२
क्र.३
रेडिओ, बिनतारी संदेशयंत्रणा इ. द्वारे संपर्क
तालुका १ चा कक्ष
तालुका क्र. २
क्र.३
अशासकीय संस्था
अर्धसैनिक दल / लष्कर
मोबाईल संच
मध्यवर्ती संपर्क यंत्रणेतील अधिकारी
व्हेरीहाय फ्रिक्वेन्सी
यंत्रणेमार्फत संपर्क
स्वयंसेवक पहिला गट
गट क्र.२
गट क्र.३
गट क्र.४

माहिती द्यावी लागते. मदतीचे नियोजन कसे करायचे व प्रत्यक्ष मदत कशाप्रकारे द्यायची त्याविषयी मार्गदर्शन द्यावे लागते.

२.५.२.५.२ समाजाच्या पातळीवर

युद्धप्रसंगी जसे प्रत्येकास शिपाई बनावे लागते, तसेच आपत्तीच्या प्रसंगी प्रत्येकास स्वयंसेवक म्हणून जबाबदारी घ्यावी लागते. यादृष्टीने १८ वर्षावरील प्रत्येक स्त्री-पुरूषास आपत्ती व्यवस्थापनाचे शिक्षण देणे गरजेचे आहे. आपत्तीची पूर्वसूचना कशी मिळवायची ? लोकांना सावध कसे करायचे ? प्रत्यक्ष आपत्ती ओढवल्यानंतर स्वत:च्या व इतरांच्या सुरक्षिततेसाठी काय करायचे? आपत्तीनंतर जनजीवन पूर्वपदाला कसे आणायचे? अशी सर्वप्रकारची माहिती सर्वांनाच असणे उपयोगी पडते. त्यादृष्टीने शाळा व महाविद्यालयांच्या पातळीलाच आपत्ती व्यवस्थापनाचे शिक्षण देणे,

एन्.सी.सी, राष्ट्रीय सेवा योजनेतील सहभागी विद्यार्थ्यांचा आपत्तीच्या वेळी मदत कार्यात वापर करून घेणे, शिक्षकांचे प्रशिक्षण घडवणे, नगरसेवक, पंचायत समिती सदस्य व सरपंचांना प्रशिक्षण देणे यांसारखे उपक्रम जिल्हा पातळीवर राबवले जाणे आवश्यक आहे. सावधानतेचा इशारा देणारी केंद्रे जागोजागी निर्माण केली जाणे उपयुक्त ठरते.

२.५.२.५.३ सार्वजनिक कार्यालये, उद्योग व संस्था यांच्या पातळीवर –

आपत्तीची झळ सर्वांनाच पोहोचत असल्याने या सर्व संस्थातील कर्मचाऱ्यांना योग्य प्रशिक्षण देऊन त्यातून संकट प्रसंगी कार्य करण्यासाठी सज्ज करणे. स्वयंसेवकांचे गट निर्माण केले जाणे जरुरीचे आहे. सुरक्षिततेच्या मूलभूत शिक्षणाबरोबरच त्यांना अग्निशमन, प्रथमोपचार, मृतदेहांची योग्य व्यवस्था करणे या विषयी माहिती देणे योग्य ठरेल.

२.५.२.५.४ उजळणी, रंगीत तालीम

सर्वसामान्य परिस्थितीतही वेळोवेळी या शिक्षणाची उजळणी करणे, नवीन शिक्षण घेणे, समुदायाच्या ठिकाणी – चित्रपटगृहे, जत्रा, इ. मध्ये या विषयी घेतलेल्या माहितीनुसार प्रत्यक्ष कारवाईची रंगीत तालीम करणे, हे सर्व उपयुक्त ठरते. यामध्ये सर्वांचा सहभाग आणि आपत्ती निवारण अधिकाऱ्यांचे मार्गदर्शन मिळणे आवश्यक असते.

२.५.२.६ माहितीचे व्यवस्थापन

कोणत्याही हाती घेतलेल्या कार्याचे यश हे चांगल्या प्रकारच्या नियोजनावर अवलंबून असते. नियोजनासाठी विविध प्रकारची, विस्तृत आणि बिनचूक माहिती सर्व घटकांच्या संदर्भात घ्यावी लागते. ती अद्ययावत बनवावी लागते. धोक्याचे विश्लेषण, त्यातून होणारे दुष्परिणाम, संकटाची व्याप्ती, उपलब्ध होऊ शकणारी साधनसामग्री व मनुष्यबळ, तंत्रज्ञान वहन आणि संपर्क यंत्रणा, वैद्यकीय सुविधा, स्वयंसेवी संघटना असे हे अनेक घटक आहेत. या माहितीबाबत इतरांशी देवाण–घेवाणही करावी लागते. या माहितीच्या आधाराने आपत्तीला तोंड देण्यासाठी पूर्वतयारी असते. संकट नियोजनाच्या योजना आखून राबवणे, त्यामध्ये सहभागी होणाऱ्यांना त्या संदर्भात आलेल्या अनुभवांनुसार कार्यक्रमात बदल करणे गरजेचे आहे. आपण प्रत्यक्षातील काही उदाहरणे याबाबतीत घेऊ.

पहिला अनुभव

त्सुनामीच्या आपद्ग्रस्तांना मदत कार्य करण्यासाठी एका अशासकीय स्वयंसेवी संस्थेने एक शिबिर स्थापन केले होते. तेथे एक रहिवासी साप चावल्याची तक्रार घेऊन

आला. त्याने आपल्यासोबत तो सापही आणला होता. तिथल्या स्वयंसेवकांनी जखमेच्या वरच्या बाजूला आवळपट्टी बांधली व पुढील उपचारांसाठी त्याला डॉक्टराकडे न्यायचे ठरवले. डॉक्टरला पूर्व सूचना देण्यासाठी तालुक्याच्या कंट्रोल रूमला विचारण्यात आले; पण त्या कंट्रोल रूममध्ये सरकारी हॉस्पिटलचा टेलिफोन नंबर नव्हता. या रुग्णाला सरकारी हॉस्पिटलमध्ये नेल्यावर डॉक्टर ड्युटीवर नसल्याचे आढळले. त्या रुग्णाला ३० कि.मी. अंतरावरच्या दुसऱ्या हॉस्पिटलात न्यायची पाळी आली. तो रुग्ण बचावला हे सुदैव. पण, या अनुभवामुळे अनेक त्रुटी ध्यानात आल्या.

दुसरा अनुभव

२००५ जुलैच्या रायगड जिल्ह्यातील पुरामुळे गावांची प्रचंड हानी झाली. शेकडो लोक बेघर झाले. घरातील चीजवस्तू पाण्याने धुवून नेल्या. त्या ठिकाणी एक स्वयंसेवकांचा गट मदतीसाठी पोहोचला. तहशीलातील संबंधित अधिकाऱ्याशी त्यांना संपर्क साधता आला नाही. त्या कार्यालयात फोन चालू नव्हता. संपर्काधिकाऱ्यांचे फोन नंबर, ठावठिकाणा, काहीच नव्हते. पुराच्या पाण्याबाबत अद्ययावत माहिती नव्हती. पुरात संपर्क तुटलेल्या गावांची माहिती नव्हती. ही सर्व माहिती, मदतीसाठी उपलब्ध साधनसामग्री, तिचा वापर या विषयीची अद्ययावत व लेखी नोंद झालेली माहिती त्या स्वयंसेवकांच्या संघटनेजवळ होती. तथापि, सरकारीयंत्रणे जवळ नव्हती. गरज नसलेल्या गावात मदतीचे वाटप व संकटातील ग्रामस्थांना काहीही नाही, असा हा अनागोंदी कारभार शासनाच्या बाबतीत आढळून आला. तहसीलदारांच्या कार्यालयात संकटाची झळ नेमकी कोणत्या गावात व कितीजणांना पोहोचली ? त्या ठिकाणी मदतीसाठी कोणकोण गेलेले आहेत ? याविषयी काहीही माहिती नव्हती. इतकेच नव्हे तर आपत्ती निवारणाचा, उपाययोजनांच्या परिणामकारकतेचा आढावा घेण्यासाठी अशी एकही बैठक तहसीलदारांच्या कार्यालयाने घेतलीच नव्हती. ही अशी सर्वत्र अंदाधुंद परिस्थिती होती.

तिसरा अनुभव

त्सुनामीच्या संकटानंतर एका जिल्ह्यात घरे उद्ध्वस्त झालेल्यांना त्यांच्या पुनर्बांधणीसाठी अर्थसाहाय्य देण्याचे जिल्हाधिकाऱ्यांनी ठरवले. परंतु, पुर्वी घरे होती की नाही? असल्यास कशा प्रकारची? याविषयीच्या अद्ययावत नोंदी ग्राम-पंचायतीच्या दप्तरातच नव्हत्या. लोकांनी सांगितलेले नुकसानच प्रमाण मानून ही मदत देण्यात आली. साहजिकच लोकांनीही अवास्तव नुकसानभरपाई घेतली. जर पूर्वीच याबाबत नोंदी झाल्या असल्या तर संकटात नेमकी मदत देता आली असती व त्यायोगे इतरही अनेकांपर्यंत मदत पोहोचू शकली असती. तथापि, सर्वसामान्य जनतेची

प्रवृत्तीच अशी असते. संकट ओढवले की ते खडबडून जागे होतात व संकट संपल्यानंतर सुस्तावतात. सरकारी यंत्रणेचीही अशीच स्थिती असते.

संकटकाळात अनेक स्वयंसेवी संघटना व धर्मादाय संघटना पुढे येतात. शासनयंत्रणेशी कोणताही संपर्क न साधता त्या एखाद्या गावात / प्रदेशात आपले कार्य सुरू करतात. काही ठराविक ठिकाणीच या संस्था जातात. तेथील लोकांना आवश्यकतेपेक्षा अधिक मदत मिळते; तर काही भागापर्यंत त्या पोहोचतच नाहीत. सरकारही त्यांना त्याबाबत मार्गदर्शन करू शकत नाही कारण त्यांनी सरकारशी संपर्क साधलेलाच नसतो. त्सुनामीनंतर अशा अनेक संस्थांनी चेन्नई आणि नागापट्टणम् या दोन जिल्ह्यातच मदत कार्य सुरू केले. तेथे त्याच त्याच मदतीची पुनरावृत्ती झाली. बाकीच्या जिल्ह्यात त्या गेल्याच नाहीत. या सर्व स्वयंसेवी संस्थांच्या बाबतीत कार्यक्षमतेनुसार त्यांचे मूल्यांकन करून जेथे मदतीची अधिक गरज आहे तेथे अधिक कार्यक्षम संस्थेवर जबाबदारी सोपवली जावी. याप्रकारे त्यांच्या कार्यात समन्वय साधता येईल. अकार्यक्षम व अप्रामाणिक संस्थांवर कोणतीही जबाबदारी सोपवू नये. साधनसामग्री देऊ नये– कारण त्याचा दुरुपयोग होण्याचीच शक्यता जास्त रहाते.

राष्ट्रीय पातळीपासून जिल्हापातळीवरील स्वयंसेवी संस्थांचे योग्य ते मूल्यांकन व्हायला हवे. जिल्ह्यातील हे कार्य करणाऱ्या संस्थांविषयीची अद्ययावत माहिती जिल्हाधिकाऱ्यांकडे हवी. तरच ते त्यांचा अधिक चांगल्या प्रकारे उपयोग करून घेऊ शकतील.

२.५.२.७ आपत्तीच्या दरम्यान तत्काळ व कार्यक्षम अशी कार्यपद्धती निर्माण करणे –

आपत्तीच्या काळात आणि त्यानंतर जीवन पूर्ववत करण्यासाठी सरकार, विविध संस्था, सेवाभावी संस्था व अन्य संघटनांनी प्रमाणित कार्यपद्धती आखून तिची अंमलबजावणी करावयाची असते. प्रत्येकासाठी ही कार्यपद्धती आवश्यकतेप्रमाणे वेगवेगळी राहू शकते.

२.५.२.७.१ शासकीय पातळीवरील कार्यपद्धती

२.५.२.७.१.१ संकटापूर्वी योग्य शब्दांत आणि योग्य प्रकारे जनतेस पूर्वसूचना देण्यासाठी कार्यक्षम पद्धती निश्चित करणे.

२.५.२.७.१.२ पूर्व सूचना प्राप्त झाल्यानंतर केंद्रीय पातळीपासून स्थानिक पातळीपर्यंत त्या संदर्भात कृती करण्यासाठी, आपत्ती निवारणासाठी, सहभाग वाढवण्यासाठी नियंत्रक व कारवाई कक्षांची स्थापना. त्यामध्ये माहितीचा प्रसार, लोकांना नियंत्रक पूर्वसूचना देणे, संकट काळात योग्य मार्गदर्शन करणे अशा अनेक प्रकारचे विभाग प्रस्थापित करणे.

२.५.२.७.१.३ अन्य विभागांशी सहकार्य व समन्वय करण्यासाठी कायमस्वरूपी सूचना देणे.

२.५.२.७.१.४ साधनसामग्रीच्या उभारणीसाठी योग्य पद्धती ठरवणे. आवश्यक तेव्हा खासगी मालमत्ता ताब्यात घेण्यासाठी कायदेशीर पद्धत निश्चित करणे.

२.५.२.७.१.५ मदत कार्य करणाऱ्या व्यक्ती, संस्था यांची कार्यपद्धती निश्चित करून त्या जिल्हाधिकाऱ्यांच्या नियंत्रणाखाली आणणे.

२.५.२.७.१.६ संकटाच्या संदर्भात विविध आकडेवारी व अहवाल या संदर्भात कार्यपद्धती ठरवणे. आपत्तीपूर्व, दरम्यान व पश्चात अशा तिन्ही टप्प्यात अहवाल घेणे.

२.५.२.७.१.७ सर्वसामान्य परिस्थितीतही आपत्तीची संभाव्यता ध्यानात घेऊन परिसराच्या संदर्भात सर्व अहवाल घेणे; तसेच आपत्तीनंतर दिलेली मदत व पुनर्रचना याविषयीचे अहवाल घेणे.

२.५.२.७.१.८ आपत्ती निवारक शिबिरांची रचना व संघटन तसेच त्यांची कार्य पद्धती याबाबत प्रमाण धोरण आखणे आणि शिबिरे चालविणे.

२.५.२.७.२ संस्थेच्या / संघटनेच्या पातळीवर

२.५.२.७.२.१ आपत्तीचा सामना करण्यासाठी संस्थेतील किंवा बाहेरील व्यक्तींच्या मदतीने स्वयंसेवकांचा गट निर्माण करणे.

२.५.२.७.२.२ जिल्हा पातळीवरील कक्षाशी तसेच इतरांशी संपर्क साधण्यासाठी सुयोग्य संपर्क यंत्रणा निर्माण करणे.

२.५.२.७.२.३ मनुष्यबळाची गणती व त्यांच्या कार्याची आखणी यासाठी योग्य पद्धती अवलंबणे, आणि शिबिरे चालविणे.

२.५.२.७.२.४ संकटग्रस्तांसाठी तत्काळ मदत / राहण्यासाठी जागा उपलब्ध करून देणे व पुढील २४ तासांत त्यांचे सुरक्षित ठिकाणी स्थलांतर करणे. त्यांच्या मदतीसाठी आलेले विद्यार्थी, कर्मचारी व अन्य साहाय्यक यांची व्यवस्था करणे.

२.५.२.७.२.५ वेळोवेळी सर्व गोष्टींची रंगीत तालीम करणे.

२.५.२.७.३ गृहसंस्था व गावातील विभागांच्या पातळीवर

२.५.२.७.३.१ गृहसंस्थेचे आवार आणि गल्लीच्या पातळीवर स्वयंसेवकांचे गट तयार करणे. त्यांचे अधिकार, जबाबदाऱ्या व कार्यपद्धती ठरवणे.

२.५.२.७.३.२ सुरक्षित ठिकाणे शोधून संकटात सापडलेल्या कुटुंबांना त्या ठिकाणी तात्पुरता आसरा देणे.

२.५.२.७.३.३ शासनयंत्रणेशी समन्वय साधून व सहकार्य करून संभाव्य संकटाची परिसरातील लोकांना पूर्वसूचना देण्यासाठी पद्धत आखणे.

महत्त्वाचे – या प्रमाणित कार्यपद्धती नमुन्यादाखल घेतल्या आहेत. त्यामध्ये परिस्थितीनुसार सुधारणा होऊ शकते. नवीन कार्यपद्धती समाविष्ट करता येतात.

२.५.२.८ अन्य यंत्रणांशी समन्वय

सरकारला या संस्थांप्रमाणेच आपत्तीच्या प्रसंगी सैन्यदल, अर्धसैन्यदल, होमगार्ड, अग्निशमनयंत्रणा, नागरी संरक्षण यंत्रणा, रस्ते, रेल्वे, जल व हवाई वाहतूक यंत्रणा, पुरवठा विभाग, आरोग्य विभाग, हवामान विभाग, शिक्षण संस्था, वैद्यकीय संघटना व दवाखाने / हॉस्पिटल, स्वयंसेवी संस्था अशा अनेकांशी कायमस्वरूपी संपर्क ठेवावाच लागतो. सर्वांना परस्परांशी सहकार्य करावेच लागते. माहितीची देवाणघेवाण करावी लागते. कारण आपत्ती कोणावर व कधी ओढवेल ते सांगता येत नाही. तसेच सर्वसामान्य परिस्थितीतही त्यांना कायमचे सहकार्य करण्याची, त्यांच्या अडचणी सोडवण्याची भूमिका ही घ्यावीच लागते. त्यांच्या बाबतीत त्यांची नेमकी स्थिती, मदत करण्याची क्षमता, संपर्क प्रस्थापित करण्याचे केंद्र, साधनसामग्री उभारण्याची त्यांची पात्रता, संकटाचे स्वरूप ओळखण्याची क्षमता वगैरे गोष्टींबाबत सरकारजवळ यांच्या बाबतीत अद्ययावत माहिती असावी लागते. त्यांचा वेळोवेळी होणारा सराव, संकटाची रंगीत तालीम याविषयीही सरकारला माहिती घ्यावी लागते. नेहमीची वेळखाऊ व ताण कार्यपद्धती आपत्तीच्या प्रसंगी उपयुक्त ठरत नाही. संकटाचा मुकाबला त्यामुळे यशस्वीरीत्या करता येत नाही.

२.५.२.९ साधनसामग्रीच्या वापराचे नियोजन

आपत्तीच्या प्रसंगी निवारणासाठी सर्वाधिक गरज असते ती साधनसामग्रीची. ती कितीही मिळाली तरी गरजेच्या मानाने अपुरीच ठरते. आपत्तीतून लोकांचा बचाव करण्यासाठी व त्यानंतर त्यांचे पुनर्वसन करण्यासाठी विविध प्रकारची साधनसामग्री लागते. कोणकोणत्या प्रकारची किती साधन–सामग्री हवी व ती तत्काळ कोठून मिळवता येईल याविषयीची अद्ययावत माहिती नियंत्रण कक्षाजवळ असावी लागते. महापुराच्या परिस्थितीत नायलॉनच्या व लोखंडी तारांच्या दोऱ्या, वेगवान यंत्रचलित बोटी, होड्या, जीवरक्षक जाकिटे, अन्नाची पुडकी, पिण्याच्या पाण्याने भरलेल्या बाटल्या, दूध, शिधासामग्री, वास्तव्यासाठी जागा, तंबू, औषधे अशा कैक प्रकारची साधन–सामग्री आवश्यक असते. भूकंपानंतर ट्रकसारखी वाहने, बुलडोझर्स, खोदाई यंत्रे यांपासून ते कुदळी, खोदी, घमेली, दोऱ्या, बॅटऱ्या यांसारख्या सामग्रीचा चांगला उपयोग होतो. प्रत्येक जिल्ह्याच्या नियंत्रण कक्षात ही सर्व साधने हवीतच. नसल्यास ती इतर ठिकाणांहून तत्काळ मागविता आली पाहिजेत. येथून पुढे प्रत्येक जिल्ह्यातील प्रत्येक तालुक्यात वेगवेगळ्या प्रकारच्या आपत्तीच्या प्रसंगात उपयोगी पडणारी

वेगवेगळ्या प्रकारची साधनसामग्री पुरेशा प्रमाणात साठवायला हवी. तिचा वापर केव्हा करावा लागेल हे सांगता येत नाही; अशी साधनसामग्री निर्माण करणारे कारखाने, ती पुरवणारे व्यापारी यांचे पत्ते व फोन नंबर नियंत्रण कक्षाजवळ कायम असायला हवेत. भारतासारख्या देशात आपत्ती निवारणाच्या साधनसामग्रीत करावी लागणारी प्रचंड गुंतवणूक परवडणारी नाही. निदान आवश्यकतेनुसार संपर्क साधून ती इतरांकडून मिळवता येईल हे पाहायला हवे. महाराष्ट्रात २००५च्या जुलै महिन्यात आलेल्या पुरानंतर लेप्टो-स्पायरोसिसची मोठ्या प्रमाणात साथ आली. त्यावेळी उपचारासाठी आवश्यक असणाऱ्या डॉक्सिसायक्लीन या गोळ्याच पुरेशा प्रमाणात उपलब्ध झाल्या नाहीत. त्यासाठी सरकारला युनिसेफची मदत घेऊन अन्य देशातून त्या आणाव्या लागल्या. रायगड जिल्ह्यात दरडी कोसळल्यानंतर रस्ते रिकामे करण्यासाठी बुलडोझर्स, जेसीबी यंत्रेही मिळायला ६ दिवस लागले; अशी अकार्यक्षम यंत्रणा व साधनसामग्रीची कमतरता आपत्ती व्यवस्थापनात कुचकामी ठरू शकते.

२.६ संकटकालीन व्यवस्थापनाची अवस्था

२.६.१ सर्वसामान्य जनतेमधील संकट विषयक जागरूकता व त्यापैकी किमान ३ % लोकांचा आपत्ती निवारण कार्यातील स्वयंसेवक म्हणून सहभाग हवा.

२.६.२ पुरेशा साधनसामग्रीच्या शीघ्र उभारणीची क्षमता. २४ तासांच्या आत यापैकी बहुतेक साधनसामग्री पोहोचली तरच आपत्ती निवारण जलदगतीने होते. उर्वरित साधनसामग्री पुढील तीन दिवसांत पोहोचायला हवी. याचे अपेक्षित प्रतिसादाच्या संदर्भात १०% इतके मूल्यांकन आपण गृहीत धरू.

२.६.३ प्रशासनाची शीघ्रगतीने अगदी तळाच्या पातळीपर्यंत आपत्ती निवारणाचे कार्यक्रम राबवण्याची असलेली क्षमता, मूल्यांकन ५ % गृहीत धरू.

२.६.४ उत्तम प्रतीचे रस्ते व बांधकामांची निर्मिती (खेड्यांपेक्षा शहरात ही गोष्ट अधिक महत्त्वाची असते.) मूल्यांकन २५% गृहीत धरू.

२.६.५ लोकांतून स्वयंसेवकांचे गट मदत कार्यासाठी निर्माण होणे, मूल्यांकन २% गृहीत धरू.

२.६.६ रस्ते रेल्वे वाहतुकीची सुरक्षितता ३०% गृहीत धरू.

२.६.७ धार्मिक क्षेत्रे, उत्सवातील सहभागी व्यक्तींची सुरक्षितता २% गृहीत धरू.

(या संदर्भातील यंत्रणा कुचकामी ठरल्याने नाशिकमधील कुंभमेळा, वाईजवळील मांढरदेवीची जत्रा या प्रसंगी शेकडो लोकांना प्राणास मुकावे लागले.)

२.६.८ आपत्तीपूर्वी १००% लोकांना सावधानतेचे इशारे देणे. १०% क्षमता गृहीत धरू.

२.७ पूर्वतयारी अपुरी असली तर आपत्ती उद्भवताच काही मिनिटांतच हजारो लोक मृत्युमुखी पडतात व बांधकामांचा प्रचंड विध्वंस होतो. परंतु, पूर्वतयारी चांगली करून मृत्यूचे व विध्वंसाचे प्रमाण खूपच घटवता येते. ही गोष्ट पुढील आकृतीत दर्शवले आहे.

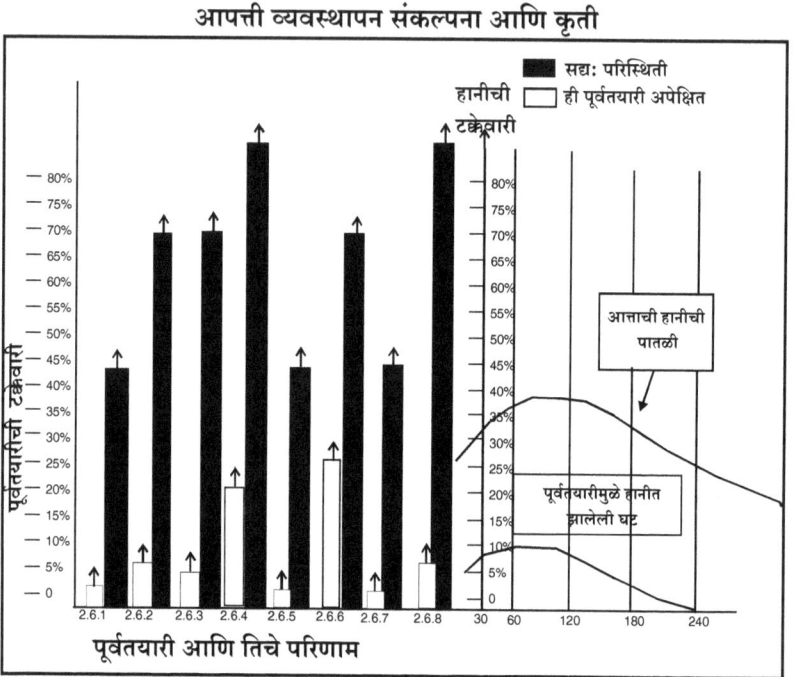

आपत्ती व्यवस्थापन संकल्पना आणि कृती

२.८ आपत्तींचा प्रतिकार

लोकांना संकट उद्भवण्याआधी पूर्वसूचना देताना नैसर्गिक परिस्थिती व हवामानात सातत्याने होणारे बदल यांच्या वारंवार नोंदी केल्या जाव्यात. पूर्वी तयार केलेली आपत्ती निवारणाची योजना नेमकी कधी सुरू करायची तेही निश्चित झाले पाहिजे. राज्याच्या पातळीवर याबाबत निर्णय झाल्यास त्याबाबत खालच्या पातळीवर शीघ्रगतीने माहिती पाठवावी लागते. त्यापेक्षा राज्य सरकारशी सल्ला–मसलत करून हा निर्णय जिल्ह्याच्या पातळीवरच घेणे अधिक श्रेयस्कर ठरते. एकदा निर्णय झाला की, त्याची कार्यवाही याप्रमाणे होणे गरजेचे आहे.

२.८.१ संपर्क माध्यमांद्वारे खेडी व वाड्यावस्त्यांतील सर्व लोकांना तत्काळ सावधगिरीचे इशारे देणे. शासन व अन्य यंत्रणा हे कार्य करतात, करू शकतात.

२.८.२ अन्य यंत्रणा, संस्था, उद्योग यांच्याशी समन्वय असला तर त्यांच्याशी तत्काळ संपर्क साधून बैठक घेतली जाणे व त्यात आपत्तीपूर्व-दरम्यान-पश्चात कार्यक्रमांची योजना बनवली जाणे.

२.८.३ जिल्हा पातळीवरील नियंत्रण कक्ष १२ महिने २४ तास कार्यान्वित असणे आवश्यक आहे. त्या मार्फत तालुका पातळीवरील केंद्राशी तत्काळ संपर्क साधला जावा. आपत्ती ओढवलेल्या भागातच परंतु सुरक्षित ठिकाणी आपत्ती निवारक कक्ष स्थापन करायला हवा. असेच नियंत्रण कक्ष राज्य व विभागीय पातळीवर कार्यान्वित करणे गरजेचे आहे.

२.८.४ त्या कक्षात विविध प्रकारची आवश्यक ती साधनसामग्री कमीत कमी वेळात पोहोचवली जावी.

२.८.५ मदत कार्य करणारे स्वयंसेवी संस्थांतील कार्यकर्ते, सैन्यदल, अर्ध सैन्य दलातील जवान व अधिकारी, सरकारी कर्मचारी, यांना अल्पावधीतच आपत्तीच्या ठिकाणी पाठवले जाणे गरजेचे आहे. तेथे तत्काळ त्यांचे कार्यही सुरू होणे अपेक्षित आहे.

२.८.६ त्यांच्या खर्चासाठी पैशांची योग्य ती तरतूद करणे. अग्रिमांच्या स्वरूपात जबाबदार व्यक्तीजवळ पुरेशी रक्कम दिली जाणे. जिल्हाधिकाऱ्यांमार्फत ही व्यवस्था होणे रास्त असते.

२.८.७ आवश्यक वाटल्यास खासगी जागा व अन्य मालमत्ताही ताब्यात घेण्याचे अधिकार शासनाकडे असावेत.

२.८.८ ज्या ठिकाणी आपत्ती अपेक्षित आहे, त्या ठिकाणच्या संभाव्य आपद्ग्रस्तांना योग्य वेळी सुरक्षित ठिकाणी हलविण्याचे कार्य वेळेवर सुरू करणे गरजेचे ठरते. सुरक्षित ठिकाणे ही पूर्व नियोजित असावीत व शासनाच्या नियंत्रणाखाली अशासकीय संस्थांना अशा ठिकाणी शिबिरे स्थापन करण्यासंबंधी सूचना देणे आवश्यक आहे.

२.८.९ त्या भागात पाणीपुरवठा, दिवाबत्ती, अन्न वगैरे गोष्टींची पूर्तता त्वरित व्हावी. तसेच आजाऱ्यांवर औषधोपचार करणे, प्रतिबंधक लसी टोचणे हे ही तत्काळ व्हावे लागते. पथकांनी हे कार्य करावयास हवे. स्वयंसेवी डॉक्टरांच्या पथकांचे वाटप आणि नियंत्रण योग्य आहे व त्यांच्याकडे सर्व सामग्री आहे, याची दक्षता घेतली जावी. तसेच कुटुंबांनाही एकत्र राहण्याविषयी सूचना दिल्या जाव्यात.

२.८.१० शैक्षणिक संस्थांना सुट्टी देऊन विद्यार्थ्यांना तत्काळ त्यांच्या घरी पाठवले जावे. मात्र जर त्यासाठी पुरेसा अवधी नसेल तर मुलांना शाळेतच थांबण्याची

सूचना देण्यात यावी. त्यांच्यासाठी आवश्यक त्या सुविधा तेथेच पुरवल्या जाव्यात. त्यांच्या सुरक्षिततेची पूर्ण काळजी घेतली जावी.

२.८.११ लोकांना जेव्हा अन्यत्र हलवले जाते, तेव्हा त्यांच्या घरांतील चीजवस्तूंच्या रक्षणासाठी, चोर-दरोडेखोरांचा बंदोबस्त करण्यासाठी पुरेशी पोलिसांची कुमक त्या ठिकाणी तैनात केली जावी. इतरांना त्या भागात प्रवेश करायला मज्जाव केला जावा.

२.८.१२ अशा संक्रमण शिबिरांचा इतरांशी संपर्क ठेवणारी यंत्रणा कार्यान्वित केली जावी.

२.८.१३ पोलिसांच्या जोडीला, होमगार्ड्स, नागरी सुरक्षा दल यांनाही तत्काळ मदत कार्यासाठी सूचना दिल्या जाव्यात.

२.९ पायाभूत संरचना उभारण्याची गरज

वास्तविक कायमस्वरूपी पायाभूत मदत संरचना निर्माण करणे हे कार्य संकट येण्याआधीच करावे लागते. या संदर्भात तालुका पातळीवरील एक काल्पनिक उदाहरण आपण घेऊ. समजा ९०० चौरस कि.मी. क्षेत्रफळाचा एक तालुका आहे. त्यातील सर्व गावे, खेडी, वाड्या वस्त्यांत मिळून एकूण २ लाख इतकी लोकसंख्या आहे. तालुक्याच्या मुख्य ठिकाणी २०,००० लोक राहतात. या तालुक्याचा ५०% भूभाग महापुराच्या संकटात सापडणार असल्याची पूर्वसूचना मिळाली व प्रत्यक्ष पूर यायला ४८ तासांचा अवधी असेल, तर संभाव्य संकटाबाबत लोकांना सावधानतेचा इशारा देण्यासाठी किमान १२ तास लागतील. पुराचे संकट ४५० चौरस कि.मी. क्षेत्रफळातील किमान १ लाख लोकांवर ओढवणार, हे ध्यानात घेऊन त्यांना सुरक्षित जागी हालवण्यासाठी किमान १५०० बसच्या फेऱ्या कराव्या लागतील. लोकांना सुरक्षित जागी हालवण्यासाठी प्रत्येक बसला ४० ते ५० कि.मी.ची प्रत्येक फेरी करावी लागणार. सुरक्षित ठिकाण हे पूरग्रस्त भागापासून सुमारे २० ते २५ कि.मी.अंतरावर असल्याचे आपण गृहीत धरू. २ तासात एक फेरी या हिशेबाने दिवसभरात त्या बसच्या सुमारे १० फेऱ्या होणार म्हणजेच त्या १ लाख लोकांना संक्रमण शिबिरात आणण्यासाठी किमान १५० बसेस हव्यात. त्यायोगे २४ तासात हे लोक संक्रमण शिबिरात येऊ शकतील. १००० लोकांसाठी १ अशी किमान १०० संक्रमण शिबिरे निर्माण करावी लागतील. शाळा व महाविद्यालयांच्या इमारती, त्यासाठी पुरेशा नसतात. तसेच त्यांना तेथे जास्त काळ ठेवताही येणार नाही; म्हणून मोकळ्या पटांगणात जमिनीवर तंबू ठोकावे लागतील. एका तंबूत सुमारे १५ ते २० लोकांची

व्यवस्था करता आली तर एकूण ६००० तंबू लागतील. पुरेशी कार्यक्षमता असेल तरच हे काम संकट येण्याआधीच ४८ तासांच्या अवधीत पूर्ण होऊ शकेल. यासाठी पहिल्या २४ तासांत विलक्षण कामाचा झपाटा ठेवावाच लागेल. कार्यक्षम व कुशल श्रमिक व स्वयंसेवकच हे करू शकतात.

२.१० पायाभूत संरचनेची निर्मिती व स्वरूप

आधी उल्लेख केल्याप्रमाणे पूर्वतयारी जितकी उत्तम, संरचना जितकी उत्कृष्ट, तितके आपत्ती निवारण वेगाने होऊ शकते. त्यात जीवित व मालमत्तेची हानी कमी होते. या संरचनेमध्ये ग्रामीण विकासावर अधिक भर दिला जायला हवा. केंद्रीय पातळीवर काय किंवा राज्याच्या पातळीवर या पायाभूत संरचनेचा विचार एकत्रितपणे करायला हवा. खेडी मागासलेली राहिली तर देशाचा सर्वांगीण विकास कसा होणार? आजही बहुसंख्य जनता ही खेड्यातच राहते. चांगले रस्ते, पिण्याचे पाणी, स्वच्छता, आरोग्य, शिक्षण या पायाभूत गरजा पूर्ण झाल्याच पाहिजेत. ऊर्जा, संपर्क व्यवस्था, चांगले राहणीमान या गोष्टी ग्रामीण भागातील जनतेलाही मिळायला हव्यात. तेथील युवकांचा विकास घडवायला हवा. त्यांचे क्रीडाकौशल्य वाढवायला हवे. त्यांना रोजगार किंवा स्वयंरोजगार उपलब्ध करून द्यावयास हवा. ग्रामीण जनतेला शिक्षण घ्यायला हवे. परंतु जर नियोजनात एका विभागाचा दुसऱ्या विभागाशी समन्वयच नसेल तर हे कसे घडणार? खेड्यांची प्रगती झाली तरच आपत्तीच्या काळात सामना करण्याचे सामर्थ्य त्यातील रहिवाशांत निर्माण होईल. या मुद्द्यांच्या आधारे आपण ग्रामीण प्रगती व आपत्ती निवारण व्यवस्थापनाचा विचार करू. त्यासाठी खेड्यांचा समूह गट हा मूलभूत घटक घेऊ.

२.१०.१ विकासात्मक नियोजनाचा मूलभूत घटक

आपल्या विवेचनात ३० खेड्यांचा गट आपण गृहीत धरू. या गटातील खेड्यांची एकूण लोकसंख्या ५०,००० समजू. त्या गटात ३ प्राथमिक व १ माध्यमिक शाळा आहे असे गृहीत धरू. तसेच एक प्राथमिक आरोग्य केंद्रही आहे असे समजू. या गटातील खेड्यांची सर्वांगीण प्रगती करण्याचा सरकारचा हेतू असणारच. त्यासाठी संरचना निर्माण करायची गरजही असणारच. ही संरचना बनवण्यासाठी सरकारने त्या गटातूनच जाणाऱ्या एका डांबरी रस्त्यानजीकची ४००मीटर x ४०० मीटर आकारची जागा ताब्यात घ्यावी. त्याच्या एका कोपऱ्यात सरकारने ५० मीटर x १०मीटर क्षेत्रफळाच्या २ इमारती आकृतीत दर्शविल्याप्रमाणे बांधण्याचे ठरवावे. या इमारतीत

प्राथमिक आरोग्य केंद्र, छोटी हॉस्पिटल्स, समाज मंदिर, एन्.सी.सी., राष्ट्रीय सेवा योजना यांसारख्या युवकांना प्रशिक्षणासाठी उपयुक्त एक केंद्र, कृषी विकास व स्वयंरोजगार यांबाबत मार्गदर्शन करणारा कक्ष, सार्वजनिक वितरण व्यवस्थेसाठी रास्त भावाचे धान्य दुकान केंद्र, अग्निशमन दल केंद्र तसेच आपत्कालीन व्यवस्थापनाचे शिक्षण देण्यासाठी एक केंद्र व गटविकास अधिकाऱ्याचे कार्यालय वगैरे सोयीसुविधा निर्माण कराव्यात. जमिनीसाठी सुमारे १० लाख रुपये व बांधकामासाठी सुमारे १ कोटी रुपये याप्रमाणे सरकारला यांसाठी अदमासे खर्च करावा लागेल; तरी त्यातून एक आदर्श संरचना निर्माण होईल.

प्रत्येक गटात एक याप्रमाणे संरचना उभारण्यासाठी सरकारने खर्च केला पाहिजे व केलेला खर्च व बांधकाम यांचा पुरेपूर उपयोग करून घेतला पाहिजे. केंद्र व राज्यसरकारने या संरचनेच्या निर्मितीसाठी योग्य ती तरतूद केली पाहिजे.

२.१०.२ रोजगार क्षमता

ग्रामीण भागातील अनेक युवकांना रोजगार नसतो. 'प्रादेशिक सेने'च्या धर्तीवर या युवकांना वेतन देऊन त्यांचे मदत गट तयार करता येतील.

२.१०.२.१ अशिक्षितांचा विविध प्रकारच्या बांधकामांसाठी श्रमिक म्हणून वापर करता येईल.

खालील आकृत्यांमध्ये ती गोष्ट दर्शवली आहे.

४०० मीटर

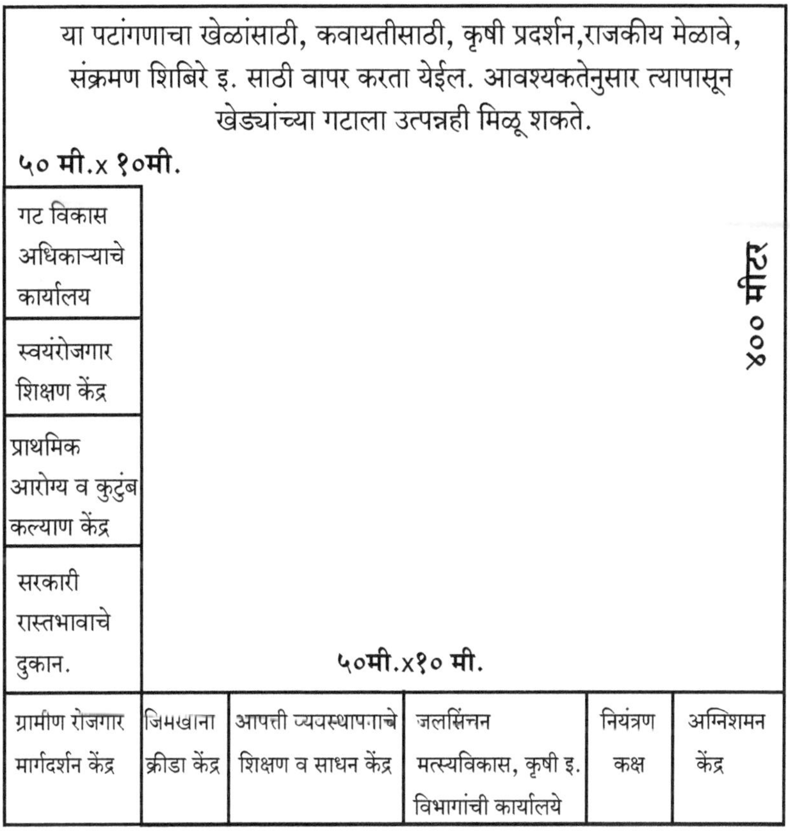

या पटांगणाचा खेळांसाठी, कवायतीसाठी, कृषी प्रदर्शन,राजकीय मेळावे, संक्रमण शिबिरे इ. साठी वापर करता येईल. आवश्यकतेनुसार त्यापासून खेड्यांच्या गटाला उत्पन्नही मिळू शकते.
५० मी.x १०मी.
गट विकास अधिकाऱ्याचे कार्यालय
स्वयंरोजगार शिक्षण केंद्र
प्राथमिक आरोग्य व कुटुंब कल्याण केंद्र
सरकारी रास्तभावाचे दुकान.
५०मी.x१० मी.
४०० मीटर
ग्रामीण रोजगार मार्गदर्शन केंद्र
जिमखाना क्रीडा केंद्र
आपत्ती व्यवस्थापनाचे शिक्षण व साधन केंद्र
जलसिंचन मत्स्यविकास, कृषी इ. विभागांची कार्यालये
नियंत्रण कक्ष
अग्निशमन केंद्र

२.१०.२.२ सुशिक्षित बेरोजगारांना प्रौढशिक्षण, कुटुंबकल्याण इ. योजनांत मार्गदर्शक/शिक्षक म्हणून मानधन देऊन काम देता येईल.

२.१०.२.३ या युवकांना आपत्ती व्यवस्थापनाचे वेळोवेळी शिक्षण देऊन त्यांचा स्वयंसेवक म्हणून उपयोग करता येईल.

२.१०.२.४ स्थलांतरित लोकांची मालमत्ता सुरक्षित ठेवण्याची जबाबदारी त्यांच्यावर सोपवता येईल.

२.१०.३ क्रीडाकौशल्य वाढवणे

या भव्य पटांगणात विविध प्रकारच्या खेळांसाठी सोयीसुविधा निर्माण करता येतील. बांधकाम केलेल्या भागातही व्यायामशाळा उभारता येईल. परिसरातील

शाळा, महाविद्यालय यांतील विद्यार्थ्यांची क्रीडा शिबिरे, स्पर्धा वगैरे या मैदानात होऊ शकतील. व्हॉलीबॉल, हॉकी, फुटबॉल, क्रिकेट इत्यादी खेळांसाठी या पटांगणांचा वापर करता येईल.

२.१०.४ सामाजिक विकासाचे उपक्रम

इमारतीतील काही जागेत सामाजिक मेळावे, प्रौढ शिक्षण, आरोग्यविषयक मार्गदर्शन, सांस्कृतिक कार्यक्रम वगैरे होऊ शकतील.

२.१०.५ या मैदानाचा आपत्ती व्यवस्थापनाच्या संदर्भात एन.सी.सी., राष्ट्रीय सेवा योजना इ.मधील विद्यार्थ्यांची मार्गदर्शन विषयक शिबिरे घेणे, आपद्ग्रस्तांसाठी संक्रमण शिबिरे उभारणे, वेळोवेळी सराव आणि रंगीत तालमी घेणे, यासाठी वापर करता येईल. त्या संदर्भात उद्भवणाऱ्या कायदेशीर अडचणी दूर होणे आवश्यक आहे. त्यासाठी राज्यसरकारने जिल्हाधिकाऱ्यांना पुरेसे अधिकार देऊन योग्य ती आर्थिक तरतूदही केली पाहिजे.

२.१०.६ अशा प्रकारची संरचना जर प्रत्येक गटात एक याप्रमाणे उभारली गेली तर आपत्ती निवारक व्यवस्थापनाचे कार्यक्रम प्रभावीपणाने राबवता येतील. सर्व संस्था/ विभाग एकाच परिसरात येतील व आपत्तीमध्ये सापडू शकणाऱ्या लोकांचे जलद स्थलांतर झाल्याने जीवित हानी कमी प्रमाणात होईल.

२.११ आपत्तीतून बाहेर पडणे व पुनर्वसन याविषयी

आपत्ती ओढवली की, काही काळ अंदाधुंदीची परिस्थिती निर्माण होते. त्यात सापडलेले लोक, शासनयंत्रणा, मदतीसाठी आलेले स्वयंसेवक, अन्य संघटनांचे सदस्य, अशासकीय स्वयंसेवी संस्था इ. त्या भागात गर्दी करतात. त्यात विविध बातम्या देणाऱ्या वाहिन्यांच्या टीमची भर पडते. यातून सर्वत्र गोंधळ माजतो. त्यामुळे पोलिसांच्या मदतीने प्रसंगी कठोर उपाय योजून व बंदोबस्त ठेवून परिस्थिती नियंत्रणाखाली आणली जाणे गरजेचे आहे. त्यासाठी स्थानिक पातळीवर आणीबाणी सदृश्य स्थिती जाहीर करून, तेथे होणारा बघ्यांचा मुक्त संचार रोखला जावा. त्यानंतर आपत्तीत सापडलेल्या लोकांचे लवकरात लवकर स्थलांतर केले जावे. आपद्ग्रस्तांना सुरक्षित ठिकाणी आणून तेथे त्यांची व कुटुंबातील व्यक्तींची रीतसर नोंदणी केली जावी. आपद्ग्रस्तांतही वाईट प्रवृत्तीचे लोक असतात. ते एकाच वेळी अनेक शिबिरात नोंदणी करून प्रत्येक ठिकाणची मदत लाटायचा, सरकारला लुबाडण्याचा प्रयत्न करतात; यावर कडक नियंत्रण ठेवता आले पाहिजे. स्थलांतरानंतर त्यांना तत्काळ अन्न, पाणी व निवाऱ्याची गरज असते. पुरेसे कपडे, चादरी व घोंगड्या द्याव्या

लागतात. आजारी लोकांवर उपचार करण्यासाठी फिरते वैद्यकीय पथक बनवणे अनिवार्य आहे. त्यांच्या जवळ आवश्यक ती औषधे असणे अत्यावश्यक आहे. तालुक्याचे तहसीलदार, गटविकास अधिकारी व त्यांचे सर्व कर्मचारी यांना या संदर्भात घड्याळाकडे न पाहता कार्य करणे अपरिहार्य आहे. प्रत्येक आपत्तीचे स्वरूप हे स्वतंत्र असते व त्यासंदर्भात करायची कार्ये ही वेगवेगळी असतात. उदा. भूकंपातून वाचलेली घरे थोडी फार डागडुजी करून मूळ मालकांना राहण्यासाठी परत दिली जावीत. मात्र, पडझड प्रचंड झाली तर गावे नव्यानेच वसवावी लागतात. पूर येऊन गेला की, विस्थापितांना मूळ ठिकाणी परत जायला कोणतीच अडचण येत नाही. फक्त त्यांना तेथे राहण्यायोग्य स्थिती बनवली की झाले. याचप्रमाणे प्रत्येक आपत्तीतून बाहेर पडण्यासाठी व पुनर्वसनासाठी करावयाच्या गोष्टी या वेगवेगळ्या परिस्थितीनुसार वेगवेगळ्या असतात, या वास्तवाचे भान ठेवूनच पावले उचलावी लागतात. अशासकीय संस्था / संघटनांच्या कार्याचा / सहभागाचा विचार यापुढे आपल्याला स्वतंत्रपणेच करायचा आहे.

२.१२ अशासकीय संस्थांची विश्वासार्हता व गुणवत्ता

भारतामध्ये पूर्वीपासूनच अशासकीय पातळीवर विविध प्रकारची कार्ये करणाऱ्या लक्षावधी सामाजिक, सांस्कृतिक व धार्मिक संस्था आहेत. त्या आपत्तीच्या प्रसंगी जशी मदत कार्ये करतात, तसेच सामान्य परिस्थितीतही अनेक कार्ये करतात. त्यांच्याजवळ पुरेसे आर्थिक बळ असते. निष्ठावान व कार्यतत्पर स्वयंसेवक असतात. मात्र नेहमीच्या परिस्थितीत त्यांची उद्दिष्टे व कार्ये वेगळी असतात तर आपत्तीच्या प्रसंगात नेहमीच्या कार्यांना पूरक असे या आपद्कार्यांचे स्वरूप असते; अशा नेहमीच्या संस्थांबरोबरच आपद्प्रसंगी कार्ये करणाऱ्या अशाच अनेक संस्था असतात. सेवाभावी, संकटप्रसंगी तत्काळ धावून येणाऱ्या व स्वच्छ आर्थिक व्यवहार ठेवणाऱ्या संस्थांबाबत लोकांत आदराची भावना असते. ते अशा संस्थांना साहाय्य करायला तयार असतात. मात्र, अशा चांगल्या संस्थांबरोबरच कावळ्यांच्या छत्र्यांप्रमाणे अनेक संस्था नव्याने निर्माण होतात. राष्ट्रीय व आंतरराष्ट्रीय पातळीवरून मदतीसाठी जो पैसा व अन्य सामग्री यांचा प्रचंड ओघ आलेला असतो, त्याचा गैरफायदा संस्थांमार्फत घेतला जाऊ नये. काही संस्था अनधिकृतपणेच व्यवहार करणाऱ्याही असतील. त्यांच्याबाबतीत मदतीचा दुरुपयोग होऊ नये, यासाठी सावधगिरी बाळगावी लागते. चांगल्या संस्थांची कार्यक्षमता व विश्वासार्हता या संदर्भात सरकारने मूल्यांकन करणे जरुरीचे असते. तसेच आपत्ती निवारणाचे कार्य करणाऱ्या यंत्रणांजवळ त्यांच्या

विषयीची सविस्तर माहितीही असावी लागते. त्याचा तपशील असा असावा.

२.१२.१ अशासकीय संस्थेचे नाव, रजिस्ट्रेशन नंबर, पत्ता, संस्थेच्या पदाधिकाऱ्यांची नावे, पत्ते व संपर्कासाठी फोन नंबर.

२.१२.२ संस्थेची उद्दिष्टे व ध्येये.

२.१२.३ आपत्तीपूर्व, दरम्यान व पश्चात कार्य करण्याची संस्थेची क्षमता विचारात घेऊन तसेच पूर्वी या प्रकारचे कार्य केलेले असल्यास त्याचाही विचार करून केलेले मूल्यांकन – हे मूल्यांकन खालील पद्धतीनुसार केले जावे.

२.१२.३.१ वर्गीकरण

संस्थेची उपयुक्तता विचारात घेऊन याप्रमाणे वर्गवारी करावी.

२.१२.३.१.१ स्थूल विभाग – आपत्तीच्या टप्प्यांचा विचार करून अ) आपत्तीपूर्व कार्ये ब) आपत्ती दरम्यान कार्ये व क) आपत्तीपश्चात कार्ये असे तीन स्थूल विभाग करून प्रत्येक विभागातील कार्याच्या स्वरूपानुसार विस्तृत वर्गीकरण करावे. आपत्तीविषयक संशोधन व पाहणी करणाऱ्या संस्थांना $अ_१$, लोकांना मार्गदर्शन व शिक्षण देणाऱ्या संस्थांना $अ_२$ व ही दोन्ही प्रकारची कार्ये करणाऱ्या संस्थांना $अ_३$ याप्रमाणे वर्गवारी करावी. आपत्तीच्या दरम्यान संकटाचा प्रतिकार करण्यास उपयुक्त संस्थांसाठी $ब_१$ जनतेला मदत देणाऱ्या संस्थांना $ब_२$ व दोन्ही प्रकारची कार्ये करणाऱ्या संस्थांना $ब_३$ असा दर्जा द्यावा. आपत्ती नंतरच्या काळात हानीची पाहणी करणाऱ्या संस्थांसाठी $क_१$ पुनर्वसन कार्य करणाऱ्या संस्थांसाठी $क_२$ तर दोन्ही कार्ये करणाऱ्या संस्थांसाठी $क_३$ अशी वर्गवारी करावी.

२.१२.३.१.२ पूर्वानुभव

आपत्ती व्यवस्थापनात कार्याचा पूर्वीचा अनुभव असलेल्या संस्थांना 'क्ष' श्रेणीत तर प्रथमच या क्षेत्रात आलेल्या आधीचा कोणताही अनुभव नसलेल्या संस्थांना 'य' श्रेणीत समाविष्ट करावे.

२.१२.३.१.३ मनुष्यबळ व वित्तीय सामर्थ्य

या घटकांचा विचार करूनही वर्गीकरण करावे. ५०० पेक्षा अधिक स्वयंसेवक असलेल्या संस्थांसाठी 'म', २०० ते ५०० च्या दरम्यान स्वयंसेवक असल्यास 'न' व २०० पेक्षा कमी स्वयंसेवकांच्या संस्थांसाठी 'ओ' असे वर्ग करावेत. साधनसामग्रीच्या मूल्याचा विचार करून १ कोटी रुपयांपेक्षा कमी साधनसामग्रीचा विनियोग करणाऱ्यासाठी $फ_१$ १ कोटी ते ५ कोटी रुपयांच्या दरम्यान साधनसामग्रीचा विनियोग करणाऱ्यांसाठी $फ_२$ तर ५ कोटी रुपयांपेक्षा अधिक किमतीच्या साधनसामग्रीचा विनियोग करणाऱ्यांसाठी $फ_३$ याप्रमाणे संस्थांचे वर्गीकरण करावे. याचप्रमाणे

अभियांत्रिकी साधने व कौशल्यांचा अवलंब, वाहतूकक्षमता, पाणीपुरवठा, निवास-व्यवस्था, वैद्यकीय सेवा इ. निकष विचारात घेऊनही हे वर्गीकरण केले जावे.

२.१२.३.२ वरील निकषांनुसार वर्गीकरण करतानाच या संस्था कोणत्या ठिकाणी आहेत व आपत्ती ओढवलेल्या घटनास्थळी त्या किती काळात पोहोचू शकतील याचाही विचार व्हावा. आपत्ती ओढवलेल्या जिल्ह्यातील संस्थांसाठी पिवळा रंग, राज्यातील संस्थासाठी निळा रंग, देशातील संस्थांसाठी हिरवा रंग तर आंतरराष्ट्रीय संस्थांसाठी लाल रंग अशा विविध रंगांच्या शाईने त्यांचे तारांकन करावे. अर्थात प्रत्येक जिल्हा व राज्यामध्ये रंगात बदल होऊ शकेल.

२.१२.३.३ संस्थेच्या होणाऱ्या या मूल्यांकनाचे वेळोवेळी परीक्षण करून त्यात होणाऱ्या बदलांनुसार त्यांच्या मूल्यांकनाच्या श्रेणीतही बदल करावेत. आपत्तीच्या प्रसंगी जिल्ह्याधिकाऱ्याने प्रथम आपल्या जिल्ह्यातील संस्थांशी संपर्क साधून मदत कार्यात त्यांचा उपयोग करून घ्यावा. अधिक गरज लागल्यास राज्याशी संपर्क साधावा, म्हणजे नजीकच्या व इतर जिल्ह्यातल्या संस्थांना बोलावून घेणे शक्य होते. याच प्रकारे राज्यानेही केंद्राशी संपर्क साधून अन्य राज्यातल्या संस्थांचे सहकार्य घ्यावे. केंद्राच्या पातळीवरील आपत्ती व्यवस्थापन कक्षाला हा हिरवा तारा धारण करणाऱ्या संस्थांना गरजेनुसार कोणत्याही राज्यात पाठविणे शक्य असावे.

२.१२.४ कोणत्याही अशासकीय संस्थेला आपत्ती व्यवस्थापन कार्यात सहभागी करून घेताना खालील कार्यपद्धतींचा अवलंब करावा.

२.१२.४.१ संस्थेला सरकारने अधिकृत नियुक्तीपत्र द्यावे. त्यात करावयाची कामे आणि विभाग यांचा उल्लेख असावा. या पत्रातच कोणत्याही प्रकारचे कर, जकातमाफीचा उल्लेख असावा; म्हणजे आपद्ग्रस्त भागात साधनसामग्री पाठवणे विनाअडथळा शक्य होईल.

२.१२.४.२ संस्थेला नेमके कोणत्या ठिकाणी, कोणत्या प्रकारचे कार्य करावयाचे आहे, शासकीय यंत्रणेकडून कोणकोणत्या गोष्टी मिळू शकतील, कोणत्या अधिकाऱ्याशी संपर्क साधावयाचा, साधनसामग्री कोठे मिळेल, याबाबत स्पष्ट सूचना द्याव्यात.

२.१२.४.३ आपत्ती ओढवलेल्या भागांपैकी नेमक्या कोणत्या भागात काम करायचे आहे, तेथे कसे जाता येईल, त्या विषयीचे मार्गदर्शन व इतर माहिती गट प्रमुखाजवळ द्यावी.

२.१२.४.४ त्या परिसरात आपत्ती निवारण कार्यासाठी आलेल्या विविध गटांचा परस्परांशी योग्य प्रकारे समन्वय साधला जावा. त्यामुळे मदत, सामग्रीची वाहतूक, कामांची वाटणी यांचे चांगले नियोजन करता येईल. सर्व गटांत कामाबाबत

सहकार्य राहील. याविषयीची जबाबदारी शक्यतो शासनयंत्रणेतील अधिकाऱ्यानेच घ्यावी. त्यामुळे संपूर्ण कार्यात सुसूत्रता आणता येईल. त्याने आवश्यकतेनुसार या विविध गटांबरोबरच वैद्यकीय पथकाशीही संपर्क साधावा. तरच मदतीसाठी आलेल्यांच्या व आपद्‌ग्रस्तांच्या आरोग्याची काळजी घेता येईल.

२.१२.४.५ या सर्व अशासकीय संस्था आणि संघटनांनी केलेल्या मदत कार्याविषयी सविस्तर नोंदी ठेवून त्यांनी केलेल्या मदत कार्याचा वस्तुनिष्ठ अहवाल जिल्हाधिकाऱ्यांमार्फत राज्यशासनाकडे पाठवला जावा. तसेच शासकीय यंत्रणेचा त्यांना आलेला अनुभव, शासनयंत्रणेशी असलेला समन्वय, मिळालेले सहकार्य, याबाबत स्पष्ट व उपयुक्त सूचना या अशासकीय संघटनांकडून शासनाने मागवून घ्याव्यात. त्यायोगे संपूर्ण मदत यंत्रणेची कार्यक्षमता वाढेल.

२.१३ सविस्तर नोंदी व विश्वासार्हतेचे मूल्यांकन

आपत्कालीन व्यवस्थापनात हा घटक महत्त्वाचा आहे. जेव्हा एखाद्या ठिकाणी संकट ओढवते व त्याविषयी लोकांना समजते, त्यानंतर २४ तासांच्या आतच त्या भागात इतर ठिकाणांहून पैसा व अन्य प्रकारच्या मदतीचा ओघ सुरू होतो; अशा वेळी या साऱ्या रकमांची व साधनसामग्रीची व्यवस्थित लेखी नोंद ठेवून तिचा वापर कार्यक्षमरीत्या व्हावा, सर्व आपद्‌ग्रस्तांपर्यंत मदत पोहोचावी, प्रत्येकास आवश्यक तेवढेच उपलब्ध व्हावे, या साधनसामग्रीचा अपव्यय तसेच दुरुपयोग होऊ नये, यासाठी एक स्वतंत्र यंत्रणाच निर्माण करावी लागते. त्यामध्ये शासकीय अधिकाऱ्यां– बरोबरच स्वयंसेवी संस्थांचे प्रतिनिधी, केंद्र व राज्य सरकारने मदत कार्य योग्य प्रकारे होत असल्याची खातरजमा करून घेण्यासाठी पाठवलेले निरीक्षक यांचा समावेश होतो. या यंत्रणेमार्फत गोळा झालेली मदत व तिचा होत असलेला विनियोग यांच्या लेखी नोंदी ठेवाव्या. स्वयंसेवी संस्थांचे प्रतिनिधी व निरीक्षक हे मदतीच्या योग्य विनियोगावर लक्ष ठेवतात. असे झाले तरच सर्व आपद्‌ग्रस्तांपर्यंत मदत व्यवस्थित पोहोचते व शासनयंत्रणेची विश्वासार्हता वाढते. भारताच्या बाबतीत नेमकी हीच समस्या प्रत्येक आपत्तीच्या प्रसंगात निर्माण होते. प्रचंड मदत गोळा होते. परंतु, ही मदत सर्व आपद्‌ग्रस्तांना पूर्णपणे व वेळेवर पोहोचतेच असे नाही, असे आढळते. मदतीचे नियोजन व वाटप करण्यासाठी निस्वार्थी, चारित्र्यवान कार्यकर्ते, नेते व कर्मचारी यांची स्वतंत्र यंत्रणाच निर्माण व्हायला हवी. ही यंत्रणा कायमस्वरूपी हवी, तरच मदतीचे वेळेवर व योग्य प्रकारे वाटप करता येईल.

२.१४ आपत्ती पश्चात टप्पा

होऊन गेलेल्या आपत्तीच्या कारणांचा शोध घेण्यासाठी व त्यासंदर्भात योग्य ते मार्ग सुचवण्यासाठी शासनाच्या सर्वच विभागांनी एकत्रितपणे या आपत्तीची पाहणी

करण्यासाठी एक स्वतंत्र समिती नियुक्त करावी. तिची कार्यकक्षा, कार्यपद्धती याविषयी आधीच सर्व गोष्टी निश्चित कराव्यात. समितीला अहवाल देण्यासाठी कालमर्यादा ठरवून द्यावी व अहवाल आल्यानंतर त्यासंदर्भात समितीच्या सूचनांची, शिफारशींची अंमलबजावणी सरकारने कशाप्रकारे केली याचा एक 'कृती अहवाल'ही बनवावा. सरकारचे प्रयत्न योग्य दिशेने झालेले आहेत व त्याचे परिणामही होत आहेत हे ध्यानात आल्यानंतर जनतेचे नीतिधैर्य उंचावते. पुढील संकटाचा सामना करण्यासाठी तिची सरकारला साथ मिळते.

२.१५ सामान्य प्रतिक्रिया

कोणत्याही आपत्ती निवारणाच्या कार्याचे यश हे आपत्तीची संभाव्यता ध्यानात घेऊन त्यासंदर्भात झालेल्या पूर्वतयारीवरच अवलंबून असते. उत्तम नियोजन, विविध संस्था, संघटना व व्यक्तींचा त्यामधील सहभाग हाही महत्त्वाचा असतो. तसेच या आपत्ती निवारणाची जबाबदारी ज्याच्यावर सोपवलेली आहे तो अधिकारी, त्याचे सहकारी व अन्य सहभागी व्यक्ती यांच्यात परस्पर सहकार्य व समन्वय असावा लागतो. 'ग्राउंड झिरो केंद्रावर' (Ground Zero) नेतृत्व करणारा अधिकारी असतो, तो योग्य निर्णय घेतो. त्यांची इतरांमार्फत तत्काळ अंमलबजावणी करतो. इतरांच्या भूमिका ठरवून देऊन त्यांना त्याप्रमाणे कामाच्या जबाबदाऱ्या सोपवतो. आपत्तीतून बाहेर पडण्यासाठी योग्य ते डावपेच आखून त्यांची अंमलबजावणी करतो. मात्र, या प्रसंगात राजकीय पुढारी, विशेषत: राजकीय पक्ष अडथळे निर्माण करतात असे चित्र काही वेळेला दिसते. विविध न्यूज़ चॅनेलचे बातमीदार व त्यांचे सहकारी या घटनांचे भडक चित्रण करून सनसनाटी निर्माण करण्याचा प्रयत्न करतात. याचा सरकारवर व जनतेवर अनिष्ट प्रभाव पडतो. विनाकारण गोंधळ माजतो. आमदार हे आपल्याच मतदार संघात गरज असो किंवा नसो जास्त मदत वाटली जाईल हे पाहतात. दूरदर्शनच्या कॅमेऱ्यासमोर येण्याची हौस सर्वांनाच असते. ते या संधीचा फायदा घेऊन मदत कार्यावर टीका करतात. त्सुनामीच्या आपत्तीनंतर हे घडले, तसेच रायगड जिल्ह्यातल्या महापुराच्या संकटातही घडले. या अनिष्ट गोष्टी आपत्ती निवारणाच्या कार्यात अडचणी आणणार नाहीत, याची जबाबदारी जिल्हाधिकाऱ्यांनी घ्यायला हवी. राजकारण आणि भडक प्रसिद्धी यापासून आपत्ती निवारणाचे कार्य हे लांबच ठेवले पाहिजे.

महत्त्वाचे – या प्रकरणात दर्शवलेले मूल्यांकन हे प्रत्यक्षात नसून केवळ विचारांना चालना देण्यासाठी केलेले आहे. त्याचप्रमाणे संघटनांची निर्मिती, त्यांच्या रचनेबाबत मांडलेल्या आकृत्या या लेखकाचे मत दर्शविण्यासाठी मांडलेल्या आहेत. यांतून काही निष्पन्न झाले तर फायदाच होईल.

□

३
आपत्तीचे स्वरूप, त्यातील हानी आणि धोका यांच्या तीव्रतेचे विश्लेषण

'ज्याला स्वत:बद्दल व शत्रूबद्दल संपूर्ण माहिती असते, त्याला शेकडो लढायांच्या परिणामांबद्दल भीतीचे कारण नसते!' – सुनत्झू

३.१ प्रास्ताविक

आधीच्या प्रकरणात आपण आपत्ती, त्यातील धोका आणि हानी याविषयी स्थूलमानाने माहिती घेतली. त्या विषयीच्या सर्व संकल्पना स्पष्ट करून घेतल्या. आता या प्रकरणात आपल्याला त्यांच्या तीव्रतेविषयी सविस्तर विश्लेषण करून त्यानुसार मूल्यांकन करायचे आहे. हे मूल्यांकन नमुन्यादाखल घेतले आहे. त्या संदर्भात इतर पद्धतीही मूल्यांकनासाठी निर्माण करता येतील. आकडेवारीवर, पुराव्यांवर आधारलेली निश्चित स्वरूपाची पद्धत विश्लेषणासाठी वापरणे हे यामध्ये महत्त्वाचे आहे.

३.२ धोक्याची व्याख्या

आपत्ती निवारणाच्या क्षेत्रातील निष्णात लोकांनी 'धोका' या शब्दाच्या बऱ्याच व्याख्या नमूद केल्या आहेत. पण सामान्यजनांना समजण्यासाठी आपत्तीच्या एका स्थितीच्या अनुषंगाने व्याख्या करणे उचित राहील. आपत्ती ही एक अचानक उद्भवणारी आणि प्रचंड हानी करणारी घटना आहे असे आपण म्हटले, तर, 'धोका'म्हणजे 'अशी स्थिती की ज्यामुळे सामान्य स्थितीमध्ये परिवर्तन घडते.' अशी स्थिती उद्भवण्याची शक्यता की, ज्यामुळे वारंवार ही स्थिती उद्भवू शकते व त्याची तीव्रता किती असेल याचे मूल्यांकन करणे गरजेचे भासते. जेव्हा सामान्य स्थितीपासून परिवर्तन घडविणारी परिस्थिती एका मापनाच्या पलीकडे जाते, जसे की ज्या परिवर्तनाला तोंड देणे कठीण असते, तेव्हा आपण त्याला धोका म्हणू शकतो आणि असा धोका अचानक आणि तीव्रतेने उद्भवतो, तेव्हा आपण त्याला 'आपत्ती' म्हणू शकतो. उदाहरणार्थ, जेव्हा बराच पाऊस पडतो, तेव्हा आपल्याला थोडा त्रास होतो

आणि सामान्य जीवन काही प्रमाणात विस्कळीत होते. रस्त्यावर गाड्या बंद पडतात, चिखलामुळे चालणे कठीण होते, इत्यादी. सामान्यजनता त्याला तोंड देते; पण, अशा पावसाने जर इमारती कोसळल्या, पाण्याची पातळी वाढून घरादारांत पाणी शिरले आणि पुराची स्थिती निर्माण झाली, तर आपत्तीची स्थिती निर्माण होते. म्हणजेच, किती पाऊस किती वेळांत पडला तर आपत्ती ओढवेल याचे मूल्यमापन करणे म्हणजेच धोक्याचे मूल्यमापन करणे.

३.३ हानीच्या अनुषंगाने आपत्तीचे विश्लेषण करण्याची आवश्यकता

कोणत्याही आपत्तीचा विचार करताना ती केव्हा व कोठे निर्माण होईल? वारंवार उद्‌भवण्याची शक्यता आहे का व त्यायोगे किती प्रमाणात हानी होईल? किती लोकांचा बळी जाईल? या साऱ्यांचा अभ्यास करून अंदाज घेणे आवश्यक असते. संभाव्यता, सातत्य व तीव्रता यांचे आपत्तीच्या संदर्भात विश्लेषण करून त्यानुसार योग्य ते मूल्यांकन करावे लागते. आपत्ती व्यवस्थापनाचे यश हे १. किती वेगाने व बिनचूक निर्णय घेतले जातात? २. पुरेशी साधनसामग्री उभारता येते का ? ३. ती योग्य प्रमाणात योग्य ठिकाणी पाठवता येते का ? या तीन प्रश्नांच्या उत्तरांवर अवलंबून असते. सुयोग्य मूल्यमापन आणि आपत्तीला सामोरे जाण्यासाठी केलेली पूर्वतयारी यामुळेच यश मिळते. आपण याचे विश्लेषण व मूल्यांकन हे एका काल्पनिक उदाहरणाद्वारे समजावून घेऊ. त्यासाठी आपण दोन शहरे विचारात घेऊ. त्या विषयीची माहिती खालील कोष्टकात दर्शवली आहे.

वैशिष्ट्य	'अ' शहर	'ब' शहर
ठिकाण/ स्थान	पश्चिम किनारपट्टीवर समुद्राखालील कमकुवत भूपृष्ठ असलेल्या केंद्रापासून २०० सागरी मैल अंतरावर आहे. शहराचा उत्तर–दक्षिण असा विस्तार आहे. ४०कि.मी. लांब व २०कि.मी रुंद असे ८०० चौरस कि.मी. क्षेत्रफळ आहे.	पश्चिमी डोंगर रांगांच्या पूर्वेकडील पठारी प्रदेशात समुद्रकिनारा व 'अ' शहर यांच्यापासून २०० कि.मी. अंतरावर पूर्वेच्या बाजूला आहे. सामान्यत: २०कि.मी. लांब व २० कि.मी. रुद असे ४०० चौरस कि.मी. क्षेत्रफळ आहे.
लोकसंख्या	सुमारे १ कोटी घनता १०,००० प्रति चौरस कि.मी.	सुमारे २० लाख घनता ५००० प्रति चौरस कि.मी.
औद्योगिक प्रगती	अत्यंत प्रगत असे औद्योगिक शहर. आंतरराष्ट्रीय बंदर, विमानतळ,नजीकच अणुशक्ती केंद्र, रासायनिक खते, रबर, रसायने, औषधे, अभियांत्रिकी, कापड वगैरे उद्योग मोठ्या प्रमाणात. वित्तीय संस्था, माहिती व तंत्रज्ञान यांचा मोठा विस्तार.	औद्योगिकीकरणाकडे वाटचाल. शहराच्या बाहेर कारखानदारी. मुख्यत:वाहन उद्योगासाठी लागणारे सुटे भाग बनवणारे छोटे व मध्यम उद्योग, सेवाक्षेत्राचाही चांगला विस्तार.
इमारती / बांधकामे	३०% इमारती उत्तुंग, अत्याधुनिक तंत्रज्ञानाद्वारे बांधलेल्या ४०% इमारती, आणि ५० वर्षांपेक्षाही जुन्या– मोडकळीला आलेल्या ३०% झोपडपट्ट्या	३०% इमारती शहराच्या मध्यवर्ती भागात. जुन्या व कोणत्याही आधुनिक सोयी सुविधा नसलेल्या ३०% एक मजली जुने बंगले ३०% नव्याने बांधलेल्या अनेक मजली इमारती. १०% झोपडपट्टी.
भौगोलिक माहिती	शहरातून कोणतीही नदी वाहत नाही. उत्तर व दक्षिण दिशांना जाणारे तीन	शहराच्या मध्यभागातून दोन नद्या वाहतात. दोन्हीवर सुमारे

	मुख्य रेल्वेमार्ग. तसेच लोकल रेल्वे- वाहतुकीचे प्रचंड प्रमाण.	२०कि.मी. अंतरावर शहराच्या पश्चिमेकडे दोन धरणे बांधलेली आहेत. शहरातून पूर्व व पश्चिमेकडे जाणारा रेल्वेमार्ग आहे. अ च्या तुलनेत वाहतुकीचे मर्यादित प्रमाण.
अन्य माहिती	अतिशय निकृष्ट प्रकारची सांडपाणी निचरा व्यवस्था. सर्व सांडपाणी समुद्रात जाते. बेसुमार नागरीकरण- बांधकामे व झोपडपट्ट्यांमुळे सांड- पाण्याच्या निचऱ्याच्या मार्गात अनेक अडथळे निर्माण होतात.	सांडपाणी नद्यांतच सोडले जाते. परिसर प्रदूषित होतो. धरणात पाणी अडवल्यामुळे पावसाळ्याखेरीज इतर काळात पात्रात फक्त सांडपाणीच असते. शहराच्या पूर्वेस सुमारे २०० कि.मी. अंतरावर भूस्तरांच्या दरम्यान आग्नेयेकडून ईशान्येकडे लांबवर जाणारी अशी एक भेग आहे. तेथे भूकंपाची शक्यता जास्त आहे.

या काल्पनिक माहितीच्या आधारे आपत्तीच्या तीव्रतेबाबत खालीलप्रमाणे निष्कर्ष काढता येतील. त्यासाठी आपण प्रत्येक आपत्तीचा स्वतंत्रपणे विचार करू. (पुढील पानावर)

आपत्ती	'अ' शहरातील परिणाम	'ब' शहरावरील परिणाम
भूकंप	भूकंपाचे तीव्र धक्के बसण्याची संभाव्यता जास्त. त्यांची तीव्रताही ८ किंवा त्याहून अधिक रिश्टर स्केल इतकी असेल. अर्थात, समुद्राखालील भूपृष्ठात छोटे-मोठे धक्के बसले तर पृष्ठभागावर उसळलेल्या लाटांनी फारसे नुकसान होणार नाही. परंतु, जर त्सुनामी लाटा निर्माण झाल्या तर जेमतेम ३० मिनिटे आधी त्याचा अंदाज येईल. या लाटांमुळे किनाऱ्या पासून १ कि.मी. आतपर्यंत पाणी प्रचंड वेगाने घुसेल व सुमारे २ लाख लोकांना त्याची झळ पोहोचेल. धोक्याची व हानीची तीव्रता खूपच वरच्या पातळीला राहील.	भूकंप होण्याची शक्यता खूपच कमी. झालाच तर त्याचा ६ ते ७ रिश्टर स्केल इतका धक्का बसेल. भूकंपाचे केंद्र हे किनार-पट्टीवर शहरापासून २००कि.मी. अंतरावर असल्याने हानीही विशेष होणार नाही. फक्त अगदीच जीर्ण झालेल्या मोडक्या इमारती ढासळतील. धोक्याची व हानीची तीव्रता अगदी खालच्या पातळीला राहील.
महापूर	शहरातून कोणतीही नदी वाहात नसल्याने महापुराचे संकट ओढवणारच नाही. धोका व हानी ० पातळीला राहील.	पावसाळ्यात जोरदार पर्जन्य वृष्टीमुळे पूर येऊ शकेल. परंतु, वरच्या बाजूला असलेल्या दोन्ही धरणांत पाणी अडवले जाईल. अतिरिक्त पाणी सोडावे लागले तर त्याची ४८ तासापर्यंत आधी पूर्वसूचना देता येईल. या दरम्यान नदीकाठी राहणाऱ्या लोकांना सुरक्षित जागी हालवता येईल. जास्तीत जास्त २ ते ३ लाख लोकांना पुराची थोडीफार झळ पोहोचेल व सुमारे १०% ते १२% जुन्या इमारती, नदीकाठच्या झोपडपट्ट्या इ.चे पुरामुळे नुकसान होईल.

अतिवृष्टी- ४८ तासात १०० सें.मी किंवा त्यापेक्षा अधिक पाऊस पडणे.	सुमारे ३००० जुन्यापुराण्या इमारती ढासळतील. त्याची झळ २ लाख लोकांना पोहोचेल. भरतीच्या वेळी पावसाचे पाणी समुद्रात न गेल्याने रत्स्यांवर,घरांत,झोपडपट्ट्यात पाणी घुसून सुमारे ३ लाख लोकांचे नुकसान होईल.	पूर्वेकडील पठारी प्रदेशात पर्जन्यमान कमी असल्याने २० सें.मी पेक्षा जास्त पाऊस ४८ तासांत कोसळणारच नाही. त्यामुळे फारतर ५% जीर्ण इमारती कोसळतील, झोपडपट्ट्यांत पाणी जाऊन २०,००० च्या आसपास लोकसंख्येला अतिवृष्टीमुळे तात्पुरत्या स्वरूपात झळ पोचेल.

वरील निष्कर्षांबाबत आपण धोका व हानीविषयी स्थूल अंदाज करू शकतो. मात्र, त्यांच्या तीव्रतेविषयी बिनचूक अंदाज घेण्यासाठी आपल्याला त्या संदर्भातील आकडेवारी मिळाली तरच मूल्यांकन करता येईल. पूर्वी सॅफिर सिप्सन यांनी ज्याप्रकारे वादळ/झंझावाताच्या तीव्रतेचे मूल्यांकन केले होते त्याचप्रकारे संभाव्यता, सातत्य व तीव्रता या घटनांनुसार मूल्यांकन करायचे आहे. प्रत्येक जिल्ह्यातील अ, ब आणि क या श्रेणीतील शहरे आणि अन्य गावे याबाबत धोक्याची झळ कशी पोहोचेल त्याचे मूल्यमापन आपण करू.

३.३.१ नमुना मूल्यांकन (पुढील पानांवर)

संकटाचा प्रकार	तीव्रता Intensity (I)	संभाव्यता Probability	सातत्य Frequency	शेरा
भूकंप	$I_{४}$ – < > $I_{३}$ – I ७ ते ८ $I_{२}$–I ६ ते ७ $I_{१}$–I ५ ते ६	खूपच जास्त $P_{४}$ जास्त $P_{३}$ सर्वसाधारण $P_{२}$ कमी $P_{१}$ खूपच कमी $P_{०}$	३ महिन्यातून एकदा $F_{४}$ वर्षातून एकदा $F_{३}$ ३ वर्षांतून एकदा $F_{२}$ १० वर्षात एकदा $F_{१}$ शतकात एकदा $F_{०}$	शहर अ $P_{१}F_{०}$ $I_{४}$ शहर ब $P_{२}F_{१}$ $I_{३}$ या मूल्यांकनाच्या स्थितीत भूकंपाची तयारी करायला हवी.
त्सुनामी	$I_{४}$ पाण्या खालील भूकंप केंद्रापासून ५० किलोमीटरमधील परिसर. $I_{३}$ ५०कि.मी ते ३००कि.मी. च्या दरम्यानचा भूभाग. $I_{२}$ ३०० ते ८०० कि.मी. दरम्यानचा भूभाग. $I_{१}$८००ते १५०० कि.मी. $I_{१}$८००ते १५०० कि.मी.	खूपच जास्त. २०मीटरपेक्षा उंचलाटा $P_{४}$ जास्त १० ते २०मी. उंचीच्या लाटा. $P_{३}$ मध्यम ५ ते १०मी. उंचीच्या लाटा $P_{२}$ कमी ३ ते ५ मीटर कमी ३ ते ५ मीटर	भूकंपाप्रमाणेच $F_{४}$ते $F_{०}$ असे मूल्यांकन पाण्याखालील भूकंपाने लाटा उसळतात. अ शहरामध्ये$P_{३}$ $F_{०}$१३ यास्थितीत त्सुनामी $P_{१}$ च्या संदर्भात पूर्व	

	दरम्यानचा भूभाग. $I_{०}$. १५०० कि.मी. च्या बाहेर असलेला भूभाग.	उंचीचा लाटा. खूपच कमी३ मी. पेक्षा कमी उंचीच्या लाटा	तयारी करायला हवी.	
महापूर	$I_{४}$. जमा होणाऱ्या पाण्याचे प्रमाण निचरा होणाऱ्या पाण्याच्या ५ पट (५००%) किंवा त्याहून अधिक.	६ तासांपेक्षा कमी वेळ $P_{४}$ २४ तासांपेक्षा कमी वेळ $P_{३}$	वर्षातून २ वेळा $F_{४}$ वर्षातून एकदा $F_{३}$ ५ वर्षांतून एकदा $F_{२}$	जमा होणारे पाणी व निचरा होणारे पाणी यांच्या प्रमाणांनुसार पुराची तीव्रता ठरते. प्रत्येक शहराच्या संदर्भात त्याचे मूल्यांकन वेग-वेगळ्या पद्धतीने केले जाते.
	$I_{३}$ जमा होणाऱ्या पाण्याचे प्रमाण निचरा होणाऱ्या पाण्याच्या तिप्पट (३००%)	४८ तासांत $P_{२}$ ४८ तासांपेक्षा जास्त काळ $P_{१}$	१० वर्षांतून एकदा $F_{१}$ १० वर्षापेक्षा जास्त कालावधीतून एकदा $F_{०}$	
	$I_{२}$ जमा होणाऱ्या पाण्याचे प्रमाण निचरा होणाऱ्या पाण्याच्या दुप्पट २००%	पाण्याच्या प्रवाहास पूर्ण नियंत्रण $P_{०}$		
औद्योगिक अपघात	$I_{४}$ गावातील १०% पेक्षा अधिक लोकसंख्येला झळ	अत्यंत $P_{४}$ जास्त $P_{३}$ मध्यम $P_{२}$ कमी $P_{१}$	वर्षातून दोनदा $F_{४}$ किंवा जास्त वर्षांतून एकदा $F_{३}$	भडोचसारख्या रासायनिक कारखाने

	पाहोचण्यास.	खूपच कमी $P_०$	५ वर्षातून एकदा $F_२$ १० वर्षातून एकदा $F_१$ १० वर्षापेक्षा जास्त कालावधीतून एकदा $F_०$	असलेल्या शहरात अपघातांचे सातत्य जास्त असते, परंतु त्याची तीव्रता मात्र $I_१$ ते $I_२$ च्या दरम्यान असते मात्र भोपाळ शहरात कधीही पूर्वी झाली नव्हती अशी रासायनिक गळती झाली, तरीही अपघाताची तीव्रता मात्र $I_५$ पेक्षाजास्त होती. जमा होणारेपाणी व भौगोलिक स्थान, मार्गाचे जाळे, वाहतुकीचे प्रमाण,
महापूर रेल्वे / जहाज/ विमानांचे अपघात	जमा होणाऱ्या पाण्याचे हे अपघात मुख्यत: मानवी किंवा यंत्रणेतील चुकांमुळे होतात त्यांचे प्रमाण तुलनेने			

	कमी असते. मात्र हे घडू नयेत यासाठी प्रत्येक विभागाच्या पातळीवर मूल्यांकन करून अपघात टाळण्याच्या पद्धतीची कार्यक्षमता सतत आजमावली गेली पाहिजे.			अपघात टाळण्यासाठी असलेल्या सुविधा. इतर आपत्तीच्या प्रसंगी मार्गांचे झालेले नुकसान, दुरुस्तीसाठी लागणारा कालावधी वगैरे घटकांचा विचार या संदर्भात होतो. तांत्रिक दोष दूर करणे व कर्मचाऱ्यांच्या चुका टाळल्या जातील हे पाहणे एवढेच अपघात न घडण्या-साठी करता येते.
धार्मिक उत्सव/	याप्रसंगी होणाऱ्या दुर्घटना या गर्दी सामावून	लोकांची संख्या १लाखां-पेक्षा जास्त $P_{४}$	वर्षातून दोनदा $F_{४}$ वर्षातून एकदा $F_{३}$	

जत्रा इ.	घेण्याची परिसराची क्षमता, गर्दीचा प्रवाह, गर्दीवर नियंत्रण ठेवण्याची शक्यता, सुरक्षितता यंत्रणा, आलेल्या लोकांचे प्रमाण, त्यांना योग्य सूचना देण्या-साठी असलेली ध्वनि-क्षेपण यंत्रणा वगैरे घटकांवर अवलंबून असतात. हे घटक जितके कमकुवत तितकी दुर्घटनेची शक्यता वाढते. तसेच गर्दी जास्त झाली, नियंत्रणापलीकडे गेली की दुर्घटना व्हायची शक्यता अधिक असते.	५०,००० ते १ लाख $P_३$ १०,००० ते ५०,००० $P_२$ २००० ते १०,००० $P_१$ २०००पेक्षा कमी $P_०$	५ वर्षांतून एकदा $F_२$ १० वर्षांतून एकदा $F_१$ १० वर्षांपेक्षा जास्त कालावधीत एकदा $F_०$	

हे कोष्टक फक्त स्थूलमानाने कल्पना येण्यासाठी तयार केलेले आहे. प्रत्यक्ष पाहणी करून काढलेले निष्कर्ष मूल्यांकनांच्या दृष्टीने अधिक उपयुक्त ठरतील. तसेच एकदाच नव्हे तर पुन्हा पुन्हा पाहणी करून या संदर्भात विश्लेषण करून निष्कर्ष काढणे महत्त्वाचे आहे.

३.३.२ या विश्लेषणाचा उपयोग

असे विश्लेषण हे विविध प्रकारच्या आपत्ती प्रसंगी योग्य निर्णय घेणे, साधनसामग्री व मनुष्यबळ याचे योग्य नियोजन करणे, संरचना निर्मिती, कायमस्वरूपी उपाययोजनांचा अवलंब अशा अनेक गोष्टींसाठी उपयुक्त ठरते. उदाहरण घ्यायचे झाले तर कोकण रेल्वेच्या मार्गावर अनेक भागात दरडी कोसळून वाहतूक काही दिवसांसाठी बंद पडते. प्रत्येक पावसाळ्यात ही स्थिती निर्माण होतेच. त्यामुळे या संकटाची पाहणी केली की, बांधणीचे कोणते तंत्र वापरायचे, मार्गांची तपासणी किती सातत्याने करावी, कोणत्या भागात अतिरिक्त लोहमार्ग सुरक्षित ठिकाणी बांधावा वगैरे गोष्टी ठरविण्यासाठी आपत्तीच्या तीव्रतेचे व संभाव्यतेचे विश्लेषण उपयोगी पडते. याचप्रमाणे हिमालयातील कुलू ते लेह या मार्गावरील घाटातही अशा विश्लेषणाचा उपयोग करून घेता येईल.

३.४ आपत्तीमधील कमजोर दुवे व त्यामुळे झालेल्या हानीचे विश्लेषण

कमजोर दुव्यांची संकल्पना

कोणत्याही आपत्तीच्या दुष्परिणामांचे विश्लेषण करताना त्यासाठी कारण झालेले घटक, कमजोर दुवे यांचे विश्लेषण करणे हा पुढील टप्पा असतो. सामर्थ्याच्या नेमकी विरुद्ध स्थिती कमजोर दुव्यांची असते. गणिती समीकरणे किंवा आकडेशास्त्राच्या मदतीने हे नेमक्या शब्दांत मांडणे जरी कठीण असले तरी सामर्थ्य आणि कमकुवतपणा हा सर्वसामान्य व्यक्तीच्याही ध्यानात येऊ शकतो. आपत्तीच्या तीव्रतेनुसारही सामर्थ्य व कमकुवतपणागुळे फरक होऊ शकतो. उदाहरणार्थ, ७ रिश्टर स्केल तीव्रतेचा भूकंप होऊनही १ कि.मी. परिसरातील इमारतींना काहीही तडा न जाता त्या सुरक्षित राहिल्या तर त्याबाबत सामर्थ्य १००% व कमकुवतपणा ०% असा निष्कर्ष काढता येईल. तथापि, त्याच भागात ९ रिश्टरस्केलचा भूकंप झाल्यावर त्याच इमारतींना अंशत: तडा जाऊन ३०% हानी झाली तर त्या स्थितीत सामर्थ्य ७०% व कमकुवतपणा ३०% असा निष्कर्ष मिळेल. म्हणजेच कमकुवतपणा हा संकटाच्या तीव्रतेनुसार बदलतो. आपत्तीची तीव्रता जितकी अधिक तितके सामर्थ्याचे प्रमाण घटते व कमकुवतपणाचे प्रमाण वाढते. एखाद्याकडे कोसळण्याच्या दुर्घटनेत ९०% लोक सुरक्षित राहून १०% लोकांना झळ पोहोचली तर कमकुवतपणाचे प्रमाण १०% मानता येईल.एकाच तीव्रतेच्या आपत्तीचे दोन वेगळ्या जागी वेगळे परिणाम दिसून येतात. एखाद्या बाँबच्या स्फोटाचे सुद्धा असे विशलेषण करता येते. सेनादले 'किल एरिया' व 'डेंजर झोन' (म्हणजे बाँबच्या स्फोटापासून काही भागात असलेली व्यक्ती मृत्युमुखी

पडण्याची शक्यता व त्या बाहेरील काही अंतरापर्यंत इजा पोहोचण्याची शक्यता) अशा भाषेत हानी पोहोचण्याची पद्धत दर्शवतात.

३.५ नमुन्यादाखल केलेले मूल्यांकन

आपत्ती व तिची तीव्रता	'अ' शहरातील कमकुवता	'ब' शहरातील कमकुवतपणा	शेरा
भूकंप तीव्रतेची पातळी I_4	कमकुवतपणा १०% समुद्रात लाटांमुळे धक्के सामावले जातील.	कमकुवतपणा २०% ५० वर्षांपेक्षा जुन्या इमारतींची पडझड अधिक होईल.	'अ' शहर किनार-पट्टीवर असल्याने भूकंपाचे धक्के लाटा झेलून घेतील व काहीच नुकसान होणार नाही.
तीव्रतेची पातळी I_2	कमकुवतपणा २%	कमकुवतपणा १०% पडझड झाल्याने	याउलट 'ब' शहरात जुन्या इमारतींची कमकुवतपणा 'अ'च्या तुलनेने जास्त असेल.
त्सुनामी तीव्रतेची पातळी I_3 मी.	किनाऱ्यापासून १कि.मी. आतल्या भागापर्यंत प्रचंड नुकसान कमकुवतपणा ६०%	०%	'ब' शहराला त्सुनामीची काहीही झळ पोहोचणार नाही.
तीव्रतेची पातळी I_2	तुलनेने कमी नुकसान कमकुवतपणा ४०%	०%	

पूर्वीचीच 'अ' व 'ब' ही शहरे उदाहरणादाखल घेऊन विविध आपत्तींच्या संदर्भात सामर्थ्य व कमकुवतपणा या घटकांचे मूल्यांकन केलेले आहे. अर्थात, पूर्णपणे काल्पनिक स्वरूपाचे आहे.

थोडक्यात, सामर्थ्याचे मूल्यांकन ० ते १ च्या दरम्यान केले, तर १ मधून ते वजा केल्यानंतर कमकुवतपणाचे मूल्यांकन मिळते. ०.७ इतके सामर्थ्य असेल तर १ - ०.७ = ०.३ याप्रमाणे कमकुवतपणाचे मूल्यांकन मिळते. मात्र, जेव्हा एकाच वेळी अनेक संकटे निर्माण होतात, त्यावेळी सामर्थ्याचे मूल्यांकन घटून कमकुवतपणाच्या मूल्यांकनात वाढ होते. समजा, एका संकटाच्या संदर्भात सामर्थ्य मूल्यांकन ०.६ तर

दुसऱ्या संकटामध्ये ते ०.५ इतके आहे. आता दोन्ही संकटे एकदम आली की, ते ०.६ ×०.५ = ०.३० इतके घटून कमकुवतपणाचे मूल्यांकन ०.७ इतके होते.

३.६ पाहणी व आकडेवारीचा वापर

त्या विश्लेषणासाठी वेगवेगळ्या प्रदेशांची, गावांची, शहरांची त्या दृष्टीने सविस्तर पाहणी करून आकडेवारीच्या आधारे सामर्थ्य व दुर्बलतेचे मापन करणे श्रेयस्कर ठरते. भूस्तरांचा व हवामानाचा केलेला अभ्यास त्याला पूरक ठरतो.

३.६.१ भूस्तररचनेची, भौगोलिक माहिती – जमिनीचा प्रकार, उंच–सखलता, जलप्रवाह व जलनिस्सारण, भूगर्भातील कमजोर स्तर, भूगर्भाखालील पाण्याची पातळी, शेती व जंगलाचे क्षेत्र वगैरेची माहिती व आकडेवारी नोंदवली जाते.

३.६.२ पर्जन्यमान, हवेतील आर्द्रता, तापमानातील बदल, वाऱ्यांची गती आणि दिशा, वादळाची संभाव्यता, कमी अधिक दाबांचे पट्टे या संदर्भातील माहिती महत्त्वाची असते.

३.६.३ विकासाविषयीची माहिती – याबाबतीत लोकसंख्या, त्यातील वाढ, लोकसंख्येची रचना, नागरीकरण, उद्योग व सेवा क्षेत्राचा विकास,वाहतूक, दळणवळण, प्रदूषणाची पातळी वगैरे घटकांबद्दलच्या नोंदी केल्या जातात.

या सर्व माहितीचा आपत्तीची तीव्रता, सामर्थ्य व कमकुवतपणा व धोका विषयक विश्लेषणामध्ये उपयोग करून घेतला जातो.

३.७. धोका विश्लेषणाचे मूर्त स्वरूप

धोक्याचे विश्लेषण हे जास्त मूर्त स्वरूपात करता येते. हे मूर्त स्वरूप धोक्यातून उद्भवणारे नुकसान – किती माणसे मरू शकतात, जखमींची संख्या किती असेल, कोणता भाग पाण्याखाली असेल, किती लोकसंख्या बेघर / निर्वासित होईल, किती इमारती कोसळू शकतील अशा पद्धतीने मांडावयाचे असते. कारण, अशा शास्त्रोक्त पद्धतीने केलेल्या विश्लेषणातूनच पुढील उपाययोजना ठरवायच्या असतात.

३.८ नुकसानीचे मूर्त स्वरूपातील विश्लेषण

आपत्तीचे स्वरूप व कमकुवतपणातून झालेली हानी यामुळे उद्भवलेल्या नुकसानीचे मूर्त रूपातील विश्लेषण करण्याची पद्धत

एकदा का हानीची जाणीव झाली की त्यायोगे विशिष्ट भागात उद्भवलेल्या विशिष्ट आपत्तीमुळे निर्माण झालेल्या धोक्याचे प्रमाण व तीव्रता याचे विश्लेषण करता

येते, हा धोका आकड्यांमध्ये मोजता येणार नाही. तथापि, उद्‌भवलेल्या परिस्थितीचे झालेले परिणाम व हानी याबाबत तर्कशुद्ध निष्कर्ष अवश्य काढता येतील. एक काल्पनिक स्थिती कोष्टकात दर्शवली आहे.

भूकंपाची तीव्रता	कमकुवतपणामुळे झालेली हानी	धोक्याबाबत निष्कर्ष
१३	२०%	'क्ष'इतक्या इमारती पूर्णपणे उद्‌ध्वस्त होतील 'य' इतक्या इमारतींची कमी अधिक – पडझड होईल. 'न' इतक्या प्रमाणात लोकांची प्राणहानी होईल. 'म' इतके लोक जखमी होतील. 'प' इतक्या लोकांची सुरक्षिततेसाठी इतरत्र हालवाहालव करावी लागेल.

धोका विश्लेषणाचा निर्णयांवरील परिणाम

याप्रमाणे धोक्याचे विश्लेषण करता आले तर शासन यंत्रणेला आपल्या कृतीविषयी योग्य ते निर्णय घेता येतील. ते या संदर्भात खालीलप्रमाणे राहतील.

३.८.१ कायदेशीर मार्गांनी कमकुवत इमारती पाडून टाकणे किंवा त्यांची योग्यप्रकारे दुरुस्ती करून त्यांचा टिकाऊपणा वाढवणे.

३.८.२ एका तासाच्या आत घटनास्थळी अग्निशमन वा इतर यंत्रणा व क्ष इतके मनुष्यबळ आपत्ती निवारणासाठी पाठवणे. आवश्यकतेनुसार परिसरातील इतर जिल्ह्यातून साधनसामग्री व मनुष्यबळ मागवणे.

३.८.३ सुरक्षित जागा तत्काळ ताब्यात घेऊन तेथे बेघर झालेल्या आपद्ग्रस्तांचे स्थलांतर करणे पर्यायी सोय होईपर्यंत ही व्यवस्था कायम ठेवणे.

३.८.४ विविध अशासकीय संघटनांना मदत शिबिरे सुरू करण्यासाठी बोलावून आवश्यक त्या सोयीसुविधा पुरवणे.

३.८.५ साधनसामग्री पुरवणाऱ्या संस्थांशी तत्काळ संपर्क साधून प्रत्येक मदत शिबिरात तत्काळ आवश्यक तेवढी साधनसामग्री पुरवणे.

३.८.६ आपत्ती निवारणासाठी उपलब्ध होणाऱ्या सोयीसुविधांचा पुरवठा वाढवणे, त्यांचा पूर्णपणे वापर होईल हे पाहाणे हे महत्त्वाचे असते. अनेकदा मदत

मोठ्या प्रमाणात गोळा होते पण ती सुरक्षित न ठेवल्याने साधनसामग्रीची नासाडी होते. पावसात भिजून धान्य व कपडे खराब होतात. त्या आधीच ते गरजूंपर्यंत पोहोचणे महत्त्वाचे असते. तसेच यंत्रसामग्री सुस्थितीत ठेवावी लागते. अन्यथा आपत्तीच्या वेळी ती दुरुस्त करण्यातच वेळ वाया जातो. चुकीच्या जागी ठेवलेली यंत्रे खराब होतात. रायगड जिल्ह्यातले एक उदाहरण आहे. हॉस्पिटल व बांधताना चुकीची जागा निवडल्याने २००५ मधील पुराच्या वेळी सर्व हॉस्पिटलच पाण्याखाली बुडाल्याने त्याचा वापरच करता आला नाही. उपकरणे, यंत्रे खराब झाली व हॉस्पिटलचे स्वत:चेच नुकसान झाले. गावाच्या थोड्या वरच्या बाजूला ते बांधले असते तर त्याचा चांगला उपयोग झाला असता. आलेल्या अनुभवातून योग्य तो बोध घेऊन त्यानुसार पावले उचलणे पुढील आपत्ती टाळण्याच्या संदर्भात उपयुक्त ठरते, सूज्ञपणाचे ठरते.

महत्त्वाचे– हे सर्व विश्लेषण निर्णयप्रक्रियेत महत्त्वाचे आहे. शासन–यंत्रणा, औद्योगिक संस्था किंवा अन्य संघटना अशा सर्वांनीच आपापल्या पातळीवर विविध प्रकारच्या आपत्ती, त्यातील संभाव्य हानी व धोक्यांची तीव्रता यांचे विश्लेषण करून आपत्ती निवारणासाठी स्वत:च्या स्वतंत्र योजना बनवणे आवश्यक असते; अशा वेगवेगळ्या योजनांचा एकत्रित विचार करून त्यांच्यात योग्य तो समन्वय साधून आपत्ती निवारणाची सर्वव्यापी व विस्तृत योजना बनवता येते.

३.९ एकत्रित येणाऱ्या आपत्तींच्यामुळे ओढवलेली परिस्थिती

आपण आतापर्यंत आपत्तींचा संभाव्य धोका, कमकुवतपणाचा व नुकसानीचे मूर्त स्वरूप या बद्दल चर्चा केली. पण, आणखीन एक गोष्ट आपण लक्षात घ्यायला हवी, ती म्हणजे एका आपत्तींमुळे उद्‌भवणाऱ्या दुय्यम आपत्ती. बरेच वेळा एक आपत्ती ओढवली की त्यातून आणखीन एक आपत्ती निर्माण होते. ही दुय्यम आपत्ती प्राथमिक आपत्तीच्या बरोबरच किंवा त्यानंतर लगेचच निर्माण होते. जेव्हा अशा प्राथमिक व दुय्यम आपत्ती एकदम किंवा एका पाठोपाठ येऊन कोसळतात, तेव्हा समाजाला व शासनाला जास्त सबळ परिश्रम करायला लागतात; म्हणूनच अशा प्रकारच्या दुय्यम आपत्ती कोणत्या, त्यांचे परिणाम काय व त्या किती प्रमाणात व कोणत्या वेळी (प्राथमिक आपत्तीनंतर) ओढवतील व त्यासाठी काम करावयास हवे याचाही विश्लेषणपूर्वक, आभ्यास करणे जरुरीचे आहे. उदाहरणादाखल तक्ता दिला आहे –

प्राथमिक आपत्ती	भूभाग	दुय्यम आपत्ती	दुय्यम आपत्तींच्या परिणामाचा सारांश
भूकंप	शहरी भाग	० आग लागणे ० कारखान्यातील अपघात ० अणुभट्टीतील अणुशास्त्र ० रोगराई	– किती प्रमाणात, – कोणत्या प्रकारचे, – किती भागात पसरेल व किती लोकांना त्याची झळ पोहोचेल, –किती प्रमाणात व कोणत्या प्रकारचे रोग,
	ग्रामीण भाग	० धरण फुटी ० दरड कोसळणे	– किती भाग पाण्याखाली जाईल व किती लोकांचे नुकसान होईल? – कोणत्या भागात संभवते व किती लोकांवर दुष्परिणाम होतील.
अतिवृष्टी	शहरी भाग	० शहरी पूर ० इमारती कोसळणे ० रोगराई	– किती प्रमाणात, – कोणत्या प्रकारचे, – किती भागात पसरेल व किती लोकांना त्याची झळ पोहोचेल? – किती प्रमाणात व कोणत्या प्रकारचे रोग, – किती भाग पाण्याखाली जाईल व किती लोकांचे नुकसान होईल? – कोणत्या भागात संभवते व किती लोकांवर दुष्परिणाम होतील ?
	ग्रामीण भाग	० पूर ० रोगराई	– किती प्रमाणात – कोणत्या प्रकारचे

		○ दरड कोसळणे	– किती भागात पसरेल व किती लोकांना त्याची झळ पोहोचेल? – किती प्रमाणात व कोणत्या प्रकारचे रोग? – किती भाग पाण्याखाली जाईल व किती लोकांचे नुकसान होईल? – कोणत्या भागात संभवते व किती लोकांवर दुष्परिणाम होतील?

वरील तक्त्यावरून एकत्रितपणे येणाऱ्या आपत्तींचा अंदाज बांधून किती वेळात निवारणासाठी काम करायला हवे याचा, आराखडा तयार करता येतो.

३.१० निष्कर्ष

एकत्रितपणे येणाऱ्या आपत्तींमुळे नुकसान जास्त होत असल्यामुळे विश्लेषण भक्कम तर हवेच, पण तयारी सुद्धा जास्त प्रमाणात करावयाची गरज भासते. जेव्हा दुय्यम आपत्ती आणि प्राथमिक आपत्तीं यांच्यामध्ये वेळ फार थोडा असतो, तेव्हा परिस्थितीची बिकटता अधिकच वाढते. कधी कधी प्राथमिक आपत्तींमुळे जनतेत घबराट निर्माण होते आणि त्यामुळे दुय्यम आपत्ती ओढवतात. या संदर्भात २००३ मध्ये नाशिकच्या कुंभमेळ्यातली चेंगराचेंगरी किंवा मांढरदेवी देवळात लागलेल्या आगीमुळे झालेली धावपळ व चेंगराचेंगरी ही जिवंत उदाहरणे आहेत. बरेचदा अपुरी जागा व तोबा गर्दी यामुळे दुय्यम आपत्तींमुळे होणारे नुकसान अधिक प्रमाणात होते. गर्दीवर योग्य ताबा ठेवणे हे शासनाचे महत्त्वाचे कार्य असते.

□

४

जनतेची पूर्वतयारी आणि प्रतिसाद

पूर्वतयारी होऊन आपत्ती न येणे हे पूर्वतयारी नसताना आपत्ती
ओढवण्यापेक्षा केव्हाही श्रेयस्कर असते.

४.१ प्रास्ताविक

आपत्ती लहान वा मोठी कोणतीही असो तिच्या संदर्भात जो अभ्यास केला
जातो, त्यामध्ये मिळालेले परखड निष्कर्ष मान्य करावेच लागतात.

० कितीही पूर्वतयारी केली तरीही आपत्तीच्या प्रसंगी ती कमीच होते. आपत्ती ही
एखाद्या धूर्त शत्रूप्रमाणे असते. ती अनपेक्षितपणे, लोक बेसावध असतानाच
त्यांच्यावर कोसळते. कितीही प्रभावी योजना बनवली तरी ती, आपत्ती सोडवण्यास
अपुरी ठरते.

० पूर्वसूचनेशिवाय कोसळलेल्या आपत्तींना तोंड देण्यासाठी तेथे असलेले
नागरिकच सर्वप्रथम धावून जातात. त्यानंतर शासनाला आपत्तीविषयक माहिती
मिळते. शासनयंत्रणा आपत्तीपासून किती अंतरावर आहे आणि निवारणयंत्रणा ती
किती वेळेत उभारू शकते, त्यावर आपत्ती निवारणाच्या प्रयत्नांचे यश अवलंबून
असते. म्हणूनच आपत्तीच्या प्रसंगी लोकांनी दाखवलेले मनोधैर्य आणि एकजूट ही
पहिल्या काही तासांत महत्त्वाची ठरते. कारण त्यामुळेच संकटाची तीव्रता व हानी कमी
होते व जनजीवन लवकरात लवकर पूर्वपदाला येऊ शकते.

० आपत्ती निवारणाच्या योजनेचे यश खालील घटकांवर अवलंबून असते

- पुरेशी पूर्व सूचना मिळणे.
- आपत्तीच्या जागी तत्काळ साधनसामग्री व मनुष्यबळ पाठवणे.
- आपत्तीच्या संदर्भात सर्वांगीण शिक्षण देऊन लोकांची तयारी वाढवणे व
त्यांचे मनोधैर्य वाढवणे. आपत्तीबाबत पूर्वतयारी, आपत्तीचा सामना करणे व
आपत्तीपश्चात पुनर्वसन अशा सर्वच बाबतीत लोकांना शिक्षण देणे.
- आपत्तीच्या वेळी गोंधळाची स्थिती उद्भवते. या स्थितीचे प्रमाण जितके
कमी असते, तितकी परिस्थिती ही लवकर पूर्ववत होऊ शकते. या सर्व

निष्कर्षाची आपण प्रत्यक्षातील उदाहरणांच्या साहाय्याने छाननी करू.

० २००१ सालातील सप्टेंबर महिन्यात जागतिक व्यापारकेंद्राच्या इमारतींवर जो हल्ला झाला, त्यावेळी शासनयंत्रणेने अत्यंत शीघ्रगतीने हालचाल केली. त्यामुळे हजारो लोकांचे जीव वाचले. परंतु काही जणांनी अविचाराने खिडकीतून उड्या मारल्या. तसेच आपल्या चीजवस्तू वाचवण्यासाठी ते कोसळणाऱ्या इमारतीत पुन्हा शिरले. त्यामुळे त्यांना जीव गमवावा लागला. उलट अनेकांनी इतरांचे जीव वाचवण्यासाठी धडपड करून त्यांना वाचवले. लोकांच्या प्रतिसादामुळेच अनेक जीव वाचविणे शक्य झाले.

० जुलै २००५ मध्ये लंडनमधील भुयारी रेल्वेत दहशतवाद्यांनी स्फोट घडवले. परंतु पोलिसांनी तत्काळ कारवाई करून परिस्थिती नियंत्रणाखाली आणली. लोकांनीही शिस्तबद्धता दाखवून शासनयंत्रणेला साथ दिली. त्यामुळे लवकरात लवकर परिस्थिती पूर्ववत झाली.

० २००५ सालच्या ऑक्टोबर महिन्यात दिल्लीत बाँबस्फोट झाले. त्या प्रसंगी लोकांनी उत्स्फूर्तपणे संकटग्रस्तांना मदत केली. जखमींना नजीकच्या रूग्णालयात हालवले. शासनयंत्रणा तेथे पोहोचण्याआधीच परिस्थिती सुरळीत झालेली होती.

० काही काळापूर्वी तमिळनाडू राज्यातील कुंभकोणम् या शहरातील एका शाळेत आग लागून अनेक विद्यार्थ्यांचे आगीत बळी गेले. हे प्रथमच घडल्याने शिक्षक भांबावून गेले. आपत्तीच्या प्रसंगी काय करायचे याबाबत त्यांचे पूर्व शिक्षण न झाल्याने या आपत्तीची भीषणता अधिकच वाढली.

० २२ डिसेंबर १९८२ मध्ये मुंबईच्या आंतरराष्ट्रीय विमानतळावर बोईंग ७०७ हे विमान कोसळून प्राणहानी झाली. त्या अपघाताची चौकशी करणाऱ्या न्यायमूर्ती पी.बी. सावंत यांच्या समितीने आपल्या अहवालात प्रशासनातील अनेक त्रुटी दाखवून दिल्या. हवाई वाहतूक नियंत्रक यंत्रणा अकार्यक्षम ठरली. घटनेविषयी विमानतळ प्राधिकरणाने तत्काळ माहिती घेतली नाही. तत्काळ कारवाई करून प्रवाशांचे जीव वाचवण्या संदर्भात बेफिकिरी दाखवली. विमानतळावर वैद्यकीय सेवाची कमतरता होती. पायलटच्या चुकीबरोबरच हेही घटक त्या आपत्तीची भीषणता वाढवायला कारणीभूत झाल्याचे समितीने अहवालात नोंदवले होते.

या सर्व उदाहरणांवरून शासनयंत्रणेबरोबरच समाजाची ही आपत्ती निवारणाच्या संदर्भातील महत्त्वाची भूमिका आपल्या ध्यानात येते. समाज जेवढा जबाबदार, शिस्तबद्ध व प्रतिसाद देणारा असतो, तितकी संकटाची तीव्रता कमी होते. त्या

विषयीचे शिक्षण आणि पूर्वतयारी यांच्या साहाय्याने संकटाचा सामना यशस्वीरीत्या करता येतो. या प्रकरणात आपण त्यासंदर्भात समाजातील विविध घटकांचा विचार करू.

४.२ पूर्वतयारी

'समाज' या शब्दाने सर्वसामान्य जनतेबरोबरच प्रशासन यंत्रणेतील कर्मचारी व अधिकारी यांचा आपण विचार करतो. कारण प्रत्येकालाच संकटाला तोंड द्यायचे असते. व्यक्ती, कुटुंबे आणि समुदाय असे वेगवेगळे वर्ग याबाबतीत विचारात घेता येतात. प्रत्येक वर्गाच्या संदर्भात आपल्याला सविस्तरपणे विचार करता येईल.

४.२.१ प्रत्येक व्यक्ती कोणत्याही वयाची असो, जगण्यासाठी आपापल्या परीने प्रयत्न करण्याची प्रेरणा प्रत्येकालाच असते. आपण मात्र यांपैकी १८ वर्षे ते ८० वर्षे या वयोगटातील शारीरिक व मानसिकदृष्ट्या सक्षम व्यक्तींचाच विचार करू या. त्यांनाच स्वत:च्या इच्छेनुसार विविध कामे करणे शक्य होते.

४.२.२ सहकारी गृहसंस्था किंवा अन्य प्रकारचा घरांचा समूह-एका विभागातील गल्लीतील घरांचा आपण एकत्र विचार करू. या घरांमध्ये दिवसातील ८ तास किंवा त्याहून अधिक काळ राहणाऱ्या व्यक्ती कोणत्याही संकटाच्या प्रसंगी एकत्रितपणे कार्ये करू शकतात.

४.२.३ कामाच्या जागी कार्यालयातही आपण दररोज ८ तासांहून अधिक काळ काम करतो. या कामाच्या जागा वेगवेगळ्या प्रकारच्या असतात.

४.२.३.१ कारखाने, कार्यालये, उत्पादन केंद्रे.

४.२.३.२ शिक्षणसंस्था

४.२.३.३ रुग्णालये

४.२.३.४ हॉटेल्स, करमणुकीच्या जागा, धार्मिक स्थळे इ.

४.२.४ विविध प्रकारची वाहतूक – रस्ते, रेल्वे, जहाज व हवाई वाहतूक.

४.२.५ शासकीय संघटना

४.२.६ प्रमुख संरचना – धरणे, विद्युतनिर्मिती केंद्रे, खाणी इ.

४.३ व्यक्तिगत पूर्वतयारी

आपण जगलेच पाहिजे, अशी प्रेरणा प्रत्येकाजवळच असते. परंतु प्रत्येक व्यक्तीची शारीरिक, बौद्धिक कार्यक्षमता भिन्न असते. प्रत्येकाची वैचारिक पातळी ही वेगवेगळी असते. त्यामुळे सर्वांनाच तत्काळ व बिनचूक निर्णय घेऊन वेगाने कृती

करता येईलच असे नाही, तथापि, सर्वांनी किमान खालील गोष्टी तरी करायला हव्यातच.

४.३.१ प्रत्येकाला आपत्ती व्यवस्थापनाबाबत जागरूकता असली पाहिजे. आपत्ती पूर्वीची तयारी, प्रतिबंधक मार्गांचा अवलंब, प्रथमोपचार, अग्निशमन, मृतांची व्यवस्था करणे, लोकांचे स्थलांतर, स्वत:चा बचाव करणे व बिकट संकटात करण्याचे कार्य वगैरेबाबत प्रत्येकाने जुजबी स्वरूपाचे तरी शिक्षण घेतले पाहिजे.

४.३.२ प्रत्येकाने आपल्याबरोबर ओळखपत्र-विशेषत: घराबाहेर पडल्यावर तरी जवळ ठेवावे. या ओळखपत्रात फोटो, संपूर्ण नाव, पत्ता, रक्तगट, संपर्कासाठी नजीकच्या व्यक्तींचे पत्ते, फोननंबर, जन्मतारीख, सही व बोटांचे ठसे वगैरे माहिती पूर्णपणे द्यावी.

४.३.३ आपल्याजवळ कायम एखादा मोठा रुमाल, स्कार्फ, प्रथमोपचाराची पेटी यांसारख्या वस्तू ठेवाव्यात.

४.३.४ प्रत्येक व्यक्तीने आपल्या कुटुंबातील जवळच्या इतर व्यक्तींना कपाटाच्या चाव्या, विमा पॉलिसी, इतर कागदपत्रे, आपली एकूण मालमत्ता, रेशन कार्ड, पासपोर्ट (असल्यास) याविषयी माहिती द्यावी. घराबाहेर पडणाऱ्या व्यक्तीने आपले जाण्याचे ठिकाण, किती वेळ बाहेर राहणार, संपर्कासाठी फोन नंबर इ. माहिती इतरांना द्यावी. विशेषत: व्यवसायानिमित्त ज्यांना वेळोवेळी प्रवास करावा लागतो, त्यांनी ही दक्षता आवश्य घ्यावी.

४.३.५ कुटुंबातील बाकीच्या व्यक्तींविषयी माहिती - त्यांचे कामाचे ठिकाण, वेळा, मित्रमंडळींचे पत्ते इ. प्रत्येकाजवळ असावी.

४.३.६ प्रवासात प्रत्येकाने आपल्या आसपासच्या व्यक्ती, त्यांचे वर्तन, हालचाली, त्यांचे सामान वगैरेबाबत जागरूकता बाळगावी. त्यांचे वर्तन संशयास्पद वाटल्यास इतरांनाही सावध करावे. अनेकदा अशावेळी व्यक्तींमधील अंत:प्रेरणा व तारतम्य संकटापासून बचाव करायला उपयोगी पडते. प्रत्यक्ष घडलेली एक गोष्ट आहे. त्सुनामी आपत्तीच्या वेळी किनारपट्टीवरील आपल्या घराजवळ एक कोळी आपल्या दोन मुलींना घेऊन उभा होता. समुद्रावरून प्रचंड आकाराची लाट येताना त्याने पाहिली. प्रसंगावधान दाखवून तिघांनीही एकमेकांच्या हातात हात अडकवून साखळी केली व एका माडाच्या झाडाला घट्ट मिठी मारली. लाट डोक्यावरून गेली व काही क्षणात ओसरली. घर, इतर गोष्टी पाण्याबरोबर वाहून गेल्या. परंतु, झाडाला घट्ट विळखा घातल्यामुळे तिघांचाही जीव वाचला. आयत्या वेळेला झालेल्या

अंत:प्रेरणेमुळे त्यांनी हे प्रसंगावधान दाखवून आपला जीव वाचवला.

४.३.७ आपत्ती बचावाचे घेतलेले शिक्षण व त्याची वेळोवेळी केलेली उजळणी, सरावाच्या कवायती यामुळे व्यक्तीला आपल्याबरोबरच इतरांचाही बचाव करता येतो.

४.४ कुटुंबाची पूर्वतयारी

कुटुंब हे सामूहिक जीवनातील छोटे असे मूलभूत एकक आहे. व्यक्ती प्रमाणेच कुटुंबातील सर्वांनी एकत्रितपणाने आपत्ती व्यवस्थापनात याप्रमाणे कार्ये करावीत.

४.४.१ कुटुंबाच्या सुरक्षिततेसाठी खालील संदर्भात काळजी घ्यावी.

४.४.१.१ घर बांधताना किंवा खरेदी करताना बिल्डरने पाया इमारतीची मजबुती, भिंतीची जाडी, वायुजीवन, संकटकाळी बाहेर पडण्याची व्यवस्था, अग्निशमनासाठी व्यवस्था केलेली आहे याची शहानिशा करून घ्यावी. घर दिसते कसे हे पाहण्यापेक्षा सुरक्षित आहे की नाही हे पाहिले जावे.

४.४.१.२ सर्व महत्त्वाची कागदपत्रे, अचानक घर खाली करण्याची वेळ आली, तर ती ताबडतोब आपल्याला बरोबर घेता येतील अशा जागी ठेवावीत. ही कागदपत्रे, रोख रक्कम, थोडाफार शिधा, औषधे, पिण्याचे पाणी व आवश्यक ते कपडे इतक्याच गोष्टी बरोबर घ्याव्यात.

४.४.१.३ गॅस सिलेंडरची नळी, इलेक्ट्रिक फिटिंग्ज वगैरे वेळोवेळी तपासून घ्यावीत. वापरात नसेल तर रेग्युलेटरचे बटनही बंद करावे. जास्त दिवस घराबाहेर रहावे लागल्यास रेग्युलेटर काढून सिलेंडरवर सिक्युरिटी कॅप बसवावी.

४.४.१.४ घरातील अडगळीची नेहमी विल्हेवाट लावावी. ती विशेषत: ज्वालाग्राही स्वरूपाची असेल तर आगीचा धोका वाढतो.

४.४.१.५ इन्व्हर्टरच्या बॅटरीजवळ कोणतीही ज्वालाग्रही वस्तू नेऊ नये. त्या बॅटरीचीही वेळोवेळी तपासणी करावी.

४.४.१.६ शेजारी, नातलग यांचे पत्ते व फोननंबर्स, पोलीस स्टेशन, अग्निशमन कार्यालय, रूग्णालये वगैरेंचे पत्ते व नंबर वगैरेची सूची फोनजवळ ठेवावी.

४.४.१.७ कुटुंबातील सर्वांचे रक्तगट, प्रसंगी उपयोगी पडणाऱ्या रक्तदात्यांची नावे, पत्ते व रक्तगट वगैरे माहिती सहज सापडेल अशा ठिकाणी ठेवावी. तसेच एक प्रथमोपचाराची पेटी कायमच घरात ठेवावी. त्यामध्ये कापूस, स्पिरीट, बँडेज, दोरी वगैरे ठेवून द्यावे. ही पेटी नेहमीच्या औषधांच्या पेटीपेक्षा वेगळी असावी व ती वेगळ्या

जागी ठेवावी. प्रथमोपचाराचे जुजबी ज्ञान प्रत्येकाने घ्यावे.

४.४.१.८ प्रत्येक घराला सुरक्षितता दरवाजा व संकट काळात बाहेर पडण्यासाठी दुसरा दरवाजा ठेवावा. जेव्हा घराला सर्वच बाजूंची सुरक्षिततेसाठी ग्रिल्स बसवलेली असतील, तेव्हा त्यालाही दरवाजे बनवावेत व ते आतून कुलूप लावून बंद करावेत. संकटप्रसंगी ते उघडून ताबडतोब घरातून बाहेर पडता येईल.

४.४.१.९ कायमच पाण्याच्या दोन तीन बादल्या भरुन ठेवाव्यात. तसेच ज्यूटपासून बनवलेली मॅट्स बाथरूमजवळ ठेवावीत. आग विझवायला त्याचा उपयोग होईल. तसेच बॅटरीवर चालणारा एक दिवा कायमच कार्यक्षम स्थितीत ठेवावा. संकट प्रसंगी उपयोगी हत्यारांची एक पेटी कायम घरात ठेवावी.

४.४.१.१० आज सर्वत्र विभक्त कुटुंबे असून पती-पत्नी अशा दोघांनाही कामावर जावे लागते. लहान मुलांच्या सुरक्षिततेचा प्रश्न उद्‌भवतो. अशा वेळी त्यांच्यातही सावधगिरी/जागरूकता निर्माण होईल अशा सूचना वेळोवेळी मुलांना द्याव्यात. अपरिचित व्यक्तींना सुरक्षिततेचा दरवाजा उघडून आत न घेणे, शक्यतो घराबाहेर न पडणे, शेजाऱ्यांशी फोन वरून संपर्क साधणे, वगैरे गोष्टी लहान मुलांना शिकवता येतील.

४.५ गृहरचना संस्था, गृहसंकुले, इ.

परिसरात राहाणाऱ्या सर्व कुटुंबांनी एकत्रितपणाने खालील गोष्टी कराव्यात.

४.५.१ परिसराच्या सुरक्षिततेसाठी योग्य शिक्षण घेतलेले गार्डस, वेतनावर नियुक्त करावेत. येणाऱ्या जाणाऱ्यावर देखरेख, गस्त यासाठी त्यांचा उपयोग होईल.

४.५.२ सर्व तरुण मुलांनी एकत्र येऊन आपत्तीच्या प्रसंगी मदत व आपत्ती प्रतिबंध यासाठी आपला गट तयार करावा. सर्वांनी आपला गटप्रमुख ठरवावा व त्याने सोपवलेल्या जबाबदाऱ्या घ्याव्यात व त्यानुसार आपापली कामे करावीत. यामधूनच वेगवेगळ्या पातळीवर स्वयंसेवी गट निर्माण होतात.

४.५.३ सर्व रहिवाशांनी आपले फोननंबर एकमेकांकडे द्यावेत. तसेच शिडी, लांब व मजबूत दोरी वगैरे सामान सामुदायिक वर्गणीतून घेऊन ते योग्य जागी ठेवावे. सर्व लोकांनी एकमेकांबद्दल माहिती आपल्याजवळ ठेवावी. आवश्यक तेव्हा इतरांना मदतीसाठी बोलावून घ्यावे.

४.५.४ गृहसंकुलात- विशेषत: बहुमजली इमारतींमध्ये प्रत्येक मजल्यावर योग्य जागी अग्निशमन साधने ठेवावीत व ती वापरण्याविषयीची माहिती सर्व सभासदांना

द्यावी. अनेकदा सोयी असूनही अशी उपकरणे चांगल्या स्थितीत नसतात. लक्ष न दिल्याने त्या चोरीला जातात. असे झाल्याने साधनांचा वापर करता येत नाही.

४.५.५ भूकंप किंवा अग्नीच्या प्रसंगी लिफ्टचा वापर टाळण्याबाबत सर्व सभासदांना सूचना द्याव्यात. तसेच आग लागल्यावर वीजपुरवठा तत्काळ बंद करणारी यंत्रणा हवी. यामुळेही अनर्थ टाळता येतील.

४.५.६ संकटात सापडलेला लोकांचा बचाव करण्याबाबत सर्व सभासदांना योग्य ते शिक्षण द्यावे. तसेच वेळोवळी त्यांच्या कवायतीही घ्याव्यात. लिफ्टमध्ये अडकलेल्या लोकांच्या सुटकेसाठी लिफ्ट मानवी श्रमांद्वारे कशी चालवायची त्याची माहिती द्यावी.

४.५.७ आकस्मिक गरज पडली तर तळ मजल्यावरील पाण्याच्या टाकीचा उपयोग करता येईल, अशी व्यवस्था करावी.

४.५.८ धोक्याचा इशारा देणारा भोंगा मध्यवर्ती ठिकाणी बसवावा व तो कसा वापरायचा, त्याची माहिती सर्व सभासदांना द्यावी.

४.५.९ संकटप्रसंगी संपर्क साधता यावा, त्यादृष्टीने महत्त्वाचे फोननंबर सोसायटीच्या कार्यालयात अन्य ठिकाणी मोठ्या बोर्डावर रंगवून प्रदर्शित करावेत.

४.५.१० स्वतंत्र बंगला असल्यास जमिनीला भेगा नाहीत, मोठ्या झाडांची मुळे इमारतीच्या पायात गेलेली नाहीत, सांडपाणी न तुंबता त्याचा व्यवस्थित निचरा होतो या गोष्टी व्यवस्थित पाहाव्यात व सावधगिरी बाळवावी. डोंगराच्या उतारावर घर बांधल्यास जमिनीच्या चारही बाजूंना भक्कम दगडी कंपाउंड बांधावे. इमारतीचा पाया खोलवर खडकापर्यंत घ्यावा. दरड कोसळल्याने पडलेल्या दगडमातीने इमारतीला नुकसान होत नाही ना ते पाहावे. पावसाळ्यात पाण्याचा योग्य निचरा होईल, याकडे लक्ष द्यावे.

४.६ उद्योगसंस्था

औद्योगिक क्षेत्रात सुरक्षिततेच्या बाबतीत विविध प्रकारचे निकष अस्तित्वात आहेत. तरीही वेळोवळी औद्योगिक अपघात हे होतच असतात. भडोच (गुजरात राज्य) शहरातील एका रासायनिक कारखान्याला लागलेल्या आगीचे उदाहरण आहे. एका बॉयलरमध्ये विविध रसायने मिसळवून तापवली जात होती. रात्रीची वेळ होती, उष्णता इतकी वाढली की बॉयलरचा स्फोट झाला व पेट घेतलेली रसायने जमिनीवर पसरली. उष्णतां नियंत्रक यंत्रणा निकामी झाल्याने हे घडले. सुपरवायझरने प्रसंगावधान

दाखवून विद्युत पुरवठा बंद केला. तथापि, अग्निप्रतिबंधक फेस निर्माण करणाऱ्या अग्निशामक टाक्या उघडण्याचे इतर कोणालाही सुचले नाही. त्या लोकांनी पाण्याचे बंब फायर ब्रिगेडला फोन करून बोलावले. परिणाम असा झाला की, ते पेटलेले रसायन पाण्यावर तरंगून अधिकच भागात पसरत गेले. परिणामी, तो कारखाना जळून राख झाला व आगीने भाजून काही कामगारही मेले. या उदाहरणावरून या प्रकारची संकटे टाळण्यासाठी किंवा हानी होऊ नये यासाठी याप्रमाणे गोष्टी करता येतील.

४.६.१ प्रत्येक उद्योगसंस्थेत जुन्या व अनुभवी कामगारांचे सुरक्षितता गट बनवावेत. त्यांच्यामार्फत वेळोवळी परिसर, इमारत, यंत्रसामग्री यांची तपासणी केली जावी. आढळलेल्या त्रुटी तत्काळ दूर कराव्यात.

४.६.२ प्रत्येक कामगारास तो तात्पुरता किंवा कायम असला तरी आपत्ती निवारणाचे योग्य ते शिक्षण द्यावे. वेळोवेळी सुरक्षिततेच्या दृष्टीने त्यांच्या शिक्षणाची उजळणी घ्यावी. बचावाच्या शिक्षणाच्या कवायती घ्याव्यात. याविषयीची सर्व जबाबदारी वरिष्ठावरच सोपवावी. अन्य कोणाला हे काम दिले तर शिक्षण, कवायती हा निव्वळ उपचार होतो. कामगार मनापासून त्यात रस घेत नाहीत. आदेश व्यवस्थित पाळले जात नाहीत व त्यातून गुंतागुंत वाढते.

४.६.३ प्रत्येक पाळीसाठी आपत्ती निवारक स्वयंसेवकांचे गट बनवावेत. प्रत्येकासच हे कार्य करण्यात स्वारस्य वाटेल हे पाहावे.

४.६.४ मदतीसाठी उपयुक्त अशी सर्व हत्यारे व साधने कारखान्यात कायमच जवळ ठेवावीत. यात शिडी, दोरखंड, खोरी, घमेली वगैरे असाव्यात. त्या गोष्टींप्रमाणे प्रथमोपचाराच्या सर्व साधनांच्या पेट्याही ठेवाव्यात. गरजेनुसार तत्काळ उपलब्ध होतील अशा ठिकाणी या गोष्टी ठेवाव्यात.

४.६.५ बॉयलर व यंत्रांपाशी काम करणाऱ्यांना हेल्मेट्स पुरवावीत. तसेच गणवेश हे अग्निरोधक कापडांचे शिवावेत. रासायनिक कारखान्यात श्वसनविषयक अडचणी विचारात घेऊन श्वसनासाठी प्राणवायूच्या टाक्या ठेवाव्यात.

४.६.६ संकटाची पूर्वसूचना देणारा भोंगा हा नेहमी चांगल्या स्थितीत ठेवावा. त्याची वेळोवेळी चाचणी घ्यावी. अग्निशमन टाक्या, पाण्याचा जोरदार उपसा करणारे पंप वगैरे कारखान्यात पुरेशा प्रमाणात ठेवावेत.

४.६.७ रासायनिक कारखान्यात आगीचा जास्त धोका ध्यानात घेऊन मोठ्या क्षमतेच्या अग्निरोधक फेसाच्या टाक्या या ट्रॉलीवर बसवाव्यात. त्या गरजेनुसार पुरेशा प्रमाणात असाव्यात.

४.६.८ शक्यतो औद्योगिक परिसरात निवासी संकुले, वस्त्या नसाव्यात.

असल्यावर तेथेही आपत्तीचे दुष्परिणाम टाळण्यासाठी सावधगिरीच्या सर्व मार्गांचा अवलंब करावा. नेमके याच गोष्टीकडे दुर्लक्ष झाल्याने भोपाळ शहरातील गॅस दुर्घटनेत प्रचंड प्रमाणात हानी झाली.

४.६.९ औद्योगिक संकुलात आगीचा धोका ध्यानात घेऊन पुरेशी अग्निशमन केंद्रे ठिकठिकाणी उभारली जावीत.

४.७ कंपन्यांची कार्यालये

कंपन्यांच्या कार्यालयातील सर्व कर्मचारी, अधिकारी हे पांढरपेशांच्या वर्गातील असतात. सुरक्षिततेबाबत ते बरेच अनभिज्ञ असतात. तसेच अस्तित्वातील सुरक्षा सोयी त्यांना पुरेशा वाटतात. त्यामुळे कार्यालयात सुरक्षा विषयक सोयींना ते शेवटचा क्रम देतात. अन्य सुखसोयींना अग्रक्रम देतात. त्यामुळे अनेक वेळेला या वर्गातल्या लोकांचीच बेसुमार हानी झाल्याचे आढळते. तसेच या लोकांना सुरुवातीस आयुष्यात सवय नसल्यामुळे खडतर जीवन जगायची, इतरांसाठी कोणतेही शारीरिक कष्ट घेण्याची त्यांची तयारी नसते. त्यांच्या या दृष्टिकोनात बदल व्हायला हवा. आपल्यापुरते न पाहता सामाजिक जबाबदाऱ्या त्यांनी घेतल्या पाहिजेत. तथापि यासाठी त्यांची तयारी नसते. अशाच एका मोठ्या सॉफ्टवेअर कंपनीत आपत्ती व्यवस्थापनाचे शिक्षण देण्यासाठी मी गेलेलो असताना मला निराशाजनक परिस्थिती आढळली. कोणीही गंभीरपणाने या शिक्षणाकडे पाहातच नव्हते. कंपनीने बळजबरी केल्यामुळे ते वर्गात बसत होते. कंपनीची अनेक मजली इमारत होती. ठिकठिकाणी लिफ्टस् बसवल्या होत्या. पण जिना एकच होता. आपत्तीच्या वेळी त्या लिफ्टस् बंद पडल्यावर जिन्याचा वापर करायची पाळी आल्यावर शिस्तीने कसे उतरावे याची त्यांना जाणीवही नव्हती. प्रत्येक मजल्यावर जागोजागी, अग्निरोधक टाक्या बसवल्या होत्या. त्या कशा वापरायच्या याची कोणालाही, अगदी सुरक्षाधिकाऱ्यालाही माहिती नव्हती. कार्यालयातील जनरेटर सेट कार पार्किंगच्या जागेतच ठेवला होता. त्याच्याजवळच सुका कचरा इतस्ततः पसरला होता व जनरेटर तापत होता. हा कचरा पेटून वाहने जळून खाक होतील हे कोणाच्याच लक्षात आलेले नव्हते. वास्तविक त्या इमारतीत येणाऱ्या –जाणाऱ्यांची कसून तपासणी होत होती. तथापि, कँटीनचे कर्मचारी व तेथील ग्राहकांना कोठेही सहज जाता येत होते. वास्तविक कार्यालयातील सर्व कर्मचारी मौल्यवान होते . कंपनी त्यांना भरपूर पगार देत होती. परंतु सुरक्षिततेबाबत सर्वत्र उदासीनता आढळून आली. या संदर्भात कार्यालयात याप्रमाणे व्यवस्था करणे श्रेयस्कर ठरेल.

४.७.१ ज्येष्ठ–कनिष्ठ असा कोणताही भेदभाव न करता सर्वच कर्मचाऱ्यांना सुरक्षाविषयक, आपत्ती निवारणाचे शिक्षण सक्तीचे करावे. सर्वांचेच वेळोवेळी सराव, कवायती घ्याव्यात.

४.७.२ सुरक्षा विभागातील सर्व कर्मचारी नेमताना त्यांची शारीरिक व बौद्धिक क्षमता जशी विचारात घेतली जाते, तसेच आपत्ती व्यवस्थापनाचे त्यांनी संपूर्ण शिक्षण घेतलेले असल्याची खात्री करून घ्यावी.

४.७.३ आपत्ती व्यवस्थापनावर देखरेख करण्यासाठी पुरेशा मार्शल्सची नियुक्ती करावी. त्यांच्यावर कर्मचाऱ्यांना शिक्षण देणे, वेळोवेळी त्यांच्या कवायती घेणे, कर्मचाऱ्यांना शिस्त पालन करायला लावणे वगैरे जबाबदारी सोपवावी. सैन्यातील माजी अधिकारी हे काम चांगल्या प्रकारे करू शकतील. आपत्ती प्रसंगी उपयुक्त ठरेल, अशी कर्मचाऱ्यांतूनच निवडलेल्या स्वयंसेवकांची तुकडी प्रत्येक विभागात, प्रत्येक मजल्यावर तयार करावी.

४.७.४ एक सर्वांगीण स्वरूपाची आपत्ती निवारण योजना बनवण्यात यावी व त्यामध्ये सहभागी होणाऱ्या प्रत्येक घटकाची कर्तव्ये व जबाबदाऱ्या स्पष्टपणाने नमूद कराव्यात. म्हणजे गोंधळाची परिस्थिती उद्‌भवणार नाही.

४.७.५ अग्निशमन यंत्रणेचा, टाक्यांचा उपयोग कसा करायचा याविषयी प्रत्येकाला प्रात्यक्षिकांसह शिक्षण द्यावे. तसेच वेळोवेळी त्याचा सराव केला जावा.

४.७.६ कार्यालयात कमी धोक्याच्या भागात, आपत्ती नियंत्रण कक्ष निर्माण करावा. आपत्ती व्यवस्थापनाच्या संदर्भातील सर्व व्यवहार या कक्षामार्फत करावेत. इतरांशी संपर्क ठेवणे, सराव कवायती घेणे, इत्यादी जबाबदाऱ्या या कक्षावर सोपवाव्यात.

४.७.७ या व्यवस्थापनास दर्जेदारपणा आणण्यासाठी आय्.एस्.ओ. चे प्रमाण पत्र मिळवण्यासाठी सर्व गोष्टी व्यवस्थित कराव्यात व त्यात सातत्य राखावे, औद्योगिक संस्थेच्या दृष्टीनेही ही गोष्ट पत वाढवण्यास उपयुक्त होईल.

४.७.८ आपत्ती व्यवस्थापनाची संपूर्ण योजना लेखी स्वरूपात ठेवावी. कार्यालयातील प्रत्येक जुन्या व नव्याने आलेल्या कर्मचाऱ्याला त्याविषयी माहिती द्यावी. नवीन कर्मचाऱ्यांना शिक्षण द्यावे.

४.७.९ कर्मचाऱ्यांच्या कार्यालयातील सुरक्षितलेला व्यवस्थापनानेही प्राधान्य द्यावे. त्यासाठी आवश्यक अशा सर्व सोयीसुविधा द्याव्यात.

४.८ शिक्षणसंस्था

आजवर आपत्ती व्यवस्थापनाच्या संदर्भात शिक्षण-संस्थांचा विचार केला गेलेला नव्हता. त्यातील विद्यार्थ्यांच्या व इतरांच्या सुरक्षिततेचा विचार वेगळा करण्याची गरज कुंभकोणम् शहरातील शाळेत झालेल्या आगीच्या दुर्घटनेनंतर निर्माण झाली. शाळांच्या इमारती कोठे असाव्यात? सुरक्षिततेच्या दृष्टीने त्या कशा बांधाव्यात? त्यात अन्य सोयीसुविधा कशा ठेवाव्यात? मुख्याध्यापक, शिक्षक व अन्य कर्मचारी यांनी विद्यार्थ्यांच्या सुरक्षिततेसाठी कोणती सावधगिरी बाळगावी? आपत्तीला कसे तोंड द्यावे, वगैरे गोष्टींचे ज्ञान शिक्षणसंस्थांमध्ये दिले जाणे महत्त्वाचे आहे. तसेच शालेय अभ्यासक्रमातही आज आपत्ती व्यवस्थापनाचा समावेश करणे आवश्यक झालेले आहे, या संदर्भात शिक्षणसंस्थेमध्ये खालील गोष्टी केल्या जातात.

४.८.१ शिक्षण संस्थेला परवानगी देतानाच तिने आपत्ती व्यवस्थापनाबाबत काय योजना बनवलेली आहे, त्या दृष्टीने कोणकोणत्या गोष्टी अवलंबलेल्या आहेत याची तपासणी व्हावी.

४.८.२ शाळेच्या मुख्याध्यापकाची / प्राचार्यांची मार्शलपदी नियुक्ती करावी. त्याच्या हाताखाली शिक्षक, शिक्षकेतर कर्मचारी यांचा आपत्ती निवारणाखाली एक गट बनवावा. त्यातील सर्वांना विविध प्रकारच्या आपत्तींबाबत घ्यायची दक्षता, आपत्तीप्रसंगी करायची कामे व आपद्ग्रस्तांचे पुनर्वसन याबाबत संपूर्ण शिक्षण द्यावे.

४.८.३ अग्निशमन टाक्या, पाण्याचे हौद, प्रथमोपचार पेट्या, शिडी, दोऱ्या इ. साधने पुरेशा प्रमाणात व वेळेवर उपयोगी पडतील अशी ठेवावीत.

४.८.४ इमारतीतून बाहेर पडण्यासाठी अनेक दरवाजे ठेवावेत.

४.८.५ विद्यार्थ्यांना सुरक्षितपणे हालवण्याची व्यवस्था करता येईल याकडे लक्ष द्यावे.

४.८.६ काही परिस्थितीत विद्यार्थ्यांना शाळेतच ठेवून घेणे, त्यांच्या सुरक्षिततेच्या दृष्टीने महत्त्वाचे असते. मात्र अनेकदा मुख्याध्यापक शाळा लवकर बंद करून विद्यार्थ्यांना घरी पाठवून देतात. एकप्रकारे ती आपत्ती व्यवस्थापनातील जबाबदारी झटकणे आहे. विशेषत: बाहेर दंगल, जाळपोळ, दगडफेक यांसारखे प्रकार होतात, हे समजल्यावर त्यांना शाळा बंद करून घरी पाठवणे बेजबाबदारपणाचे ठरते. उलट यावेळी मुलांच्या खाण्यापिण्याची सोय करणे, त्यांच्या पालकांशी संपर्क साधून मुले सुरक्षित असल्याचे कळवणे, या गोष्टी जास्त महत्त्वाच्या आहेत.

४.८.७ आपत्ती व्यवस्थापनाचे योग्य ते शिक्षण शिक्षक व विद्यार्थ्यांना दिले जावे

त्यांचे वय व बौद्धिक क्षमता लक्षात घेऊन विद्यार्थ्यांसाठी अभ्यासक्रम तयार केले जावेत. त्यात खालील गोष्टी असाव्यात.

४.८.७.१ आपत्तीची कारणे व परिणाम.

४.८.७.२ आपत्ती प्रतिबंधक मार्गांची माहिती, रहदारीच्या नियमांचे ज्ञान.

४.८.७.३ सावधगिरीचा इशारा देण्याच्या विविध पद्धती व त्यांचे कार्य.

४.८.७.४ पूर्वसूचना मिळाल्यानंतर करायची कार्ये, आपत्तीतून स्वतःचा वा इतरांचा बचाव करण्याचे मार्ग.

४.८.७.५ इतरांच्या मदत कार्याविषयी व्यवस्थापन.

४.८.७.६ कोणत्या गोष्टी करायच्या व कोणत्या टाळायच्या याची माहिती.

४.८.७.७ कार्यपद्धती प्रात्यक्षिके वेळोवेळी करून घेणे.

४.९ रुग्णालये

आपत्ती सापडलेल्या लोकांच्या जीविताच्या रक्षणाची जबाबदारीही रुग्णालयांना घ्यावी लागते. आपत्तीग्रस्तांवर उपचार करणे, रुग्णांना आपल्या मर्यादित जागेत सामावून घेणे, यांबरोबरच जेव्हा स्वतः रुग्णालयांचीच आपत्तीमुळे पडझड होते, नुकसान होते त्यावेळीही त्यांना अशा आपत्ती विरुद्ध उपाययोजना करणे आवश्यक होते. त्यासाठी रुग्णांनाही विश्वासात घेऊन त्यांचे ही सहकार्य मिळवावे लागते, रुग्णालयांना खालील गोष्टींच्या संदर्भात योजना बनवाव्या लागतात.

४.९.१ स्वतःच्या हॉस्पिटलच्या इमारतीला धोका पोहोचत असताना ऑपरेशन टेबलवरच्या रुग्णाला वाचवण्यासंबंधी योजना.

४.९.२ आवश्यकतेनुसार विशेष दक्षता विभागात असणाऱ्या रुग्णांना कसे सुरक्षित ठेवायचे ही योजना.

४.९.३ अन्यत्र जाऊ न शकणाऱ्या रुग्णांना सुरक्षित ठेवण्याची योजना.

४.९.४ ऑक्सिजन सिलिंडर्सच्या वापरावर नियंत्रण ठेवणे.

४.९.५ क्ष किरण विभागाच्या सुरक्षिततेकडे लक्ष देणे.

४.९.६ अतिरिक्त संख्येने आलेल्यांना सामावून घेण्याची योजना.

४.९.७ आपल्या रुग्णालयातील उपचाराच्या सोयी तात्पुरत्या वाढवण्याची योजना.

४.९.८ लिफ्टमध्ये अडकून पडलेल्या रुग्णांची सुटका करणे.

आपत्तीच्या प्रसंगी रुग्णालयांना नेहमीच्या कार्याबरोबरच जास्तीची कार्येही करावी लागतात व त्या संदर्भात योग्य ते शिक्षण आपल्या कर्मचाऱ्यांना द्यावे लागते.

बाहेरच्या आपत्ती प्रमाणेच रुग्णालयांवर आपत्ती ओढवली तर त्यातून बाहेर कसे पडायचे याबाबत नियोजन करावे लागते. या योजना वेळोवेळी रंगीत तालीम घेऊन राबवाव्यात.

४.१० करमणुकीची, मनोरंजनाची ठिकाणे (चित्रपटगृह, नाट्यगृह, सभागृह इ.)

चित्रपटगृहे किंवा सभागृहे यांचे बांधकाम करताना सामान्यत: आपत्ती प्रसंगी करायच्या सोयीसुविधांचा विचार केला जात नाही. तथापि आजकाल अशा ठिकाणीही आपत्ती ओढवू शकतात. बॉंबस्फोट होऊन आग लागते, मग लोक गर्दी करून बाहेर जाऊ लागले की चेंगराचेंगरीतही लोक मरतात. दिल्लीतही 'उपहार' नावाच्या चित्रपटगृहात काही वर्षांपूर्वी आग लागून प्रेक्षकांची प्रचंड प्राणहानी झाली. त्या संकटाची पाहणी करताना असे लक्षात आले की काही साध्या गोष्टी केल्या असत्या, तर ही हानी टाळता आली असती. बाहेर पडण्यासाठी जास्त संख्येने दरवाजे ठेवणे, जिने रुंद करणे, अग्निशमन यंत्रणा कार्यक्षम ठेवणे, कर्मचाऱ्यांना तिच्या वापराचे शिक्षण देणे., अडचणीच्या वेळी प्रेक्षकांना योग्य ते मार्गदर्शन करणे, त्यांच्या हालचालीवर नियंत्रण ठेवणे, यांसारखे मार्ग उपयोगी पडतात. जेथे मोठ्या संख्येने लोक जमतात अशा बंदिस्त गृहांच्या बांधकामाचे नियम ठरवताना ओढवणाऱ्या आपत्तीचाही विचार करून त्यानुसार बांधकाम केले जाते की नाही हे शासनयंत्रणेने पाहावे. घातपात कृत्यांचा वाढलेला धोका ध्यानात घेऊन बांधकामाचे निकष योग्य आहेत, अग्निशमन यंत्रणा पुरेशी आहे, प्रथमोपचाराच्या सोयी आहेत हे पाहून मगच त्या सभागृहास किंवा चित्रपटगृहास व्यवसायासाठी परवानगी द्यावी.

४.११ जत्रा, उत्सव

ज्या ठिकाणी प्रचंड संख्येने लोक जमतात, त्या ठिकाणी करमणुकीच्या जागांपेक्षाही अधिक प्रभावी अशी आपत्ती निवारणाची यंत्रणा असली पाहिजे. जत्रांच्या प्रसंगी आत येणाऱ्या लोकांची संख्या बाहेर जाणाऱ्यांच्या संख्येच्या तुलनेत खूपच प्रचंड असते. या गर्दीला शिस्तही नसते. गलका, गोंधळ होत असतो. देवळात तेल वाहिल्यानंतर ते मंदिराच्या परिसरात पसरून जमीन निसरडी होते. लोक घसरून पडतात. चेंगराचेंगरी होते. त्यातच कोठेतरी आग पेटली की प्रत्येकजण जीव वाचवण्यासाठी पळत सुटतो. त्यावेळी झालेल्या चेंगराचेंगरीत शेकडो लोक मरतात, जखमी होतात. भाविकांची सुरक्षितता, आरोग्य याकडे दुर्लक्ष झाल्याने रोगांच्या

साथींना, आजारांना लोक बळी पडतात. क्षमतेपेक्षा कितीतरी अधिक प्रमाणात भाविक गोळा झाले व संकट ओढवले की त्यातून मांढरदेवीच्या यात्रेसारखी दुर्घटना घडते. लोकांवर नियंत्रण राखता येत नाही. तात्पुरत्या स्वरूपात केलेल्या सोयी अपुऱ्या पडल्या की गोंधळात जास्तच भर पडते. सन २००३ मध्ये नाशिकला कुंभमेळ्याच्या निमित्ताने लोकांना अनेक आपत्तींना तोंड द्यावे लागले. अरुंद रस्त्यांवर प्रचंड गर्दीत चेंगराचेंगरी होऊन लोक मेले. स्नानामुळे पाण्यातील प्रदूषण वाढले. पोलीस बंदोबस्त अपुरा ठरला. तात्पुरत्या स्वरूपात बनवलेल्या सोयी अपुऱ्या पडल्या. सार्वजनिक गणेशोत्सव, दुर्गापूजा वगैरे उत्सवात लोकांच्या उत्साहाचा इतका अतिरेक होतो की लोकांच्या सुरक्षिततेबाबत परिस्थिती बिकट होते. गर्दीवर नियंत्रण न राहिल्याने बेशिस्त निर्माण होते. धार्मिक पावित्र्य नष्ट होऊन वेगळ्याच समस्या निर्माण होतात. सरकार, न्यायपालिका यांनी योग्य विचार करून परिस्थितीवर नियंत्रण ठेवण्यासाठी प्रभावी उपायांचा अवलंब केला पाहिजे. लोकांनीही अनावश्यक गोष्टीत आपले श्रम व पैसे वाया न घालवता त्यांचा योग्य वापर करायला शिकले पाहिजे. उत्सव प्रसंगी होणारे ध्वनिप्रदूषण, सामाजिक बेशिस्त वर्तनातून निर्माण होणारी संकटे या सर्व मानवनिर्मित आपत्ती आहेत.

४.१२ सार्वजनिक वाहतूक

प्रत्येक बसमध्ये, रेल्वेच्या डब्यात अग्निशमन साधने, प्रथमोपचाराच्या पेट्या, वगैरे सोयी ठेवल्याच पाहिजेत. त्यांचा वापर करण्याचे शिक्षण बस ड्रायव्हर व कंडक्टरना दिले पाहिजे. नेमके हेच घडत नाही. ट्रक्समध्येही या गोष्टी असायलाच हव्यात. आपत्ती कधीही ओढवू शकते हे ध्यानात घेऊन पुरेशी सावधगिरी बाळगली, सोयीसुविधा ठेवल्या तर त्यामुळे संभाव्य हानी मोठ्या प्रमाणात टाळता येऊ शकते.

४.१३ पूर्वसूचना देणारी यंत्रणा

भारतात वादळे, महापूर वगैरे संकटांची पूर्वसूचना देणारी यंत्रणा पूर्वीपासून अस्तित्वात आहे. दूरदर्शन सेवेच्या प्रसारामुळे लोकांना तत्काळ इशारे देऊन धोक्यांबाबत सावध करता येते. मात्र अगदी तळाच्या पातळीवर असणाऱ्या आपत्ती निवारण यंत्रणेने हा इशारा मिळाल्यावर लागलीच आपली योजना समोर ठेवून त्यानुसार कार्य केले पाहिजे. शासनानेही कमीत कमी वेळात लोकांचे स्थलांतर, आपत्तीचे निवारण, पुनर्वसन याबाबत निर्णय घेतले पाहिजेत.

आपत्तीबाबत पूर्वसूचना पद्धती

हवामान खाते
जलसिंचन विभाग
औद्योगिक आपत्ती विभाग
युद्ध आण्विक किरणोत्सर्जन इ.

केंद्रशासन

राज्यशासन — तत्काळ इशारा देणारी यंत्रणा

जिल्हाप्रशासन

तत्काळ सूचना देणारी यंत्रणा (बिनतारी संदेश इ.)

तालुके

नगरपरिषद — भोंगा वाजवणे, ध्वनिक्षेपकाच्या वाहनातून पूर्व सूचना देणे

वॉर्डस

गट

खेडी — ध्वनिक्षेपकाच्या सूचना वाहनातून देणे

विभाग १ विभाग २ विभाग ३

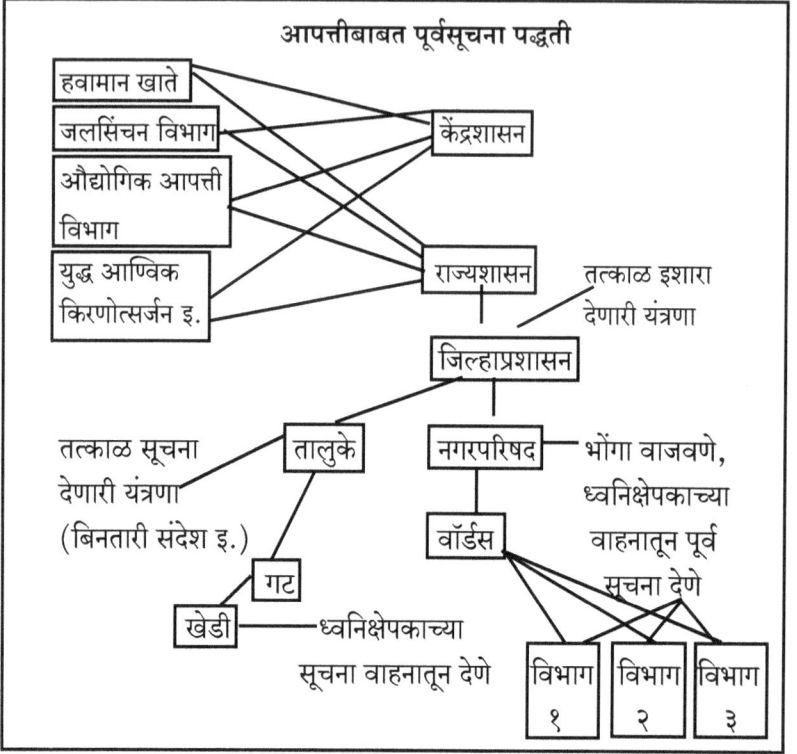

४.१४ वॉर्डनची नियुक्ती करणे

दुसऱ्या महायुद्धांच्या दरम्यान शहर, वॉर्ड, विभाग, गल्ल्या, कार्यालये, कारखाने अशा वेगवेगळ्या क्षेत्रात हवाई हल्ल्यांपासून लोकांना आपला बचाव करता यावा यासाठी त्या त्या क्षेत्रात वॉर्डनची केंद्रे सुरू करण्यात आली होती. वॉर्डन हा केंद्रप्रमुख असे. त्याच्यावर लोकांना हवाई हल्याची पूर्वसूचना देणे, निवाऱ्यासाठी बांधलेली भुयारे, इमारतींची तळघरे इ. वापरणे, लोकांना हेल्मेट, वगैरे पुरवणे, संकटातून बचाव करण्याचे शिक्षण लोकांना देणे, प्रथमोपचाराच्या सोयी ठेवणे अशी अनेक प्रकारची जबाबदारी या वॉर्डनवर असे. संकटकाळात लोक त्याच्या आदेशानुसार शिस्तीने वागत.

आजही आपत्ती निवारणासाठी प्रत्येक गावात, शहरात ठिकठिकाणी अशी केंद्रे निर्माण करून तेथे वॉर्डन नियुक्त करणे ही गोष्ट उपयुक्त ठरू शकेल. यासाठी शाळा, नगरपरिषदांची विभागीय कार्यालये, ग्रामपंचायतीची जागा, क्लबच्या इमारती, इ. ठिकाणी केंद्रे सुरू करता येतील. तेथे नागरी संरक्षणविषयक सर्व सोयीसुविधा पुरवता

येतील. ज्येष्ठ व जबाबदार नागरिकांवर वॉर्डन म्हणून जबाबदारी सोपवता येईल. त्याच्या मदतीसाठी स्वयंसेवकांचे गट ठेवता येतील. ते लोकांना सावध करतील, संकट काळात मदत करतील. आज शांततेच्या काळात युद्ध व हवाई हल्ले जरी झाले नाहीत, तरी नैसर्गिक व मानवनिर्मित आपत्तीत मोठी वाढ होताना दिसते. त्यामुळे आपत्ती निवारण केंद्रे नागरी संरक्षण केंद्राऐवजी निर्माण करता येतील व पूर्वीच्या नागरी संरक्षण केंद्राइतकीच ती उपयुक्त ठरतील. विभाग, शहर, गट, तालुका, जिल्हा अशा वेगवेगळ्या पातळ्यांवर ही आपत्ती निवारण केंद्रे निर्माण करता येतील.

४.१५ हे करावे व ते टाळावे

आपत्तीच्या प्रसंगी कोणकोणत्या गोष्टी कराव्यात व कोणकोणत्या गोष्टी करू नये याबाबत सर्वांमध्येच जागरूकता निर्माण करायला हवी. आपत्ती व्यवस्थापन प्रशिक्षणात याविषयीचेही मार्गदर्शन केले पाहिजे. परिशिष्टात ही गोष्ट विस्ताराने मांडली आहे.

४.१६ वाहतुकीची कार्यपद्धती

ज्यावेळी आपत्तीच्या तीव्रतेविषयी चांगल्या प्रकारे पूर्व अंदाज घेता येतो त्यावेळी शासनयंत्रणेने लोकांच्या व साधनसामग्रीच्या वाहतुकीचाही विचार केला पाहिजे. राष्ट्रीय, राज्याच्या व जिल्ह्याच्या पातळीवर वाहतुकीचे नियोजन केले पाहिजे. यामध्ये खालील घटकांचा अंतर्भाव होतो.

४.१६.१ आपत्तीपूर्वीच लोकांचे स्थलांतर तसेच आपद्ग्रस्तांना अन्यत्र हालवणे व आपत्तीच्या स्थळी साधनसामग्रीची वाहतूक करणे या संदर्भात एकूण वाहतुकीच्या प्रमाणाचा अंदाज घ्यावा लागतो. त्यासाठी लागणाऱ्या वाहनांची एकूण गरज विचारात घ्यायला लागते.

४.१६.२ मुख्यत: रस्ते वाहतुकीबरोबरच रेल्वे, जल व हवाई वाहतुकीचीही गरज निर्माण होते. त्या दृष्टीने आवश्यक असलेले ट्रक्स, बसेस, रेल्वे वॅगन्स, होड्या व बोटी , कार्गो विमाने वगैरे उपलब्ध होतील हे पाहावे लागते.

४.१६.३ आपत्तीग्रस्त भागात वाहतुकीचे प्रमाण वाढवत असतानाच नेहमीच्या इतर भागातील वाहतूक व्यवस्थेत त्यायोगे अडचणी निर्माण होणार नाहीत, याची काळजी घ्यावी लागते.

४.१६.४ या वाहतुकीचे वेळापत्रक बनवून काही काळापुरते ते अंमलात आणावे लागते.

४.१६.५ वाहतुकीचे मार्ग ठरवणे, नियंत्रण केंद्रात तिची नोंद होणे व आवश्यकतेनुसार वाहतुकीचे नियोजन करणे, हे महत्त्वाचे असते.

४.१६.६ जेव्हा वाहतुकीसाठी विविध स्रोत वापरले जातात तेव्हा रस्ते, रेल्वे व जलवाहतुकीचा समन्वय साधावा लागतो. मदतीसाठी हेलिकॉप्टर मागवण्याआधी ते उतरवण्यासाठी हेलीपॅड बनवावे लागते. कमीत कमी वेळात कार्यक्षम वाहतुकीसाठी नियोजनाची व समन्वयाची गरज असते.

४.१७ संपर्क माध्यमे

वाहतुकीबरोबरच संपर्क माध्यमेही शासनाच्या दृष्टीने आपत्ती निवारणासाठी महत्त्वाची असतात. त्यायोगे वाहतुकीची नेमकी गरज, आवश्यक साधने वगैरेंची संबंधित विभागाकडे माहिती पाठवून तत्काळ मागवून घेणे शक्य होते. समन्वय व नियोजनामुळे वाहतुकीची कार्यक्षमता व वेग वाढून आपत्तीपूर्वीच्या स्थलांतरासाठी व निवारण कार्यासाठी कमी वेळ लागतो. सरकारी मालकीच्या वाहतूक साधनांबरोबरच आवश्यकतेनुसार खासगी मालकीचे ट्रक्स, मोटारी, बसेस, दुचाकी वाहने, अँब्युलन्स गाड्या, टेंपो यांचाही वापर करून घेता येतो. दुर्गम, डोंगराळ व रस्ते नसलेल्या भागात प्राण्यांचाही वाहतुकीसाठी उपयोग करता येतो. आपत्ती निवारक साधनांचे संच त्यात ठेवून लोकांना मदत देता येते. सरकारने त्या दृष्टीने खासगी वाहतूकदार, वाहनांचे मालक वगैरेंशी संपर्क साधून वाहतुकीचे दर ठरवून द्यावेत. मदत कार्यात वेगवेगळ्या प्रकारे सहभागी होऊ इच्छिणाऱ्या व्यक्ती व संस्थांची सरकारने अद्ययावत माहिती ठेवावी व आवश्यकतेनुसार त्यांना बोलावून मदत कार्यात उपयोग करून घ्यावा. हेलिकॉप्टर सेवाही मिळण्यासाठी फोनवरून संपर्क साधावा.

४.१८ धरणे, पाटबंधारे प्रकल्प, विद्युतनिर्मिती केंद्रे व खाणी

ही सर्व ठिकाणे सामान्यतः दूर अंतरावर, डोंगराळ, दुर्गम भागात असतात. तेथे बिनतारी संदेश यंत्रणा, रेडिओ संच, मोबाईल फोन इ. उपयोगी पडते. त्यासाठी या सर्व ठिकाणी संदेश वहन व ग्रहण यंत्रणा बसवावी व तिचा नियंत्रणकक्षाशी कायम संपर्क ठेवावा. आपत्तीच्या प्रसंगी उपयोगी पडतील अशी साधनसामग्री या सर्व केंद्रात कायम ठेवावी व परिसरातील लोकांना तिच्या वापराचे शिक्षण द्यावे. बाहेरून मदत येईपर्यंत स्थानिक लोक साधनसामग्रीचा वापर करून आपत्ती निवारणासाठी हातभार लावतील. पुढील पानावरील आकृतीत ही गोष्ट स्पष्ट केली आहे.

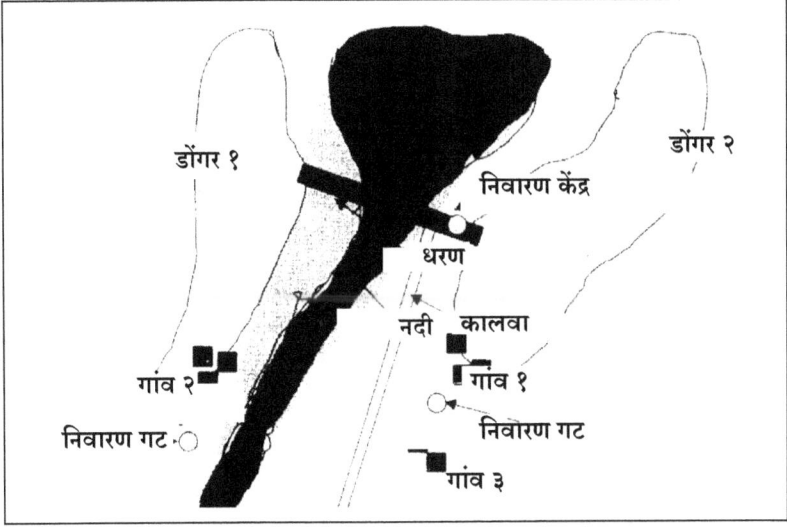

डोंगर १
डोंगर २
निवारण केंद्र
धरण
नदी
कालवा
गांव २
गांव १
निवारण गट
निवारण गट
गांव ३

धरणाच्या ठिकाणी जशी आपत्ती निवारणयंत्रणा उभारलेली आहे, त्याचप्रकारे खाणी, विजकेंद्रे वगैरे ठिकाणीही अशी यंत्रणा उभारता येईल. मात्र प्रत्येक आपत्तीबाबत वेगळ्याप्रकारे विचार व्हायला हवा. महापुराची झळ ही विस्तीर्ण क्षेत्राला पोहोचते. तुलनेने भूकंप अपघात वगैरे आपत्ती मर्यादित क्षेत्रापुरत्या असतात. त्यामुळे प्रत्येक यंत्रणेचे स्वरूप व कार्यपद्धती याबाबत वेगळेपणा आढळते. उदा. खाणीत स्फोट, पाणी घुसणे वगैरे दुर्घटना घडली तर बाहेरच्या लोकांना मदत करता येत नाही. त्यावेळी खाणीत काम करणाऱ्या कामगारांनीच परस्पर साहाय्य करणे, प्रसंगावधान दाखवून योग्य निर्णय घेणे महत्त्वाचे असते. तसेच बाहेर पडण्यासाठी खाणीत जागोजागी लिफ्ट बसवणे, प्रथमोपचारासाठी साधने अनेक जागी ठेवणे, प्रमुखाने परिस्थितीनुसार तत्काळ योग्य निर्णय घेणे, यांसारख्या गोष्टी करण्याची गरज असते. भारतात खाणींतील दुर्घटनांचा जो अभ्यास झाला, त्यात अनेक खाणींची वेळोवेळी तपासणीच न झाल्याचे, भूगर्भातील पाणी साठ्याचा बिनचूक अंदाज न घेतल्याचे, तसेच खाणीत आपत्ती निवारणाच्या सोयीच निर्माण न केल्याचे आढळून आले. खाणमालकांनी आपल्या नफ्यावर जितका विचार केला, तितका कामगारांच्या हिताचा केला नव्हता. या सर्व ठिकाणी बाहेरील स्वयंसेवकांचा व मदतीचा फारसा उपयोग होत नाही. कारण ती त्या ठिकाणी पोहोचवायलाच जास्त कालावधी लागतो. त्यासाठी आपत्ती निवारण यंत्रणेत स्थानिक व्यक्ती, केंद्रामधील कर्मचारी व अधिकारी यांचा

सहभाग जास्त ठेवावा लागतो, तसेच पुरेशी साधनसामग्री ही आपत्तीपूर्वीच जमा करून चांगल्या स्थितीत ठेवावी लागते.

४.१९ निष्कर्ष

या सर्व विवेचनावरून आपत्ती निवारणापेक्षा प्रतिबंधावरच जास्त भर देण्याची गरज आढळून येते. पुरेशी खबरदारी घेतली की नुकसान व प्राणहानी टाळता येते. आपत्ती ओढवलीच तर होणारे नुकसान व प्राणहानी कमी होते. गरजेनुसार व परिस्थितीनुसार या यंत्रणेत योग्य ते बदल करावे लागतात. आपत्ती निवारण व पुनर्वसन यावर भरमसाठ खर्च करण्याऐवजी आपत्ती प्रतिबंधक मार्गात केलेली मर्यादित गुंतवणूक ही अधिक सूज्ञपणाची ठरते.

प्रकरण ४ – परिशिष्ट अ.

भूकंप

- आपण जर तळघरात किंवा जमिनीवरील मजल्यावर असाल तरच इमारतीपासून दूर पळा.
- वरच्या कोणत्याही मजल्यावर असलात तर सुरक्षित जागेकडे धाव घ्या. कोपऱ्यालगतचा खांब किंवा त्यावरील बीम हा तुलनेने सुरक्षित असतो. विशेषत: बाहेरील भिंतीलगतचा कोपरा अधिक उपयुक्त ठरेल.
- आपल्या डोक्यावर कठीण आवरण – धातूचे पातेले, हेल्मेट वगैरे ठेवा.
- भक्कम टेबलाखाली आश्रय घ्या. त्यामुळे कोसळणाऱ्या विटामातीपासून बचाव होईल.
- आकृतीत दर्शवल्याप्रमाणे सुरक्षितता त्रिकोण तयार करून त्याखाली जा.

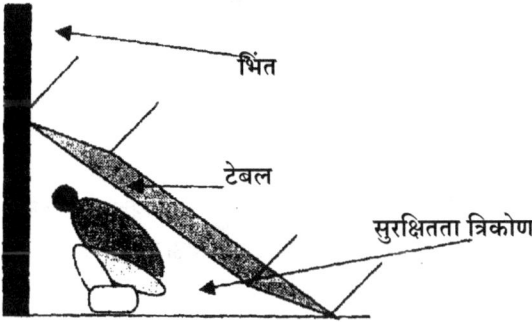

भिंत
टेबल
सुरक्षितता त्रिकोण

- आडोशाला जाताना आपल्या सभोवती पुरेशी मोकळी जागा ठेवण्याची दक्षता घ्या. त्यायोगे श्वास घेणे व शरीराची हालचाल करणे शक्य होईल.
- नाकाभोवती पातळ फडके बांधून धुळीपासून बचाव करा.
- मुख्य बटन बंद करून विद्युतप्रवाह बंद करा.
- आपल्या जवळपास कोणी आपद्ग्रस्त आढळल्यास त्यालाही वाचवायचा प्रयत्न करा. त्याला आपल्याजवळ सुरक्षित जागेत घ्या.
- मदतीसाठी स्वयंसेवक जवळ आल्याची चाहूल लागली, तर आपण तेथे असल्याचे इशारा देऊन त्यांच्या लक्षात आणा.
- पडझड पूर्ण झाल्याची खात्री करून घ्या व त्यानंतरच अतिशय संथ गतीने तेथून बाहेर पडा.

- खालच्या मजल्यावर जाण्यासाठी जवळपास दोर सापडल्यास त्याचा किंवा दरवाजांचे पडदे, साड्या, धोतरे वगैरेच्या साहाय्यानेच खाली या, इतरांनाही उतरवा.
- ओठांना व घशाला कोरड पडणार नाही याची काळजी घ्या.
- संथ गतीने श्वसन करा, दमछाक होणार नाही याची काळजी घ्या. जास्त काळ का लागेना तुमची सुटका करायला कोणीतरी निश्चितच येईल, तोवर धीर धरा. शांतपणाने वाट पहा.
- मोठ्या भूकंपानंतर पाठोपाठ बसणाऱ्या हादऱ्यांनी जास्त पडझड होते. तेव्हा एक तासापर्यंत तरी तेथेच थांबा, त्यानंतरच सुटकेसाठी बाहेरच्या दिशेने पुढे सरकत रहा.
- शक्यतो डोळ्यांवर चष्मा किंवा गॉगल चढवा.
- जवळ एखादी काठीही ठेवा.
- स्वयंपाक घरातील गॅस रेग्युलेटर बाहेर पडण्याआधी बंद करा.
- बाहेर पडताना आपले ओळखपत्र, चेकबुक, रोख पैसा, बॅटरी अग्निशमनाची टाकी, प्रथमोपचाराची पेटी शक्य झाले तर बरोबर घ्या.

हे करू नका

- गोंधळून, गडबडून जाऊ नका.
- लिफ्टने जाऊ नका. जिन्याचा वापर करा.
- वरच्या मजल्यावर असल्यास, खाली रस्त्यावर जायची घाई करू नका.
- गच्ची, बाल्कनी, जिने या ठिकाणी आश्रय घेऊ नका.
- विजेच्या दिव्याचे बटण चालू करू नका.
- मदतीसाठी सतत मोठ्याचे किंचाळू नका. स्वयंसेवक आल्याची चाहूल लागली तर तेवढ्यापुरता बोलून इशारा द्या.
- पलंगाखाली लपू नका. खांबाजवळचा कोपरा हा जास्त सुरक्षित आहे.
- मौल्यवान परंतु वजनदार गोष्टी उचलायचा, हालवायचा प्रयत्न करू नका.
- एका जागी अवघडलेल्या स्थितीत जास्त वेळ बसू नका. शरीराची थोडीफार हालचाल करा.
- वेगाने श्वास घेऊन आपली दमछाक करू नका.
- लिफ्टमध्ये अडकलात तरी अस्वस्थ होऊ नका, गोंधळून जाऊ नका.
- जास्त गर्दीत जाऊ नका. तुम्हाला व्यवस्थित श्वासोच्छवास करता आला पाहिजे.
- आपली क्षमता अनाठायी वापरू नका. ती तुम्हांला दीर्घ काळपर्यंत टिकवायला हवी.

- आपले नातलग, मित्र यांच्याशी तत्काळ फोन किंवा मोबाईलवरून संपर्क साधू नका. त्यामुळे ते घाबरून जातील व महत्त्वाच्या संदेश वहनाला लाईन्स रिकाम्या नसल्याने विलंब लागेल. संकटाचा धोका टळल्यावर उसंत मिळाल्यानंतर त्यांच्याशी बोला. त्यातही जवळपासच्या मित्रांशी, नातलगांशी आधी संपर्क साधा. तुमची सुटका होण्यासाठी त्यांचा उपयोग होईल. दूर ठिकाणी असलेल्यांशी संपर्क साधू नका. कारण तुमच्यासाठी काहीही करणे त्यांना शक्य होणार नाही.

वादळे / झंझावात

हे करा

- खालच्या मजल्यावर सुरक्षित जागी दरवाजे खिडक्यांपासून दूर आश्रय घ्या.
- खाण्याचे २४ तास पुरतील इतके जिन्नस, पाणी, प्रथमोपचाराचे साहित्य वगैरे आपल्याजवळ ठेवा. पुरेशी पूर्वसूचना मिळाल्याने हे शक्य होईल.
- तुमच्या नातलगांना, मित्रांना फोनच्या मदतीने संभाव्य संकटापासून सावध करा. त्यांना सुरक्षित जागी जाण्याची सूचना द्या.
- चालू स्थितीतील बॅटरी आपल्याजवळ ठेवा.
- घरात व बाहेर उपयोग होईल अशा प्रकारच्या किरकोळ वस्तू जवळ ठेवा.
- वेगवान वारे बाहेर जाण्यासाठी घराची सर्व दारे, खिडक्या उघड्या ठेवा, मात्र त्यायोगे तुमची सुरक्षितता धोक्यात येणार नाही याची काळजी घ्या, म्हणजे पडझड कमी होईल.
- कौलारू छपरांची वेळोवेळी तपासणी करून ती चांगल्या स्थितीत ठेवण्याची काळजी घ्या.
- घराबाहेरची इमारतीवर पडून नुकसान करू शकणारी मोठी झाडे छाटून टाका. हे काम सतत सर्वसामान्य परिस्थितीतही करत रहा.
- आपली वाहने घराच्या मागील बाजूस दगडमाती पडणार नाहीत अशा ठिकाणी ठेवा.
- आपण नेमके कोठे आहोत ते जवळपासच्या नातलगांना / मित्रांना कळवा.
- संकटाच्या प्रसंगी आपल्याबरोबरच परिसरातील इतर लोकांना घरात तात्पुरता आश्रय द्या.
- तुम्ही स्वतः बाहेर असलात तर जवळच्या इमारतीत आश्रय घ्या.
- मोबाईल फोन जवळ ठेवा. पण त्याचा उपयोग अत्यंत गरजेच्या प्रसंगीच करा. कारण त्याची क्षमता संपल्यानंतर रिचार्जिंग तत्काळ करता येईलच असे नाही.

- वृद्ध व आजारी व्यक्तींनी आठवडाभर पुरतील इतकी औषधे आपल्याजवळ ठेवावीत.
- गॅस रेग्युलेटरचा स्विच बंद करा.
- खिडक्या व दरवाजांच्या काचा सुरक्षित ठेवण्यासाठी त्यावर चिकटपट्ट्या तिरप्या चिकटवा.

हे करू नका

- फाजील धाडस दाखवू नका.
- झाडांच्या फांद्यांवर चढू नका किंवा उच्च दाबाच्या वीजवाहक तारांखाली थांबू नका.
- गच्ची, बाल्कनी किंवा छपरावर थांबू नका.
- वादळ जोरात असताना गॅस पेटवू नका.
- लिफ्टचा वापर आरंभीचा काही काळ वगळता करू नका.
- विद्युतप्रवाह वादळ आल्यावर चालू करू नका. बॅटऱ्यांचा वापर करा.

त्सुनामी

हे करा

- वेळेवर पूर्वइशारा मिळाला तर किनारपट्टीपासून दूर किमान ३ कि.मी. आतल्या बाजूला जा.
- लाट येताना दिसली तर उंच जागी जा किंवा मोठ्या वृक्षाला घट्ट धरून ठेवा.
- किनारपट्टीवरील नारळाची झाडे बचावाच्या दृष्टीने उपयुक्त असतात. शक्य झाल्यास १० ते १५ मी. उंच झाडावर चढा. किंवा बुंध्याला हातांनी घट्ट धरा. लाट परत जाईपर्यंत ही काळजी घ्या.
- किनाऱ्यापासून दूर अंतरावरील घरात आश्रय घ्या.
- एकापेक्षा जास्त लोक असल्यास हातांची साखळी करून मोठ्या बुंध्याच्या झाडाला विळखा घाला.
- आपल्या चेहऱ्याचा / डोक्याचा लाटेपासून बचाव करा, तसेच दोन पायातील अंतर जास्तीत जास्त ठेवा. म्हणजे इजा न होता तोल सांभाळता येईल. समुद्राच्या दिशेला जाऊ नका.
- पहिल्या लाटेनंतर दुसरी लाट येईपर्यंत २ ते ३ मिनिटे मिळतात. तेवढ्यात सुरक्षित ठिकाणी जा.
- लहान मुले व वृद्धांच्या सुरक्षिततेची जास्त काळजी घ्या.

- लाट जवळ येण्यापूर्वी दीर्घ श्वास घेऊन रोखून धरा. त्यामुळे नाकात पाणी जाणार नाही.

हे करू नका
- त्सुनामीची पूर्वसूचना मिळाल्यावर किनाऱ्याच्या दिशेला जाऊ नका.
- उघड्यावर आधार नसेल अशा ठिकाणी थांबू नका.
- ज्या भिंतीवर लाटा आपटतात, त्या भिंतीजवळ जाऊ नका.
- उच्च दाबाच्या विजेच्या तारांखाली थांबू नका.
- पाण्यावर तरंगू शकणारे लाकूड आधारासाठी घेऊ नका. लाटेबरोबर हे लाकूडही आपटून तुमचा जीव जाऊ शकेल.
- कमकुवत बांधकामे, भिंतीलगत ठेवलेले सामान वगैरेच्या जवळ थांबू नका.
- किनाऱ्यापासून ५०० मी. अंतराच्या अलीकडे पठारी घरे बांधू नका.

आगीमुळे होणारे अपघात
हे करा
- गॅस रेग्युलेटर वापरात नसेल त्यावेळी, रात्री झोपताना व बाहेर गावी जाताना बंद करण्याची दक्षता घ्या.
- ज्वलनक्षम कचरा व किरकोळ गोष्टी साठवून न ठेवता त्याची तत्काळ विल्हेवाट लावा.
- घरातल्या मोरीत/स्वयंपाकघरात पाणी भरलेली बादली कायम ठेवा.
- विजेच्या वायरी, बटणे, प्लग्ज वगैरेंची वेळोवेळी तपासणी करा.
- कोणत्याही एका प्लगवर किंवा एकूणच विजेचा जास्त भार येणार नाही याकडे लक्ष द्या.
- उष्णता, ज्वलनक्षम/ज्वालाग्राही पदार्थ व प्राणवायू हे आगीसाठी कारणीभूत होणारे तीन घटक, कधीही एकत्र येणार नाहीत याची काळजी घ्या.

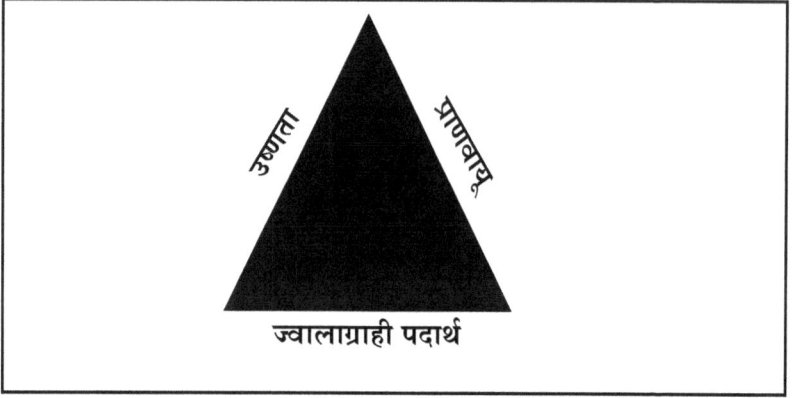

उष्णता
प्राणवायू
ज्वालाग्राही पदार्थ

- स्वत:ला पाण्याने चिंब भिजवून मगच पेट घेतलेल्या भागात जा.
- 'आग-आग-आग' असे जोराने ओरडून इतरांना सावध करा व मदतीसाठी बोलवा. अग्निशमन दलाला तत्काळ फोन करून बोलावून घ्या.
- आग विझवण्यासाठी पाणी वापरण्याबरोबरच परिसरही पाण्याने भिजवा.
- तेल किंवा रसायन पेटल्यास पीठ, वाळू यांसारख्या गोष्टी पाण्याऐवजी वापरा किंवा अग्निरोधक फेसाचा वापर करा.
- अंगावरील कपड्यांना आग लागली तर घोंगडी किंवा लोकरी कापड अंगाभोवती गुंडाळून त्यानंतर पाण्यात उडी मारा किंवा अंग भिजवा.
- पेटलेले कपडे विझवण्यासाठी जमिनीवर गडाबडा लोळण घ्या.
- ज्यूटचे कापड ओले करून ते विस्तवावर वारंवार आपटून आग विझवा.
- दरवाजा उघडून आगीपासून दूर जा. बाकीच्यांना बाहेर काढा.
- ओला रुमाल / कापड नाकाभोवती गुंडाळून धुरापासून बचाव करा व सुरक्षित ठिकाणी जा.
- कापडी मंडपाला आग लागली तर तत्काळ कनाती उचलून किंवा कापडे फाडून जास्तीत जास्त लोकांना बाहेर पडता येईल हे पहा.
- गर्दी व गोंधळावर नियंत्रण ठेवून, लोकांना चेंगराचेंगरी होऊ न देता शिस्तीत सुरक्षित ठिकाणी हलवा.
- अग्निशमन टाक्या कशा वापरायच्या त्याची माहिती घ्या.
- स्टँडच्या पायऱ्या असलेल्या शिड्यांचाच आग विझवण्यासाठी वापर करा.
- आगीच्या परिसरातील ज्वलनक्षम कचरा व इतर गोष्टी ताबडतोब हालवा. लाकडी वस्तू, कापडी जिन्नस यांसारख्या गोष्टीही ताबडतोब बाजूला न्या.

- जास्तीत जास्त आपद्ग्रस्तांची सुटका करायचा प्रयत्न करा.
- सुरक्षितपणे बाहेर पडण्यासाठी सर्व दरवाजे उघडा.
- योग्य ते बोलून लोकांना धीर द्या.

हे करू नका

- गोंधळून जाऊ नका व गोंधळ वाढवू नका.
- धग असलेल्या ठिकाणी जास्त काळ थांबू नका. म्हणजे तुम्ही होरपळणार नाही.
- धुराने भरलेल्या जागेत जाऊ नका.
- गॅस सिलिंडरजवळ जाऊ नका. स्फोट होण्याचा धोका असतो.
- तेलाचे दिवे, कंदील चालू ठेवू नका.
- बाहेर पडताना विजेवर चालणारी बॉयलर, इस्त्री वगैरे उपकरणे चालू ठेवू नका.

दरड कोसळणे / भूस्सखलन

हे करा

- दरड कोसळणार हे ध्यानात येताच विरुद्ध दिशेला वेगाने सुरक्षित जागी जा.
- हाताने किंवा हेल्मेट, घमेल्याच्या साहाय्याने डोक्याचा बचाव करा.
- दरड कोसळत असताना झुडुपांच्या जाळीजवळ आश्रय घ्या. झुडुपांमुळे दगडमाती काही काळ तरी थोपवली जाते.
- दरड कोसळू लागली की डोळे आणि डोके यांचा बचाव करा.
- दोर फेकून ढिगाऱ्यात अडकलेल्या जास्तीत जास्त लोकांना ओढून बाहेर काढा.
- ढिगाऱ्यात गाडल्या गेलेल्या लोकांना बाहेर काढताना त्यांना इजा पोचणार नाही, अशा प्रकारे अगदी हळू खोदकाम करा.
- कुदळी न वापरता फावड्याच्या कडांचा वापर करून खोदाई करा.
- अगदी वाकून जमिनीवरून सरपटत असे सुरक्षित जागेकडे सरकत जा.

हे करू नका

- गोंधळू नका किंवा गोंधळ माजवू नका.
- खालच्या दिशेला घसरत जाऊ नका. ढिगाऱ्याखाली गाडले जायचा धोका त्यामध्ये जास्त असतो.
- वरच्या दिशेला जाण्याची धडपड करू नका.
- एकाच जागी जास्त वेळ थांबू नका.
- तीक्ष्ण हत्याराने खणू नका. गाडल्या गेलेल्या लोकांना इजा पोहोचू शकते.

बाँब किंवा स्फोटक द्रव्यांचा स्फोट

हे करा

- सुरक्षित जागी जा.
- शक्य नसल्यास थोडे पुढे जाऊन पालथे पडा. डोक्याच्या मागील बाजूवर हात ठेवून डोके वाचवायचा प्रयत्न करा.
- डोळे बंद ठेवा, नजीकच्या भिंतीआड आडोसा घ्या.
- प्रवास करताना आसनाखाली, वरच्या रॅकवर किंवा अन्यत्र बेवारशी सामान पडले नाही याची खात्री करून घ्या.
- संशयास्पद हालचाली करणाऱ्या व्यक्तीकडे लक्ष द्या, इतरांना सावध करा.
- टेपने, दोरीने घट्ट बांधलेली पुडकी आढळली तर ताबडतोब त्याविषयीची माहिती बस कंडक्टर, ड्रायव्हर , तिकीट तपासनीस , अटेंडंट पोलीस वगैरेंना द्या.
- स्फोट झालाच व त्यातून तुम्ही बचावलात तर बाकीचे लोक गोंधळ माजवून घबराट निर्माण करणार नाहीत याकडे लक्ष द्या व परिस्थिती तुमच्या नियंत्रणाखाली आणा.
- स्फोटामुळे आग लागली तर त्यापासून तुमचा व इतरांचा बचाव करा.
- कोणतेही ज्वालाग्राही पदार्थ, द्रव्ये इ. सार्वजनिक वाहनातून प्रवास करताना आपल्याजवळ ठेवू नका. इतरांनाही तसे करण्यापासून रोखा.
- कोणतेही स्फोटक द्रव्य आढळले तर स्फोट होण्याआधीच किमान ५०मीटर किंवा त्याहून अधिक अंतरावर जा. इतरांनाही तशी सूचना द्या.
- स्फोटक द्रव्यांचा साठा असणाऱ्या गुदामांभोवती ६ फूट उंचीचे दगडी भिंतीचे कंपाऊंड बांधा व वाळूने भरलेली पोती ठेवा.
- जवळ पाणी असल्यास स्फोटके भिजवा. स्फोट टाळता येईल.
- स्फोटकांपासून ५० मीटर अंतरावरील लोक सुरक्षित राहतात. तसेच गर्दीच्या ठिकाणी स्फोटाने दुष्परिणाम जास्त होतात. म्हणून शक्यतो गर्दीच्या ठिकाणापासून दूर रहा.

हे करू नका

- बेवारशी सामान आढळल्यास घाबरून जाऊ नका.
- कोणत्याही परिस्थितीत त्याला स्पर्श करू नका.
- स्फोट झालाच तर पाठोपाठ आगीची शक्यता ध्यानात घेऊन जवळपास थांबू नका. इतरांना थांबू देऊ नका.

महापूर

हे करा

- पुराचा इशारा मिळाला की सखल भागात न थांबता उंच जागी आश्रयासाठी जा.
- पुरेसे अन्न, पाणी, औषधे, बॅटरी, काठी वगैरे तसेच महत्वाची कागदपत्रे व पैसे आपल्याजवळ ठेवा.
- पुराच्या विळख्यात सापडलात तर लाकडी फळ्या वा पाण्यावर तरंगणाऱ्या इतर वस्तूंचा आधार घ्या. आपल्याजवळ दोरीही ठेवा.
- जमिनीत घट्ट मुळे गेलेल्या झाडांच्या फांद्यांचा आश्रय घ्या.
- जुन्यापुराण्या इमारतीत न थांबता तत्काळ बाहेर पडा.
- बंद वाहनात बसून न राहता पाणी वाढू लागल्यावर दार उघडून जवळच्या इमारतीत जा.
- जवळच्या अन्न पाण्याचा अगदी गरजेपुरताच उपयोग करा. त्याची गरज किती काळ लागेल ते सांगता येत नाही.
- मोबाईल फोनचा वापर जरूर तेवढाच करा. बॅटरी संपली तर रीचार्जिंगसाठी वीज मिळणार नाही.
- शाळा किंवा कार्यालयात असाल तर तेथेच सुरक्षित जागी थांबा.
- इमारतीतही जास्तीत जास्त उंच ठिकाणी जा.
- वेळोवळी तपासून सांडपाणी निचरा यंत्रणा चांगल्या स्थितीत ठेवा.
- प्रत्येकाला पोहायला यायलाच हवे, ते शिकून घ्या.

हे करू नका

- इतरांना वाचवण्यासाठी का होईना पण वेगवान पाण्याच्या प्रवाहात जाऊ नका. विशेषत: इतरांचा बचाव करण्याचे तुम्ही शिक्षण घेतले नसेल तर हा धोका पत्करू नका.
- आपले घर कमकुवत झाले असेल तर दुरुस्तीसाठी उशीर करू नका.
- महापुराचा परिसर ही करमणुकीची जागा नाही. गंमत पहायला तेथे गर्दी करू नका. त्यामुळे मदत यंत्रणांच्या कार्यात अडथळे येतील.
- पूर येऊन गेल्यानंतर न उकळलेले पाणी पिण्यासाठी वापरू नका.
- तुमची महत्त्वाची कागदपत्रे असुरक्षित पद्धतीने ठेवू नका. प्लॅस्टिकच्या पिशव्यात व्यवस्थित बांधून ठेवलीच तरच पाण्यात भिजून ती खराब होणार नाहीत.

जत्रा, उत्सवातील दुर्घटना

हे करा

○ फटाके उडवणाऱ्या मुलांना सुरक्षिततेविषयी माहिती द्या व कायम त्यांच्यावर लक्ष ठेवा.

○ इमारतीपासून ५० मीटर दूर ठिकाणीच शोभेची दारू उडवा.

○ पाण्याने भरलेली बादली कायमच घरात ठेवा.

○ विक्रीसाठी कापडी मंडप बांधतानाच अग्निशमनाची साधने पुरेशा प्रमाणात ठेवा.

○ चेंगराचेंगरी टाळण्यासाठी गर्दीवर नियंत्रण ठेवा.

○ गर्दीमुळे वाहतूक ठप्प झाली तर ताबडतोब ती वेगवेगळ्या दिशांना हलवून परिसर रिकामा करा.

○ अंधश्रद्धेविरुद्ध प्रचार करा. अस्वच्छ पाण्यात स्नान करण्यापासून लोकांना परावृत्त करा.

○ गुन्हेगार लोक गर्दीचा गैरफायदा घेतात. लोकांना आपल्या मौल्यवान वस्तूंची काळजी घेण्यासाठी सावध करा.

हे करू नका

○ गर्दीत फार काळ थांबू नका.

○ ज्वालाग्राही पदार्थ, तेलावरील दिवे, शोभेची दारू इ. असुरक्षित जागी ठेवू नका व वापरू नका.

प्रवासातील अपघात

हे करा

○ दुचाकी वाहनावर न जाताना आपल्या सुरक्षिततेसाठी हेल्मेट वापरा.

○ गाडीत बसल्यावर चालू करण्याआधी आपल्याभोवती सुरक्षितता पट्टे बांधा.

○ रहदारीच्या नियमांचे पालन करा. वेगावर मर्यादा ठेवा.

○ वाहनाच्या डिकीत प्रथमोपचाराची साधने ठेवा.

○ सार्वजनिक प्रवासी वाहनात बेवारशी वस्तू आढळल्यास कंडक्टरला लगेच माहिती द्या.

○ संशयास्पद व्यक्ती व त्यांच्या हालचालींवर बारीक लक्ष ठेवा.

○ मनात कोणतीही शंका आली तर कंडक्टर, ड्रायव्हरशी बोला.

○ स्फोटक, ज्वालाग्राही पदार्थ आपल्याजवळ प्रवासात बाळगू नका.

- चालू करण्याआधी आपल्या वाहनाची काळजीपूर्वक तपासणी करा. ॲक्सिलरेटर, ब्रेक्स, डिकी वगैरे तपासून घ्या.
- स्फोटाची चाहूल लागताच पालथे पडून आपले डोके, शरीराचा नाजूक भाग सुरक्षित ठेवा.

हे करून नका

- अमर्याद वेगाने वाहने चालवू नका.
- मद्यधुंद स्थितीत वाहन चालवू नका. ड्रायव्हर प्यालेला असेल तर त्याला वाहन चालवून देऊ नका
- रस्त्यांवर वाहनांची शर्यंत लावू नका.
- वाहन चालू असताना मोबाईल फोन वापरू नका.
- वाहनावर क्षमतेपेक्षा जास्त भार लादू नका.
- अनधिकृत प्रवाशांना प्रवास करू देऊ नका.
- रेल्वेत डब्याबाहेरील फूटबोर्डवर उभे राहून प्रवास करू नका.
- वाहनांचे दिवे नादुरूस्त किंवा अकार्यक्षम असल्यास रात्री प्रवास करू नका.
- सदोष वाहने रस्त्यावर चालवू नका.
- पुरामध्ये रस्ता किंवा पूल पाण्याखाली गेला असल्यास, त्यावरून वाहन चालवू नका.
- ट्रकमध्ये सामान भरताना ठरलेल्या उंचीपेक्षा जास्त उंच होईल अशा पद्धतीने सामान भरू नका. त्यामुळे तोल सांभाळणे कठीण होते.

□

५
आपत्ती निवारणाची कार्यपद्धती

'आपत्तीचा मुकाबला करताना अनपेक्षित असे काहीही घडू शकते, याची खूणगाठ मनाशी बांधा.'

५.१ प्रास्तविक

या आधी आपण आपत्ती निवारणाची तयारी कशी करायची, त्याचा विचार केला. पूर्वतयारी आणि नियोजन केल्याने आपत्ती ओढवण्याआधी व नंतर लागलीच अंमलबजावणी कशी करता येते तेही पाहिले. यावरून आपत्ती व्यवस्थापन ही सोपी गोष्ट आहे असे आपल्याला वाटेल. परंतु, प्रत्यक्षात तसे बिलकुल घडत नाही. घडते ते अनपेक्षित आणि अतर्क्य असते, इतक्या अनपेक्षित गोष्टी अन् अडचणी आपल्यावर कोसळतात की, आपत्तीशी सामना करताना मूळ योजनेत बदल करणे, साधनसामग्रीची उभारणी, मनुष्यबळाचे नियोजन यांत लवचिकता ठेवणे व बदलत्या परिस्थितीला अनुसरून निर्णयात बदल करणे या गोष्टी अटळपणाने कराव्याच लागतात. यामध्येच गतिमान नेतृत्वगुणांची कसोटी लागते. आपत्ती निवारण व्यवस्थापनाचे यश यावरच अवलंबून असते. आकस्मिकपणाने उद्‌भवलेल्या अडचणींबाबत संपूर्ण माहिती घेणे, साधनसामग्री व मनुष्यबळाचा योग्यप्रकारे वापर करून त्या सोडवणे, सर्व घटक आपल्या नियंत्रणाखाली आणणे, त्यांच्यावर आपण पूर्ण वर्चस्व प्रस्थापित करणे आणि आवश्यकतेनुसार त्यासंदर्भात सर्वांशी तत्काळ संपर्क प्रस्थापित करणे, या सर्व आपत्ती व्यवस्थापनात करायच्या महत्त्वाच्या गोष्टी आहेत; आपण त्यांचा क्रमशः विचार करू.

५.२ साधनसामग्रीचे नियोजन व उपयोग करणे

कोणत्याही जिल्ह्यात जर संकटाची, त्यामधील कमकुवत घटकांची आणि धोक्यांची चाहूल जर आधीच घेणे शक्य झाले व त्यांचे व्यवस्थित विश्लेषण करता आले तर प्रतिबंध, निवारण व पुनर्वसन यांसाठी उपयोगी पडणाऱ्या विविध प्रकारच्या साधनसामग्रीची प्रथम यादी करता येते. त्यानंतरच्या टप्प्यात ती कोठून, कशी व किती प्रमाणात आणायची ते ठरवता येते.

साधनसामग्रीच्या नियोजनाचे टप्पे पुढीलप्रमाणे –

५.२.१ आपल्या गरजेप्रमाणे साधनसामग्री गरजेच्या वेळी नेमकी मिळू शकेल, हे पाहणे महत्त्वाचे आहे. अंदाज घेताना जर चुका झाल्या तर अडचणीची परिस्थिती उद्‌भवते. हे टाळण्यासाठी योग्य पद्धतीने नेमका अंदाज घेता यायला हवा. धोक्याच्या विश्लेषणानुसार आपत्तीची झळ जास्तीत जास्त क्ष इतक्या लोकांना बसेल, असे आपण गृहीत धरले तर पहिल्या तासात त्यांपैकी सर्वाधिक लोकांना झळ पोहोचेल, त्यानंतरच्या ६ तासांत त्यापेक्षा कमी, नंतरच्या २४ तासांत त्यापेक्षा कमी याप्रमाणे समजा 'क्ष' मधल्या ८०% लोकांना २४ तासांतच आपत्तीची झळ पोहोचली व बाकीच्या २०% लोकांना त्यानंतरच्या काही दिवसांत झळ पोहोचली तर ८०% लोकांना पुरेल इतकी साधनसामग्री तातडीची गरज म्हणून शीघ्र गतीने मागवावी लागेल; ही मदत खाली दर्शविल्याप्रमाणे वेगवेगळ्या गोष्टींची असेल.

५.२.१.१ जगण्यासाठी अत्यावश्यक गोष्टींचा संच – यामध्ये तयार अन्नाचे डबे, पिण्याच्या पाण्याच्या बाटल्या, आवश्यक ते कपडे, चादरी वगैरे गोष्टी आवश्यक आहेत.यापैकी अन्न व पाणी वगळता बाकीच्या गोष्टींची तयारी करून ५०० आपद्‌ग्रस्तांसाठी एक याप्रमाणे संच आधीच तयार करून ठेवता येतील. जिल्हाधिकाऱ्यांच्या नियंत्रण कक्षात ते ठेवून गरजेच्या वेळी तत्काळ पाठवता येतील. मदत शिबिरात या साहित्याबरोबरच शिधा, पाण्याचे बुधले, स्टोव्ह पाठवता येतील. आपद्‌ग्रस्तांपैकी महिला स्वयंपाक करतील व पुरुष मंडळी बाकीची कामे करतील. पहिल्या टप्प्यात किती संच पाठवायचे व त्यानंतर किती हे गरजेनुसार ठरवता येईल.

५.२.१.२ जखमा, अस्थिभंग, भाजणे, ताप येणे, संसर्गजन्य आजार वगैरेंचा विचार करून, प्रत्येक मदत शिबिरासाठी योग्य त्या प्रमाणात औषधे, कापूस, बँडेज, शस्त्रक्रियेसाठी उपयुक्त उपकरणे, पाणी निर्जंतुक करण्यासाठी गोळ्या वगैरे गोष्टींचे पुरेसे संच अगोदरच तयार करून आवश्यकतेनुसार पाठवता येतील. गंभीर दुखण्यासाठी नजीकच्या हॉस्पिटलात खाटा, ॲम्ब्युलन्स गाड्या वगैरे ठेवता येतील. डॉक्टर व नर्सेसच्या मदतीने तात्पुरती रुग्णालये व दवाखाने शिबिराच्या जागीच उभारता येतील.

५.२.१.३ तातडीने किमान ५०% लोकांसाठी कापडी तंबू उभारावे लागतील. बाकीच्यांना काही दिवसांपुरते शाळा, कॉलेजच्या इमारतीत ठेवता येईल. मात्र, जसजसे शक्य होईल, तसे त्यांना इतरत्र हालवावे लागेल. यासाठी पुरेसे तंबू नियंत्रण कक्षात ठेवावे लागतील.

५.२.१.४ यंत्रसामग्री – जिल्ह्याच्या नियंत्रण कक्षात बुलडोझर, खोदाईयंत्रे,

जेसीबी यंत्रे, जनरेटर्स, सिमेंटची पोती, लोखंडी तारा, होड्या वगैरे कायमच ठेवाव्या लागतील. केव्हा कशाची गरज पडेल ते सांगता येणार नाही. नियंत्रण कक्षातील गोष्टी अपुऱ्या पडल्यास इतर ठिकाणांहून मागवता येतील पण त्यासाठी अधिक वेळ लागेल.

५.२.१.५ महापुराच्या काळात हेलिकॉप्टर्स, वेगवान बोटी, होड्या वगैरेंचीही मदत लागते. त्यासाठी योग्य ती व्यवस्था करायला हवी.

५.२.१.६ आपद्ग्रस्तांच्या स्थलांतरासाठी वाहतुकीची पुरेशी साधने हवीत. बसगाड्या, मालवाहतुकीसाठी ट्रक्स तत्काळ उपलब्ध झाले पाहिजेत.

५.२.२ आपत्ती निवारणासाठी वापरली जाणारी अवजड यंत्रसामग्री ही खूप खर्चीक असते व इतर वेळेला तिचा वापर झाला नाही तर त्यात केलेली गुंतवणूक ही तोट्याची होते; कारण पडून राहिली तरी देखभालीचा खर्च करावाच लागतो; या गोष्टी ठेवण्यासाठी जागाही खूप मोठी लागते. म्हणून सरकारने या गोष्टी स्वत: खरेदी न करता ज्या खासगी व्यक्तींनी आपल्या व्यवसायासाठी खरेदी केलेल्या आहेत, त्यांच्याशीच करार करून, त्यांना योग्य ते भाडे देऊन त्यांचा आपत्तीच्या प्रसंगी उपयोग करून घ्यावा. तेही आपली कामे बाजूला ठेऊन अडचणीच्या वेळी सरकारला सहकार्य करतील. आपली बुलडोझर, खोदाई यंत्र वा अन्य यंत्रसामग्री हे तत्काळ आपत्तीच्या जागी पाठवायची व्यवस्था करतील. त्याखेरीज शासनाच्या बांधकाम खात्यामधील अवजड यंत्रसामग्री तसेच धरणे व पाटबंधारे विभागातील यंत्रे, वेगवान बोटी, होड्या इ. तातडीने आपत्तीच्या जागी पाठवता येतील.

५.२.३ कायमस्वरूपी संरचनेसाठी स्थान निश्चिती

आधीच्या प्रकरणात आपण विचारात घेतलेली संरचना कोठे निर्माण करावयाची तीही गोष्ट महत्त्वाची असते. २००५ साली रायगड जिल्ह्यात अतिवृष्टी व नद्यांच्या पुरामुळे महाड शहरात १० फूट उंचीपर्यंत सर्वत्र पाणी होते. त्यामुळे नगरपरिषदेचे कार्यालय, तहसीलदार कचेरी इतकेच नव्हे तर नागरी रुग्णालयाची इमारतही पाण्यात होती. परिणामी, रुग्णालयाचा कोणालाच उपयोग झाला नाही. शासकीय यंत्रणाही ठप्प झाली होती.

१९६१ मध्ये पानशेत धरण फुटून पुण्यात जो महापूर आला, त्यावेळी नदीकाठी असलेली पुणे महानगरपालिकेची इमारतही पाण्याने वेढल्याने व आत पाणी शिरल्याने सर्व कागदपत्रे, दप्तर नष्ट झाले. हे टाळण्यासाठी आपत्तीसाठी जी संरचना निर्माण करायची ती सर्व दृष्टीने सुरक्षित, काहीशी उंच जागी निर्माण करावी. पुढील पानावरील आकृतीत ही गोष्ट स्पष्ट केली आहे.

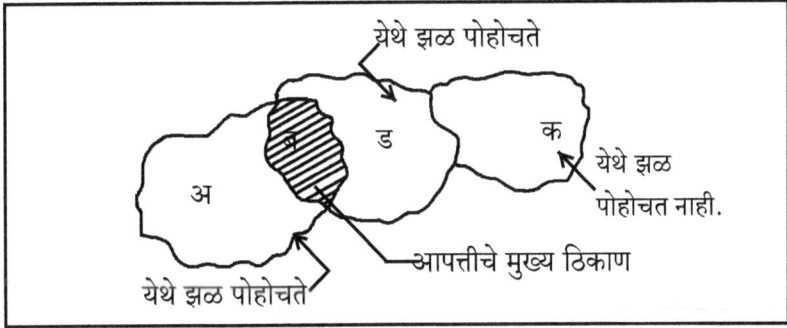

'ब' हे आपत्तीचे मुख्य ठिकाण आहे, त्याची झळ 'अ' आणि 'ड' या परिसराला लागू शकते. त्याच्या तुलनेत क हे ठिकाण सुरक्षित आहे. साहजिकच कायमस्वरूपी संरचनेसाठी 'क' हे ठिकाण योग्य ठरते. अ, ब आणि ड येथील जागा त्यादृष्टीने अयोग्य आहेत.

५.२.४ वित्तीय साधनसामग्री

आपत्तीच्या प्रसंगी पैशांचा खूप उपयोग होतो. त्या दृष्टीने प्रत्येक जिल्हाधिकाऱ्यांजवळ एक कायमस्वरूपी आकस्मिकता निधी ठेवण्याची तरतूद राज्यशासनाने करावी. आपत्तीच्या प्रसंगात या निधीचा विनियोग करण्याचे सर्वाधिकार जिल्हाधिकाऱ्यांना द्यावेत; तसेच जनतेच्या हितासाठी कोणतीही मालमत्ता ताब्यात घेण्याचे व खरेदी करण्याचे कायदेशीर अधिकार व वित्तीय तरतूद जिल्हाधिकाऱ्यांपाशी असावेत.

५.३ वैद्यकीय सेवांविषयक पूर्वअंदाज

२००१ मध्ये गुजरात राज्यात झालेला भूकंप, २००४ मध्ये आलेली त्सुनामी आपत्ती अशा प्रसंगात वैद्यकीय सेवांची गरज तीव्रतेने जाणवली. ज्यावेळी भूकंपाचे मोठे हादरे बसतात, त्यावेळी त्या परिसरातील लोकसंख्येच्या सुमारे ३०% लोक मृत्युमुखी पडतात तर ३०% लोक जखमी होतात. जखमींपैकी निम्म्यापेक्षा अधिक लोकांची परिस्थिती अत्यंत गंभीर असते. त्यांना रुग्णालयात अतिदक्षता विभागात पाठवावे लागते. सामान्यत: १०० रुग्णांवर तातडीने उपचार करण्यासाठी ३ डॉक्टर्स, ३ नर्सेस व ३ मदतनीस अशा ९ जणांची गरज असते. त्यानंतर त्यांना रुग्णालयात पाठवल्यानंतर याच्या दुप्पट डॉक्टर, नर्सेस व मदतनीस लागतात. त्सुनामीच्या आपत्तीत, दर ५०० लोकांत ४०% लोक पूर्णपणे दगावले किंवा त्यांचा पुढे शोधच

लागला नाही. बाकीच्या लोकांपैकी ५०% लोक जबर जखमी झाले. त्यांपैकी १०% लोकांना अतिदक्षता सेवेची गरज होती असा अंदाज आहे. या सर्व गोष्टी ध्यानात घेऊन ५०० लोकांच्या एका मदत शिबिरामध्ये आवश्यक असणारी डॉक्टर्स, नर्सेस व मदतनिसांची संख्या निश्चित करावी. त्यांना आवश्यक ती उपकरणे, औषधे, अन्य वैद्यकीय साधनसामग्री उपलब्ध करून द्यावी. मात्र, सर्वांवरच मदत शिबिरात उपचार करता येतीलच असे नाही; कारण तेथे भूलतज्ज्ञ, 'क्ष' किरण उपचार तज्ज्ञ, शल्यविशारद उपलब्ध होत नाहीत. यासाठी शिबिरात फक्त प्रथमोपचार करून शक्य तितक्या रुग्णांना रुग्णालयात पाठवावे. मोठ्या शहरात किंवा महानगरात वैद्यकीय सेवा तत्काळ उपलब्ध होऊ शकते. ऑक्टोबर २००५ मध्ये दिल्लीत झालेल्या बाँबस्फोटानंतर तिथे सुसज्ज मोठी रुग्णालये असल्याने अनेकांचे प्राण वाचवता आले. प्रश्न ग्रामीण भागांचाच असतो. एकतर तिथे मुळातच वैद्यकीय सेवा अपुऱ्या असतात. त्यातच आपत्तीमध्ये जखमींच्या संख्येत मोठी वाढ होते व वेळेवर पुरेशी वैद्यकीय मदत मिळू न शकल्याने अनेकांना आपले प्राण गमवावे लागतात. हे टाळण्यासाठी स्थानिक डॉक्टरांचा सहभाग वाढवावा, त्यांना आवश्यक ती औषधे, अन्य साधने जिल्ह्यातील नियंत्रण कक्षामार्फत पुरवावीत, स्वयंसेवकांच्या तुकड्यांची त्यांनी मदत घ्यावी.

५.४ नियंत्रण कक्ष स्थापन करणे

कोणत्याही आपत्तीमध्ये नियंत्रण कक्ष / केंद्रांची भूमिका महत्त्वपूर्ण असते. केंद्रामार्फत सर्व निर्णय तत्काळ व परिस्थितीनुसार घेतले जातात. आपत्ती व्यवस्थापनाची संपूर्ण जबाबदारी अशा केंद्रामार्फत घेण्यात येते. आपत्तीविषयी सूचना मिळताच सावधगिरीचे प्रतिबंधक मार्ग अवलंबले जातात. आपत्ती ओढवल्यानंतर निवारणासाठी साधनसामग्री व मनुष्यबळाचा वापर केला जातो, तर आपत्तीनंतर पुनर्वसनाचे कार्य करून लवकरात लवकर परिस्थिती पूर्ववत होईल हे पाहिले जाते. आपत्ती व्यवस्थापनाचे कार्य स्थितीशील (कायमस्वरूपी) तसेच गतिशील (परिस्थितीनुसार बदलणारे) असे दुहेरी स्वरूपाचे असते. राज्याच्या, जिल्ह्याच्या व तालुक्याच्या पातळीला स्वतंत्र नियंत्रण कक्ष स्थापन करावे लागतात. आपत्ती नियंत्रण केंद्र, ग्राउंड झिरो बिंदू नियंत्रण कक्ष (Control Centre at Ground Zero) असे या कक्षांचे वर्णन होऊ शकेल. अर्थात, निर्णय प्रक्रियेमध्ये जिल्हा पातळीवरील केंद्र हे सर्वाधिक महत्त्वाचे असते. जिल्हाधिकारीच सर्व निर्णय घेऊन त्यांची खालच्या पातळीवर अंमलबजावणी करतात. आपत्ती व्यवस्थापनाचे संघटन आणि संयोजन हे मुख्यत: जिल्हा पातळीवरील केंद्रातच केले जाते. उदाहरणादाखल आपण एका

जिल्ह्यातील नियंत्रण कक्षाची रचना विचारात घेऊ. अर्थात, गरजेनुसार या व तालुका पातळीवरील कक्षात योग्य ते बदल होऊ शकतात.

नियंत्रण कक्षाची रचना

नियंत्रण कक्ष हे आपत्ती व्यवस्थापनाचे प्रमुख केंद्र असून त्यात विविध प्रकारची कार्ये केली जातात. जिल्हाधिकाऱ्यांना कार्यालयाशेजारीच असे केंद्र उभारणे श्रेयस्कर ठरते. मात्र, सर्वसामान्य दैनंदिन प्रशासनाच्या कामासाठी या केंद्राचा वापर करू नये तर आपत्ती प्रतिबंधाचे कार्य, सूचना मिळताच करावी लागणारी पूर्वतयारी, निवारण व पुनर्वसन या सर्व गोष्टींसाठी हे केंद्र कायमच तयार ठेवले पाहिजे.

नियंत्रण कक्ष/केंद्र हा आपत्ती व्यवस्थापन कार्याचा महत्त्वाचा घटक आहे. त्यामुळे त्या ठिकाणी वाहनांची व लोकांची कायमच वर्दळ असते. तेथे विविध प्रकारच्या साधनसामग्रीचे साठे असतात. आज सर्वच देश दहशतवादाच्या छायेत वावरत आहेत. केव्हा कसा घातपात होईल ते सांगता येत नाही. त्यामुळे या केंद्रात सुरक्षित यंत्रणा ठेवण्याची गरज आहे. तसेच संपूर्ण केंद्राभोवती भरभक्कम असे भिंतीचे कंपाउंड बांधले पाहिजे. तरच केंद्राला आपले काम व्यवस्थित करता येईल. येणाऱ्या-जाणाऱ्या प्रत्येकाची तपासणी झाली पाहिजे. त्यांच्या तेथील वावरावर नियंत्रण ठेवले पाहिजे. या नियंत्रण कक्षाचा इतरांशी अगदी कायमच दिवसाच्या चोवीस तासांत संपर्क राहिला पाहिजे; तसेच तत्काळ निर्णय घेण्यासाठी तेथे योग्य ते अधिकारी सतत उपलब्ध झाले पाहिजेत. या केंद्रात खालीलप्रमाणे माहिती व सूचनांचे जनतेला उपयोगी पडणारे बोर्ड रंगवून घेतले पाहिजेत. त्यात वेळोवेळी योग्य त्या दुरुस्त्या, बदल केले पाहिजेत. वेगवेगळ्या पातळीवरील नियंत्रण कक्ष संगणकाद्वारे जोडले असतील व दूरसंदेश व दूरध्वनीमार्फत पण जोडले असतील तर समन्वय उत्तम राहतो. संगणक तंत्रज्ञानाद्वारे नकाशे व माहिती त्वरित हाताळता येते.

५.४.१ परिसराचा मोठा नकाशा, परिसरात येऊ शकणारी संकटे, संकटग्रस्त क्षेत्रे, विविध ठिकाणी असणारे नियंत्रण कक्ष, संपर्क प्रस्थापित करण्याची ठिकाणे, वगैरे विविध गोष्टी तसेच परिसराची भौगोलिक परिस्थिती या नकाशात दर्शवली जावी.

५.४.२ परिसरातील धरणांची ठिकाणे, औद्योगिक वसाहती, कारखान्यांची ठिकाणे, रस्ते, रेल्वे मार्ग, विमानतळ, बंदरे, अन्य महत्त्वाची ठिकाणे दर्शवणारा दुसरा नकाशा तयार करावा.

५.४.३ परिसरातील दवाखाने, रुग्णालये, सुरक्षा केंद्रे, अग्निशामक विभाग, कायमस्वरूपी संरचना असलेली ठिकाणे, निवारण व पुनर्वसन केंद्रे इ. महिती असलेला तिसरा नकाशा/तक्ता रंगवावा.

आपत्ती नियंत्रण कक्षाची रचना

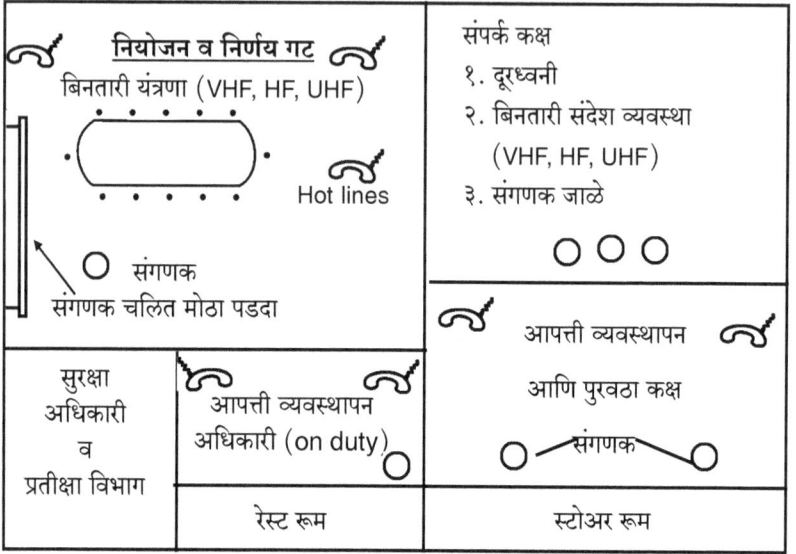

नियोजन व निर्णय गट
बिनतारी यंत्रणा (VHF, HF, UHF)
Hot lines
संगणक
संगणक चलित मोठा पडदा
संपर्क कक्ष
१. दूरध्वनी
२. बिनतारी संदेश व्यवस्था (VHF, HF, UHF)
३. संगणक जाळे
आपत्ती व्यवस्थापन आणि पुरवठा कक्ष
संगणक
सुरक्षा अधिकारी व प्रतीक्षा विभाग
आपत्ती व्यवस्थापन अधिकारी (on duty)
रेस्ट रूम
स्टोअर रूम

VHF व्हेरी हाय फ्रिक्वेंसी   HF हाय फ्रिक्वेंसी   UHF अल्ट्रा हाय फ्रिक्वेंसी

वरील नियंत्रण कक्षाशिवाय साहाय्य, साधनसामग्रीचे गोदाम, पुनर्वसन, साधन वाटप इत्यादी कार्यांसाठी स्वतंत्र यंत्रणा असावी. ही स्वतंत्र यंत्रणा नियंत्रण कक्षातील शासकीय अधिकाऱ्यांच्या हाताखाली कार्यरत व्हावी.

५.४.४ आपत्तीचे केंद्र / मदत व पुनर्वसन शिबिरांची ठिकाणे, साधनसामग्री असलेली केंद्र वगैरे गोष्टी चौथ्या नकाशात दाखवाव्यात.

५.४.५ अद्ययावत माहिती व आकडेवारीचे सूचनाफलक तयार करावेत. त्यासाठी प्रत्येक केंद्राने आपली सर्व रजिस्टर अद्ययावत करावीत. या संदर्भात दोन वेगवेगळ्या प्रकारचे माहितीचे तक्ते उपयोगी पडतात.

५.४.५.१ कायमस्वरूपी माहिती - सर्वसामान्य परिस्थितीच्या कालावधीतच माहितीचा तक्ता करण्यात यावा. माहिती मात्र अद्ययावत असावी.

५.४.५.१.१ इशारा व पूर्वसूचना देणाऱ्या यंत्रणेबाबतची सविस्तर माहिती, यंत्रणेचे विविध प्रकार, पूर्वसूचनेचा कालावधी, व्याप्त परिसर वगैरे गोष्टींचा त्यात उल्लेख करावा.

५.४.५.१.२ लोकसंख्याविषयक व आर्थिक परिस्थितीविषयक पाहणीचा तक्ता.

११६ /आपत्ती व्यवस्थापन

५.४.५.१.३ धरणे, पाटबंधारे वगैरेंच्या जागा, पाण्याच्या संचयाची क्षमता, कॅनॉलमधून वाहणाऱ्या पाण्याचा वेग, पाण्याचा निचरा करणाऱ्या यंत्रणेची क्षमता, नैसर्गिक ओढे, नाले वगैरे अशा सर्व गोष्टींचा त्यात उल्लेख करावा.

५.४.५.१.४ सुरक्षित परिसर, नागरी सुरक्षा केंद्राची ठिकाणे, आश्रयासाठी असलेल्या विविध जागा, त्यांची क्षमता याविषयी माहिती द्यावी.

५.४.५.१.५ विविध रुग्णालयांची माहिती, फोन नंबर, सोयीसुविधा, खाटांची संख्या, अतिरिक्त क्षमता, ॲम्ब्युलन्सची सुविधा इ.

५.४.५.१.६ इतर डॉक्टरांची नावे, पत्ते, फोन नंबर, त्यांचे विशेष क्षेत्र इ.

५.४.५.१.७ विविध टाक्या, तलाव, पाण्याचे अन्य साठे वगैरेंची पाणी साठवण्याची क्षमता आणि जागा.

५.४.५.१.८ अग्निशामक केंद्रे, त्यांचे फोन नंबर, पत्ते, त्यातील मुख्य अधिकाऱ्यांचे पत्ते व फोन नंबर.

५.४.५.१.९ पूर्वी आलेल्या पुराविषयीची सविस्तर माहिती व आकडेवारी.

५.४.५.१.१० नद्यांवरील पुलांचे तपशील, त्यांची क्षमता व रहदारीचे प्रमाण.

५.४.५.१.११ अवजड यंत्रसामग्री, वाहतुकीच्या सोयी, बोटी इ. च्या मालकांचे पत्ते, फोन नंबर, त्यांच्या जवळील यंत्रे, इ. चा तपशील.

५.४.५.१.१२ पोलीस स्टेशन्स, आऊट पोस्ट, लष्करी केंद्रे, होमगार्ड्स संघटना, नागरी संरक्षण समित्या, अशासकीय स्वयंसेवी संस्था वगैरेंची माहिती, पत्ते व फोन नंबर.

५.४.५.१.१३ वाहतूकयंत्रणा, बसस्टँड्स, रेल्वे व हवाई वेळापत्रके, रेल्वे स्टेशन्स, विमानतळ वगैरेंचे फोन नंबर्स.

५.४.५.१.१४ उद्योगसंस्था, कारखाने इ.चे प्रकार, कामगारांची संख्या, उत्पादनांचे प्रकार, पत्ते, फोन नंबर, त्यांच्याजवळील सोयी–सुविधा, त्यांच्यामुळे उद्भवू शकणारे धोके इ. माहिती.

५.४.५.२ बदलणारी /गतिमान माहिती

कायमस्वरूपी माहितीबरोबरच खालील प्रकारच्या बदलणाऱ्या घटकांचीही अद्ययावत माहिती जवळ ठेवावी.

५.४.५.२.१ मदतकार्यात सहभागी होऊ इच्छिणाऱ्या स्वयंसेवी संस्था, त्यांचे प्रमुख, त्यांचे पत्ते, विशेष प्रावीण्य, त्यांना पाठविण्याची ठिकाणे, त्यांच्याबरोबर दिलेल्या साधनसामग्रीचा तपशील.

५.४.५.२.२ मदत केंद्राच्या संदर्भातील माहिती – ठिकाण, आश्रयासाठी

आलेल्या लोकांची संख्या, त्यातील सोयी सुविधा, त्यांना पाठवलेली साधनसामग्री, शिबिर प्रमुखांची नावे इ.

५.४.५.२.३ सरकार व इतरांकडून जमा झालेली साधनसामग्री, पैसा इ. याची रोजच्या रोज नोंद ठेवावी.

५.४.५.२.४ साधनसामग्री व पैसा यांचे मदत शिबिरात झालेले वितरण, लाभार्थींची यादी इ. ही नोंद दररोज करावी.

५.४.५.२.५ मृत व्यक्तींची यादी, त्यांची ओळख, त्यांच्याजवळील चीजवस्तू, घरातील इतर वस्तू व त्यांची केलेली व्यवस्था आणि मृतांची विल्हेवाट.

५.४.५.२.६ उपचारासाठी रुग्णालयात दाखल झालेल्या जखमींची व गंभीर जखमींची यादी, त्यांच्यावर तज्ज्ञ डॉक्टरांकडील केलेल्या उपचारांचा, औषधांचा, साधनसामग्रीचा तपशील.

५.४.५.२.७ माहितीचे संकलन व प्रसाराची परिस्थिती.

५.४.५.२.८ कार्यात सहभागी झालेल्या सर्व अधिकाऱ्यांची नावे, पत्ते व फोन नंबर आणि त्यांना दिलेल्या जबाबदाऱ्या.

५.४.५.२.९ दैनंदिन घडामोडींची डायरीतील नोंद.

५.४.५.२.१० आपत्तीबाबत भौगोलिक माहिती व आकडेवारी.

५.४.५.२.११ आपत्तीमध्ये झालेल्या नुकसानीच्या सविस्तर नोंदी.

५.५ नियंत्रण केंद्र/कक्षांची कार्ये व जबाबदाऱ्या

नियंत्रण केंद्र जर कार्यक्षम व प्रभावी असेल तर आपत्ती व्यवस्थापन यशस्वी होते. नुकसान कमी होते व पुनर्वसनही जलद होते. त्याची कार्ये पुढीलप्रमाणे असतात–

५.५.१ समन्वय साधणे

आपत्ती येण्याआधी व नंतर जी जी कार्ये विविध संस्था, संघटना व यंत्रणांमार्फत केली जातात, त्यामध्ये समन्वय साधण्याचे कार्य नियंत्रण केंद्र करते. जिल्हा पातळीवरील केंद्रात जिल्हाधिकारी नेतृत्व करतात. त्यांच्या सूचना आणि मार्गदर्शनानुसार तालुका पातळीवरील व त्याखालील केंद्रे कार्य करतात. कार्यात सहभागी झालेल्या अन्य संस्था, संघटना, गट यांनाही त्यांचे आदेश पाळावे लागतात. आपत्तीची सूचना मिळताच अगदी एका तासाच्या अवधीतच सर्व संस्थांनी, घटकांनी आपापल्या कार्याचा आरंभ करणे आवश्यक असते. राज्यशासनाकडून संकटाचा इशारा मिळाला की, तत्काळ नियंत्रण कक्षाचे कार्य सुरू होते. आपत्ती व्यवस्थापनाच्या

संदर्भातील विविध जबाबदाऱ्या हाताळणारे उपजिल्हाधिकारी, (प्रांत) महसूल विभागातील अधिकारी, पालिकांचे मुख्याधिकारी, आयुक्त, जिल्हा पोलीस अधीक्षक, ज्येष्ठ कार्यकारी अभियंते, सार्वजनिक बांधकाम विभाग, जलसिंचन विभाग, आरोग्य विभाग, वीजबोर्ड, वाहतूक यंत्रणा, शिक्षण विभाग या सर्व विभागातील ज्येष्ठ अधिकारी, तहसीलदार अशा वेगवेगळ्या शासकीय अधिकाऱ्यांच्या तसेच इतर संस्थांतील प्रमुख अधिकाऱ्यांच्या पाठोपाठ बैठका बोलावून त्यांच्यावर पूर्वनियोजित जबाबदाऱ्या सोपवल्या जातात. याचप्रकारे तहसीलदारही खेड्यांचे विकास गटप्रमुख, पंचायत समितीतील अधिकारी, सरपंच, नगराध्यक्ष यांची तातडीची बैठक बोलावून त्यांनी करावयाची कार्ये व जबाबदाऱ्या यांचे नियोजन करतात. या सर्वांच्या कार्यकक्षा व जबाबदाऱ्या निश्चित करणे, कामाची द्विरुक्ती टाळणे , मतभेद व संघर्ष उद्‌भवू न देणे हे कार्य नियंत्रण केंद्रप्रमुख या नात्याने जिल्हाधिकारी करतात. ते आवश्यकतेनुसार लष्कराचे केंद्र, होमगार्ड्‌स, नागरी सुरक्षा दलाचे अधिकारी यांच्याशीही संपर्क साधून त्यांना आपत्ती निवारणात सहभागी करून घेतात. याची कार्यपद्धती खालीलप्रमाणे असते.

५.५.१.१ रोजच्या रोज सर्वांची बैठक घेऊन केलेले कार्य, साधनसामग्रीचे वाटप, याबाबत आढावा घेतला जातो. अडचणींचे निवारण करण्यासाठी तत्काळ निर्णय घेतले जातात.

५.५.१.२ या कार्याबाबत आपद्‌ग्रस्तांची प्रतिक्रिया, मदतकार्य करताना आलेल्या अडचणी, प्रत्येकाच्या कार्याचे मूल्यमापन, प्रगती याची दखल रोजच्या रोज घेतली जाते.

५.५.१.३ विविध घटकांच्या कामात द्विरुक्ती होत नाही ना, तसेच उपलब्ध साधनसामग्रीचे योग्य तेथे योग्य तितकेच वाटप होते आहे ना याची शहानिशा केली जाते.

५.५.१.४ मदतकार्य व पुनर्वसन कार्य यांमध्ये समन्वय साधला जातो.

५.५.१.५ आपत्तीच्या संदर्भात कारणे, हानी, पुनर्वसन, मदतकार्य यासंदर्भात पाहणी करण्यासाठी विविध समित्या नियुक्त केलेल्या असतात. त्या समित्यांमध्येही समन्वय राखला जातो.

५.५.१.६ आपद्‌ग्रस्तांना भेटण्यासाठी पंतप्रधान, विरोधी पक्षनेते, मुख्यमंत्री, त्यांचे सहकारी यांसारख्या महत्त्वाच्या व्यक्ती येतात. तसेच त्यावेळी प्रसार माध्यमांचे प्रतिनिधी, वार्ताहर वगैरे येतात; अशा वेळी कार्यक्रमांचे पूर्ण नियोजन करून सर्व

घटकांत समन्वय ठेवला जातो.

५.५.२ नियंत्रण

साधनसामग्री व उपलब्ध मनुष्यबळावर नियंत्रण राखणे हे महत्त्वाचे कार्य आहे. त्याचप्रमाणे आपत्ती निवारणाच्या कार्यावरही नियंत्रण ठेवणे व त्याची कार्यक्षमता वाढवणे अधिक महत्त्वाचे आहे. याबाबतीत जिल्हाधिकारी हा तडफदार व कार्यक्षम हवा. तो सर्व कार्याची प्रेरक शक्ती असतो. यासाठी त्याच्याजवळ जबरदस्त शारीरिक ताकद व खंबीर मन हवे. एका आपत्तीत आपद्ग्रस्त भागात कर्मचारी, स्वयंसेवक हे निव्वळ बसून होते. त्यांना काय करायचे हेच माहीत नव्हते. सर्वच वातावरण उदास, निरुत्साही व आपद्ग्रस्तांच्या यातना वाढवणारे होते. मानसिक दौर्बल्य, निष्क्रियता ही कार्यात अडथळे आणते; अशा वेळी नेत्याने, केंद्रप्रमुखाने कोणासही दयामाया न दाखवता घेतलेल्या निर्णयांची कठोरपणाने अंमलबजावणी करावी लागते. प्रत्येकावर सोपवलेल्या जबाबदाऱ्या तो व्यवस्थित पार पाडतो की नाही हे पाहावे लागते. मदतीसाठी आलेल्या विविध संस्थांकडून कामे करून घ्यावी लागतात. लोकांवर नियंत्रण ठेवावे लागते. आपद्ग्रस्तांची गाऱ्हाणी सोडवावी लागतात. मदतीसाठी कितीही कार्य केले तरी ते अपुरेच असते. त्यातून ओढवणारी नाराजी, राजकारणी पुढाऱ्यांचे हस्तक्षेप या अडचणींतून मार्ग काढावा लागतो. त्यात जिल्हाधिकाऱ्याच्या प्रशासकीय कौशल्याची पुरेपूर कसोटी लागते. पुण्याला पूर येण्याची शक्यता हेरून जिल्हाधिकारी व महानगरपालिका कमिशनर यांनी जुलै २००५ मध्ये फार तडफेने व सुंदर समन्वय साधून काम केले. त्यांच्या हाताखालील कर्मचारी उत्सुकतेने व जिद्दीने काम करताना दिसले. त्यामुळेच ते परिस्थिती शिताफीने हाताळू शकले; असाच अनुभव केरळच्या जिल्हाधिकाऱ्यांबाबतही आला.

५.५.३ मार्गदर्शन

नियंत्रण कक्षाकडून केल्या जाणाऱ्या मार्गदर्शनाचे दुहेरी स्वरूप असते. एक म्हणजे अनेकांशी सल्लामसलत करून तत्काळ व योग्य निर्णय घेऊन आपद्ग्रस्तांना मार्गदर्शन करणे आणि दुसरे म्हणजे मदत व पुनर्वसन कार्य लवकरात लवकर होण्यासाठी संबंधितांना मार्गदर्शन करणे. आपद्ग्रस्तांना त्यांच्या जागा सोडायला लावून पर्यायी जागेत स्थलांतर करणे जरुरीचे असते. तथापि, आपत्ती ओढवली तरीही आपली घरे सोडून इतरत्र जायला लोक तयार होत नाहीत. त्यांची समजूत घालण्याचे, त्यांना पटवून देण्याचे कठीण काम प्रशासकास करावेच लागते. आपत्तीच्या काळात

संपर्काबाबतही अडचणी येतात. नेमकी साधनसामग्रीची गरज जाणून घेता येत नाही; त्यामुळे कोणत्या ठिकाणी किती साधनसामग्री पाठवायची, याबाबतही मार्गदर्शन करणे शक्य होत नाही. त्यातून मार्ग काढण्यासाठी आधी केलेले धोका, कमकुवतपणा, हानी याबाबतचे विश्लेषण उपयुक्त ठरते. त्यायोगे बिनचूक अंदाज घेऊन संबंधितांना मार्गदर्शन करता येते. त्यानुसार साधनसामग्री व मनुष्यबळ पाठवण्याबाबत केलेल्या मार्गदर्शनात २०% च्या आसपास जरी तफावत पडली तरीही आपत्ती निवारण समाधानकारकरीत्या करता येते. प्रत्यक्ष दुर्घटनेच्या ठिकाणी (शून्य क्षेत्रात) करावयाचे आपत्ती निवारणाचे नियोजन आणि त्याबाबतचे मार्गदर्शन हाही घटक महत्त्वाचा आहे.

५.५.४ माहिती व धोक्याचे इशारे यांचे शीघ्रगतीने प्रसारण

नियंत्रण केंद्राला संभाव्य धोक्याची सर्व माहिती, त्याविषयीचे पूर्व-इशारे, सावधगिरीचे उपाय वगैरे माहिती लोकांपर्यंत तत्काळ पोहोचवावी लागते. आपत्तीपूर्व काळातच याविषयीची संपूर्ण माहिती लोकांना देणे श्रेयस्कर ठरते. माहिती प्रसारणाचे व्यवस्थापन खालीलप्रमाणे केले जाते.

५.५.४.१ आपत्तीबाबतचे इशारे

संकट किती काळात उद्भवणार आहे, त्याचे स्वरूप कसे असेल, त्याची व्याप्ती किती राहील, त्याबाबतीत लोकांनी कोणत्या गोष्टी करायच्या, आपद्ग्रस्तांच्या स्थलांतरासाठी काय व्यवस्था केलेली आहे, त्यांनी कोठे एकत्र यायचे, पर्यायी जागा कोठे आहे, या सर्व प्रश्नांविषयीची माहिती प्रसार माध्यमांद्वारे लोकांपर्यंत पोहोचवावी लागते.

५.५.४.२ आपत्ती यायच्या आधीच घेतलेली माहिती

वरच्या पातळीवरील संस्थेकडून, नियंत्रण केंद्राकडून सर्व माहिती जिल्हा नियंत्रण केंद्राने घेणे उपयुक्त ठरते. हवामान खाते, जलसिंचन विभाग, वेधशाळा वगैरे संस्थांकडून वादळ, अतिवृष्टी, महापूर वगैरेंबाबत बिनचूक माहिती मिळू शकते. याबाबत लोकांना कायमच माहिती घेऊन सावध करणे उपयुक्त ठरते.

५.५.४.३ प्रत्यक्ष आपत्ती ओढवल्यानंतरची स्थिती

याविषयी नियंत्रण कक्षाला आपत्तीविषयीची सर्वांगीण माहिती, दर तासाला परिस्थितीत होणारे बदल, आपत्तीमुळे झालेली हानी, मदतकार्याची परिस्थिती वगैरे बाबत आपल्याकडे अद्ययावत माहिती ठेवावी लागते. ती मिळवण्यासाठी विविध शासकीय विभागांचा व अन्य संस्थांचा नियंत्रण कक्षाशी कायम संपर्क राहणे महत्त्वाचे असते. विभागातील प्रत्येक व्यक्तीने आपल्याजवळील माहितीची खातरजमा करून

ती तत्काळ अन्य विभागातील लोकांना, नियंत्रण केंद्राला कळवली पाहिजे.

५.५.५ प्रसारमाध्यमांचे व्यवस्थापन

लोकांना आपत्तीपूर्वी इशारे देणे, आपत्तीविषयीची संपूर्ण माहिती देणे, लोकांना सावध करणे, अनावश्यक घबराट आणू न देणे, हे कार्य प्रसारमाध्यमांद्वारे उत्तम प्रकारे करता येते. वृत्तपत्रे, नभोवाणी, दूरचित्रवाणीच्या विविध वाहिन्या या जनसंपर्कासाठी उपयुक्त ठरतात. स्थानिक पातळीवरील प्रसारयंत्रणेचा, केबलचाही उपयोग करून घेता येतो. तसेच प्रसिद्धी माध्यमांद्वारे लोकांसमोर वस्तुस्थिती मांडून त्यांना मदतकार्या-विषयी प्रभावी आवाहन करता येते. तथापि, आजकाल वृत्तवाहिन्यांत जबरदस्त स्पर्धा आहे. अधिक चर्चा होऊन आपल्या वाहिनीची लोकप्रियता वाढवण्यासाठी त्या भडक व अतिरंजित पद्धतीने आपत्तीची माहिती देतात. त्याखेरीज या वाहिन्यांचे वार्ताहर, निवेदक, तंत्रज्ञ मोठ्या संख्येने आपत्तीच्या ठिकाणी गोळा झाले की, त्यामुळे मदतकार्यात अडथळेच निर्माण होतात. यासाठी प्रसार माध्यमांचे योग्य प्रकारे व्यवस्थापन करावे लागते. ते कार्य नियंत्रण केंद्रातील माहिती व जनसंपर्क विभागातील मुख्य अधिकाऱ्यांच्यामार्फत केले जावे. आपत्ती ओढवल्यानंतर पहिल्या ४८ तासांत परिस्थिती गंभीर असते. त्यावेळी वार्ताहर, वाहिन्यांचे कर्मचारी वगैरेंना आपद्ग्रस्तांपासून काहीसे दूरच ठेवणे श्रेयस्कर असते. मदतीचे कार्य व्यवस्थित करता आले की, त्यानंतर प्रसिद्धी माध्यमांना तेथे प्रवेश देणे सोईस्कर असते. आपद्ग्रस्तांच्या प्रतिक्रिया, मते यांबरोबरच मदतकार्य करणाऱ्यांची भूमिकाही मांडली जावी. भडक प्रतिक्रिया, बेफाट विधाने वगैरे टाळण्याच्या सूचना दिल्या जाव्यात. एकांगी चित्रण न होण्याची दक्षता घेण्यास सांगितले जावे. सरकारला आपद्ग्रस्तांबरोबरच इतरांचाही विचार करून, योग्य तो अग्रक्रम ठेवून आपले निर्णय घ्यायचे असतात, याची जाणीव नसल्याने आपद्ग्रस्त बेछूट विधाने करतात. आपली गाऱ्हाणी भडक शब्दांत मांडतात. यावर नियंत्रण ठेवण्याची जबाबदारी नियंत्रण कक्षाची असते.

५.५.६ अतिमहत्त्वाच्या व्यक्तींच्या भेटींचे नियोजन

राजकीय पक्षांचे नेते हे स्वतःच्या प्रसिद्धीसाठी हपापलेले असतात. ते या संधीचा लाभ घेण्यासाठी घटनास्थळाला भेट देतात. सत्तारूढ पक्षाचे पुढारी प्रशासनाची तरफदारी करतात, तर विरोधी पक्षाचे पुढारी उणिवा दाखवून टीकेची झोड उठवतात. त्यांच्या भेटीच्या वेळी त्यांच्या सुरक्षिततेची व्यवस्था आणि सरबराई करणे हेच नियंत्रण कक्षांचे महत्त्वाचे काम होते. साहजिकच आपद्ग्रस्तांसाठी मदत-

कार्याकडे दुर्लक्ष होते. वास्तविक आपत्तीचा सामना एकजुटीने करायची गरज असते. परंतु, प्रत्येक पक्ष या घटनेचे आपल्या फायद्यासाठी भांडवल करायला बघतो. हे टाळण्यासाठी फक्त मोजक्याच-पंतप्रधान, मुख्यमंत्री यासारख्या व्यक्तिंनी त्या ठिकाणी जावे. बाकीच्यांनी आपले दौरे एक आठवडा उलटून गेल्यानंतर आयोजित करावेत. अपवादात्मक व्यक्ती सोडल्या तर इतर अतिमहत्त्वाच्या व्यक्तिंनी तेथे जाण्याची गरज नसते. त्यांना नियंत्रण केंद्रानेच सर्व माहिती कळवावी. - 'आपत्तीच्या प्रसंगी बचावाचे व आपत्ती निवारणाचे कार्य सर्वात महत्त्वाचे असते. बाकी सर्व गोष्टी, प्रशासकीय ज्येष्ठता, उपचार वगैरे गौण असतात. प्रसिद्धीलोलुपता अडचणच करत असते.' याची जाणीव प्रत्येक पुढाऱ्याला, नेत्याला असायलाच हवी. नियंत्रण कक्षाकडून अद्ययावत व बिनचूक माहिती संबंधित मंत्र्यांना, विरोधी पक्षनेत्यांना कळवली जावी. त्यांनी तेथे प्रत्यक्ष यायची आवश्यकता नाही. त्यांनी आपद्ग्रस्त भागाला काही काळ उलटल्यावर भेट देणे श्रेयस्कर. त्सुनामीनंतर आपत्ती निवारणाच्या कार्यात अडथळा येऊ नये म्हणून भारताचे पंतप्रधान मनमोहनसिंग यांनी आपली भेट एक आठवडा लांबविली. हे उदाहरण लक्षात ठेवण्याजोगे आहे.

५.५.७ नोंदी आणि अहवाल

सर्वसामान्य परिस्थितीत तसेच आपत्तीच्या काळात सविस्तर व अद्ययावत नोंदी ठेवणे व त्याविषयीचे अहवाल वेळोवेळी संबंधितांकडे पाठवणे हे कार्य महत्त्वाचे असते. जिल्हा नियंत्रण कक्षाकडून राज्य शासनाला तसेच राज्याकडून केंद्र सरकारला परिस्थितीच्या संदर्भात नियमितपणे अहवाल पाठवले जातात. आपत्तीच्या काळात तर प्रत्येक दिवशी किमान दोनवेळा वरच्या पातळीवर अहवाल पाठवावेत. म्हणजे मदतकार्य, नुकसान भरपाई वगैरे बाबत त्वरित व बिनचूक निर्णय घेणे शक्य होते. एखादी महत्त्वपूर्ण घटना झाली तर त्याबाबत तत्काळ अहवाल पाठवावा. फॅक्स, इंटरनेट, फोनद्वारे हे करता येते. याचप्रकारे ग्रामपंचायतीमार्फत तहसीलदारांच्या कार्यालयाला नियमित अहवाल पाठवावेत. तहसील कार्यालयातून जिल्हा नियंत्रण केंद्राला आपत्तीच्या काळात दर दोन तासांनी अहवाल पाठवावेत. सर्व अहवाल बनवण्याची व पाठवण्याची विशिष्ट पद्धती ठेवावी. त्यायोगे नियंत्रण केंद्राला साधनसामग्री, मनुष्यबळ या संदर्भातील निर्णय तत्काळ घेता येतील. आपत्तीमुळे झालेली हानी, निवारण व पुनर्वसन कार्याचे मूल्यमापन याविषयी स्वतंत्र अहवाल तयार करावेत. हे काम त्रयस्थ असलेल्या तज्ज्ञ व्यक्तींवर सोपवावे व त्यांनी केलेल्या

शिफारशी सरकारने अमलात आणाव्यात.

५.६ आपद्ग्रस्तांच्या सुटकेसाठी बचाव गट बनवून घटनास्थळी पाठवणे–

आपद्ग्रस्तांची सुटका करणे म्हणजे त्यांना दुर्घटनेच्या ठिकाणाहून अन्यत्र सुरक्षित जागी हालवणे. आपत्तीपूर्वी किंवा आपत्तीच्या दरम्यान हे कार्य केले जाते. आपत्तीत सापडलेल्या लोकांचा प्रथम दुर्घटनेपासून बचाव करावा लागतो व त्यानंतर त्यांना सुरक्षित जागी पाठवले जाते. आपत्ती ओढवली की, लोक अडकून पडतात. त्यांना हालचाल करता येत नाही की इतरांशी संपर्कही साधता येत नाही. प्रत्येक आपत्तीच्या संदर्भात आपद्ग्रस्तांच्या सुटकेचे मार्ग वेगवेगळे असतात. आपत्तीची तीव्रता आणि व्याप्ती ध्यानात घेऊन त्यानुसार सुटकेसाठी कमी–अधिक लोकांचा, स्वयंसेवकांचा गट करावा लागतो. तत्काळ बचत व काही काळानंतर आवश्यक असलेली मदत करणाऱ्यांचा स्वतंत्र गट, असे दोन प्रकारचे गट असतात व त्यांच्या कार्यांचे नियोजन याप्रकारे केले जाते.

५.६.१ सुटकेसाठी गट बनवणे

प्रत्येक प्रकारच्या आपत्तीसाठी गट बनवताना आपत्तीचे स्वरूप, उद्भवलेल्या धोक्यांची तीव्रता, आपद्ग्रस्त क्षेत्र आणि लोकसंख्या, आपत्तीमुळे होणारी हानी वगैरे घटकांचा विचार केला जातो. यामध्ये शासकीय कर्मचारी, स्वयंसेवी संघटनांतील कार्यकर्ते, सेनेतील जवान, पोलीस, होमगार्ड्स, डॉक्टर्स, नर्सेस इ.चा समावेश केला जातो. हे काम मुख्यत: स्थानिक किंवा जिल्ह्याच्या पातळीवर केले जाते व त्याविषयीची माहिती नियंत्रण केंद्राजवळ असते. नियंत्रण केंद्र गरजेप्रमाणे त्यांना बोलावून घेते, तसेच त्यांच्या कार्यात समन्वय राखते व सुटकेच्या दृष्टीने आवश्यक ती साधनसामग्री या गटांना उपलब्ध करून देते.

५.६.२ एकत्र आणून पूर्वसूचना देणे

नियंत्रण केंद्रामार्फत अगोदरच नोंदणी असलेल्या बचाव गटांना, गटातील सर्व लोकांना एकत्र बोलावून घेतले जावे व संभाव्य आपत्तीविषयी पूर्वसूचना देऊन त्याबाबत बाळगायची सावधगिरी आणि करायचे कार्य याविषयी संपूर्ण माहिती दिली जावी. त्या संदर्भात गटातील प्रत्येकावर विशिष्ट जबाबदाऱ्या सोपवल्या जाव्यात. या गटातील लोकांनाही आपले कार्य करताना धोका पत्करावा लागतो. त्यांच्या मार्गातही विविध अडचणी उद्भवतात. त्यासाठी गटातील प्रत्येकाला संकटाचे स्वरूप व तीव्रता, व्याप्ती आणि संकटग्रस्तांची संख्या, मनुष्यबळ व साधनसामग्रीची गरज, ती उपलब्ध

होण्याची केंद्रे, गटाने कार्य करण्याचे ठिकाण, संभाव्य धोका वगैरे सर्व गोष्टींची माहिती द्यावी व त्यानंतर त्यांना पाठवावे. नमुन्याबद्दल आपण एक पूर्वसूचना संदेश पाहू.

१) भूकंप दि. १५/११/०५ रोजी पहाटे ४ वाजता.

२) तीव्रता–७.५ रिश्टर स्केल.

३) आपत्तीचे क्षेत्र–चिपळूण तालुका.

४) जाण्याचे मार्ग– पनवेल, महाड, पोलादपूर, किंवा रत्नागिरी, चिपळूण.

५) धोक्याचे क्षेत्र–कोयना धरण.

६) आपद्ग्रस्त लोकसंख्या–सुमारे २.५ लाख.

७) गटाचे संपर्काचे ठिकाण – रत्नागिरी किंवा खेडमधील नियंत्रण केंद्र.

८) त्यांचे फोन नंबर–रत्नागिरी XXXXXX, खेड XXXXXX

९) साधनसामग्री–जेसीबी यंत्रे, खोदाई यंत्रे, बुलडोझर, दोरखंड, ॲम्ब्युलन्स इ.

१०) दाखल झाल्याची वेळ तत्काळ कळवणे.

याप्रकारे नमुन्यात हे संदेश फॅक्सच्या साहाय्याने संबंधित गटांना व नियंत्रण केंद्रांना पाठवता येतील. त्यामुळे सर्व गोष्टी स्पष्ट होऊन चुकीच्या समजुतीला वाव मिळणार नाही.

५.६.३ सुटकेचे गट पाठवणे

याप्रमाणे संपूर्ण माहिती दिल्यानंतर सुटकेचे गट आपत्तीच्या ठिकाणी पाठवले जावेत. ते पोहोचण्याची वेळ, गटातील व्यक्ती, वगैरे गोष्टी नियंत्रण केंद्राला कळवल्या जाव्यात. केंद्रात पोहोचल्यानंतर तेथील अधिकाऱ्यांनी गटप्रमुखाला कसे जायचे, किती दिवस, कोठे राहायचे वगैरेंबाबत मार्गदर्शन करावे. त्यांच्या जाण्यासाठी वाहनांची व्यवस्था केली जावी. आपत्तीच्या जागी गेल्यानंतर त्यांच्याशी वेळोवेळी संपर्क साधला जावा. कार्याची प्रगती, आलेल्या अडचणी वगैरेंबाबत केंद्राने नियुक्त केलेल्या अधिकाऱ्याने योग्य ती माहिती घेऊन त्याबाबतचा अहवाल वरिष्ठांकडे पाठवावा. काही वेळेस आपत्तीच्या जागी नियंत्रण केंद्रातर्फेच एक अधिकारी पाठवला जातो. त्याच्या मार्गदर्शनानुसार सुटकेचा गट आपले कार्य करतो. या अधिकाऱ्याला 'शून्य क्षेत्राचा प्रभारी' असे संबोधले जाते. हा अधिकारी व गटातील सदस्य यांनी रोजच्या रोज केलेल्या कामाची दैनंदिनी ठेवणे गरजेचे असते. ती पाहून अधिकारी

आपापले अहवाल नियंत्रण केंद्राला पाठवू शकतात. आपत्तीच्या ठिकाणी प्रत्येकाच्या कार्यक्षेत्राची काटेकोर अशी वाटणी करणे कधी कधी शक्य होत नाही. गरजेनुसार प्रत्येक सदस्य पडेल ते काम करतो. तसेच एकाच ठिकाणी न थांबता तो ठिकठिकाणी जेथे त्याची गरज आहे, तेथे कामासाठी जातो.

(**महत्त्वाचे**– यात 'शून्य क्षेत्र' असा शब्दप्रयोग केला आहे. वस्तुत: अण्वस्त्र स्फोट नेमका जेथे होतो, त्याला 'शून्य क्षेत्र' असे संबोधले जाते. त्या अर्थी हा शब्द वापरलेला नाही. तर 'आपत्तीचा केंद्रबिंदू असलेले स्थान' असा त्याचा मर्यादित अर्थ घ्यावा. सुटकेचे कार्य हे त्या ठिकाणी करावयाचे असते.)

५.७ शून्य क्षेत्रात करायची कार्ये

शून्य क्षेत्रात करण्याच्या कार्यांचे संघटन

आपत्ती ओढवल्यानंतर सुटका, निवारण, ढिगारे हालवणे वगैरे विविध कामे एकाच वेळी अनेक जागी करावी लागतात. साहजिकच त्यांच्या संयोजनाची व काटेकोर अंमलबजावणीची गरज असते. एका उदाहरणावरून आपण हे समजावून घेऊ.

आपण शून्य क्षेत्र १ या आपद्ग्रस्त शहराचा विचार करू. तेथे एका अधिकाऱ्याची नियुक्ती करून त्याच्या मार्गदर्शनानुसार कार्ये केली जातात. याचप्रकारे दुसऱ्या शहरास शून्यक्षेत्र २ याचप्रमाणे संबोधता येईल.

भूकंपाने हानी झालेले शहर

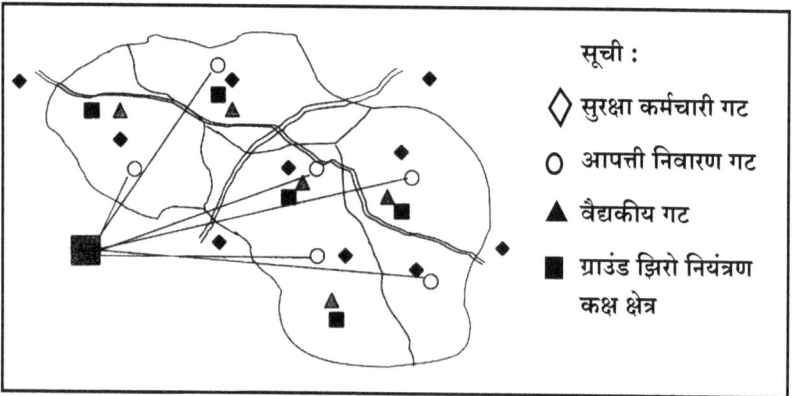

५.८ सुरक्षितता

परिसराची सुरक्षितता राखणे हे आपत्तीच्या प्रसंगी अत्यंत कठीण काम होते. त्याकडे विशेष लक्षही दिले जात नाही. त्या भागात विविध संघटनांचे कार्यकर्ते, स्वयंसेवक, परिसरांतील लोक, यांच्याबरोबरच इतर ठिकाणांहून आलेले बघे लोक, चोर, लुटारू वगैरेंची एकच गर्दी होते. त्यात कोणाचीही ओळख होऊ शकत नाही. नियंत्रण ठेवण्यासाठी आलेल्या जवानांना, पोलिसांना पुरेसा बंदोबस्त ठेवणेही शक्य होत नाही. साहजिकच त्या ठिकाणी चोरी, लुटालूट मोठ्या प्रमाणात होते. लातूरच्या भूकंपाच्या वेळी जसे हे घडले, तसेच अमेरिकेतील कॅटरिना झंझावातानंतरही घडले. साहजिकच हे रोखण्यासाठी प्रसंगी तत्काळ गोळ्या घालण्याच्याही सूचना न्यू ऑर्लिन्समध्ये द्याव्या लागल्या. आपद्ग्रस्तांचे स्थलांतर केल्यानंतर, मृतांची विल्हेवाट लावल्यानंतर त्या परिसराचा ताबा सुरक्षा दलांकडे द्यावा. काम करणाऱ्या लोकांखेरीज इतर कोणालाही तेथे प्रवेश करून देऊ नये. त्यासाठी परिसराभोवती गस्तीसाठी पहारेकरी नेमावेत. मदतीसाठी आलेल्या सर्वांना ओळखपत्रे द्यावीत. कोणालाही तेथील घरात शिरून सामान शोधण्यास व घेऊन जाण्यास परवनागी देऊ नये; कारण पडझड ही त्यानंतरही होऊन अपघाताचा धोका असतो.

५.९ मृतांची विल्हेवाट व त्याची नोंद आणि नुकसानीचा पंचनामा

अशा आपत्तीत अनेकांचा जीव जातो. त्यांच्या बाबतीत संपूर्ण जबाबदारी ही सरकारला घ्यावी लागते. प्रथम ही प्रेते बाहेर काढून शवागारात सुरक्षित ठेवली जातात. यात अनेक प्रेते कुजलेली, ओळखू न येणाऱ्या स्थितीतही सापडतात. त्यांच्या अंगावरील कपड्यात काही नावगाव, पत्ता वगैरे मिळाला तर त्यांच्या वारसदारांशी संपर्क साधावा. खात्री करून घेऊन नंतर प्रेत त्यांच्या ताब्यात द्यावे. सर्व प्रेतांचे एक रजिस्टर बनवून त्यात त्यांना दिलेला क्रमांक, अंगावरील खाणाखुणा, लिंग वगैरेच्या नोंदी कराव्यात. जी प्रेते नेण्यासाठी वारसदार येणार नाहीत, ती पोलिसांच्या ताब्यात देऊन त्यांची नोंद ठेवावी. प्रेताजवळ सापडलेल्या वस्तूही पोलिसांना द्याव्यात. त्याची नोंद व पावती पोलिसांकडून घ्यावी. ही माहिती तीन प्रतींत लिहावी. पोलीस, राज्य सरकार व प्रेत शोधणारी यंत्रणा अशा तिघांजवळ त्या प्रती ठेवाव्यात. काही काळानंतर पोलिसांनी सर्व प्रेतांवर सामुदायिक अंत्यसंस्कार करावेत किंवा बेवारस प्रेतांप्रमाणे त्यांची व्यवस्था करावी. प्रेताची विल्हेवाट लावताना खालीलप्रमाणे फॉर्ममध्ये माहिती द्यावी.

मृत व्यक्तीच्या विल्हेवाटीविषयी दाखला

प्रेताचा नोंदणी क्रमांक ------------------------------------

नियंत्रण केंद्राचे ठिकाण ------------------------------------

१. ज्या संघटनेला प्रेत सापडले त्या संघटनेचे नाव ------------------

२. प्रेत सापडल्याची वेळ व तारीख ------------------------------

३. प्रेत सापडल्याचे ठिकाण ----------------------------------

४. प्रेताची परिस्थिती --

५. प्रेताची ओळख पटण्यासाठी अंगावरील खुणा १----------------

२----------------

३----------------

६. प्रेताच्या दोन्ही हातांच्या अंगठ्याचे ठसे (शक्य असल्यास)--------

७. लिंग-स्त्री / पुरुष --------------------------------------

८. प्रेताजवळ सापडलेल्या वस्तू ------------------------------

९. ओळख पटली का ? होय/ नाही ----------------------------

१०. ओळख पटणाऱ्या व्यक्तीचे / वारसाचे नाव ------------------

११. इतर नोंदी --

१२. प्रेत ताब्यात घेणारी व्यक्ती / संस्था ----------------------

साक्षीदारांची नावे, पत्ते व सह्या   १ ------------------------

२ ------------------------

प्रेत ताब्यात घेणारी यंत्रणा-पोलीस, नातलग इ. ------------------

नाव व स्वाक्षरी ----------------------

प्रेत ताब्यात दिल्याची तारीख व वेळ ----------------------------

बेवारस प्रेताच्या विल्हेवाटीचा तपशील ------------------------

तारीख आणि जागा --

पंचनामा

आपत्तीमुळे झालेल्या हानीचा पंचनामा करणे ही एक महत्त्वाची बाब आहे. हा पंचनामा 'रेव्हेन्यू' खात्यातील अधिकारी, पोलीस, बांधकाम खाते, सरपंच व ब्लॅक/वॉर्डमधील अधिकारी यांनी शक्यतो एकत्रच करावा. यासाठी पूर्वसूचित गट तयार करावेत. यासोबत साक्षीदार पण असावेत. पाटबंधारे आणि विद्युत खात्यातल्या अधिकाऱ्यांचाही यात गरजेनुसार समावेश करावा.

पंचनामा दाखला

गाव, ----------- तालुका, -----------, जिल्हा -------

आपत्तीचे स्वरूप :-------------------------------

आपत्तीची तारीख : ------------------------------

सर्व्हे नंबर : ------------------------------------

आपत्तीपूर्व मालमत्तेची माहिती : -------------------------

मालमत्तेची माहिती : सरकारी, निम-सरकारी, खासगी.

मालमत्तेचा प्रकार : इमारत, बंधारा, पूल, विद्युत खांब, विद्युत तारा, शेत जमीन

मालकाचे नाव : ------------------------------

झालेले नुकसान : -------------------------------

व अंदाजे रक्कम : ------------------------------

(हे नुकसान वेगवेगळ्या ---------------------------

खात्यांच्या संबंधात --------------------------------

वेगवेगळ्या रकान्यात ----------------------------

भरावे) ------------------------------------

मृत व्यक्ती ------------------- नावे : -------------

जखमी व्यक्ती ------------------- नावे : -------------

५.१० अपघातातील जखमींची व्यवस्था

दुर्घटनेमध्ये जखमी होणाऱ्या लोकांचे प्रमाणही मोठे असते. त्यांना सुरक्षित ठिकाणी हालविण्याचे कार्य, रुग्णालयात पाठवण्याचे कार्य सुटकेसाठी आलेले गट करतात. त्यानंतर त्यांच्यावर उपचार करण्याची जबाबदारी रुग्णालयांवर येते. अनेकदा अपुऱ्या सोयीसुविधांमुळे, औषधांच्या, डॉक्टरांच्या व खाटांच्या कमतरतेमुळे हे उपचार होण्यास जास्त काळ लागल्याने काही जखमी दगावतात. तसेच आपद्ग्रस्त लोकांना बाहेर काढायला जितका विलंब होतो, तितकी जखमी लोकांची परिस्थिती कठीण होते. प्रत्येक तालुक्यात प्राथमिक आरोग्य केंद्र असते. खेड्यातही उपचारासाठी दवाखाने असतात. प्रश्न तेथील सोयीसुविधांचा व औषधांच्या उपलब्धतेचा असतो. डॉक्टरही गरजेच्या मानाने अपुरे पडतात. यासाठी नियंत्रण कक्षातील संरचनेत फिरत्या वाहनांवरील रुग्णालयेही निर्माण करावीत. तसेच काही कापडी तंबूतही तात्पुरती रुग्णालये उभारावीत. तेथे मदतीसाठी डॉक्टर व नर्सेसना बोलावून घ्यावे. गंभीर लोकांवर तात्पुरत्या रुग्णालयात उपचार करावेत. मदतीसाठी आलेल्या स्वयंसेवकांना व इतरांना प्रथमोपचाराचे जुजबी शिक्षण द्यावे. आपत्तीच्या वेळी त्यांचा उपयोग होऊ शकतो.

५.११ नोंदी ठेवणे

शासकीय यंत्रणेच्या दृष्टीने हे कार्य आवश्यक असते. मात्र, ते वेळखाऊ असल्याने रजिस्टर भरण्यात वेळ घालवणे श्रेयस्कर नसते. त्यासाठी काही ठराविक नमुन्यातील फॉर्म आधीच छापून घ्यावेत. त्यावर प्रथम कच्च्या नोंदी करून घ्याव्यात व सवडीने मोठ्या रजिस्टरमध्ये या नोंदी कराव्यात. आपत्तीत सापडलेल्या व्यक्ती, जखमी झालेल्या व्यक्ती, मृत व्यक्ती, मालमत्तेची झालेली हानी, शेतीमालाची झालेली हानी, मृत झालेली गुरेढोरे, केलेले कार्य, दिलेली मदत व नुकसान भरपाई अशा सर्वच गोष्टींची स्वतंत्र रजिस्टरे करून त्यात सविस्तर नोंदी कराव्यात. त्यामुळे एकतर शासन यंत्रणेची विश्वासार्हता वाढते; तसेच या माहितीचा भावी काळात उद्भवणाऱ्या आपत्ती व्यवस्थापनाच्या नियोजनामध्ये उपयोग करून घेता येतो.

५.१२ निष्कर्ष

आपत्ती व्यवस्थापनाच्या संदर्भातील शासकीय यंत्रणा व अन्य व्यक्ती, संस्था वगैरे घटक परस्पर पूरक, एकमेकांना साहाय्य करणारे असावेत. सर्वसामान्य परिस्थितीतच सर्व प्रक्रिया व साधनसामग्री याविषयी तयारी करावी.आपत्ती ओढवल्यानंतर या तयारीप्रमाणे तत्काळ कार्यवाही करावी, तरच आपत्ती व्यवस्थापन अधिक कार्यक्षम, अधिक प्रभावी होऊन हानीचे प्रमाण खूपच कमी राहील.

□

६
आपत्तीमधून बचाव

'बचाव' ही संकटमोचनाची महत्त्वाची पायरी आहे

६.१ प्रास्ताविक

संकटात सापडलेल्या लोकांच्या सुटकेसाठी धावून जाणे हे महान कार्य आहे. त्यामध्ये पावित्र्याचे, उदात्ततेचे व माणुसकीचे दर्शन होते. त्याचबरोबर हे कार्य अत्यंत कठीण, कष्टाचे तसेच सहनशीलतेची व धीराची कसोटी पाहणारे आहे. हे कार्य आपद्ग्रस्तांच्या दृष्टीने अत्यंत महत्त्वाचे असून, जितक्या तातडीने ते होईल तितके चांगलेच ठरते. अत्यंत धावपळीचे व उसंतही घेऊ न देणारे असे हे कार्य आहे. सुटकेचे कार्य हे स्वयंसेवकांची जागरूकता, कनवाळुपणा, धोका पत्करण्याची क्षमता, व्यावहारिक कौशल्य, कल्पकता, तारतम्य, प्रबळ इच्छाशक्ती अशा अनेक गुणांचे निदर्शक आहे. त्यात स्वयंसेवकांचे शारीरिक आणि मानसिक सामर्थ्य पारखले जाते. पूर्वीच्या आपत्तींचा जर आपण अभ्यास केला, तर त्यातून लोकांची सुटका करण्यासाठी स्वयंसेवकांनी जे धाडस दाखवले, जे पराकोटीचे सामर्थ्य वापरले व ज्या प्रकारे आपद्ग्रस्तांची सुटका केली, त्यावर आपला विश्वासही बसणार नाही. अन्नपाण्यावाचून अनेक दिवस अडकून पडलेल्या, तथापि, सुदैवाने जगलेल्या लोकांची स्वयंसेवकांनी ज्या अतुलनीय शर्थीने सुटका केली त्याचे वर्णन 'प्रचंड पराक्रम' या शब्दप्रयोगानेच करता येईल. आग, खाणीमध्ये झालेले अपघात, भूस्खलन, भूकंप, इमारती कोसळणे अशा विविध आपत्तींमध्ये अडकलेल्या अनेकांची सुटका होण्यामध्ये त्यांच्या नशिबाचा जसा भाग आहे, त्यापेक्षाही महत्त्वाचा भाग स्वयंसेवकांनी केलेल्या प्रचंड पराक्रमांचा आहे. सर्वसामान्य व्यक्ती फक्त आपद्ग्रस्तांच्या सुटकेसाठी धावून जाते. परंतु, हे विशेष प्रशिक्षण घेतलेले स्वयंसेवक आपद्ग्रस्तांना मृत्यूच्या अक्राळविक्राळ दाढेतून अक्षरश: खेचून बाहेर काढून त्यांना जीवदान देतात. पूर्वी पाहिल्याप्रमाणे आपत्तीची पूर्वसूचना देणारी यंत्रणा जितकी प्रभावी असते, आपत्ती निवारणासाठी जितकी चांगल्या प्रकारे पूर्वतयारी केली जाते, तितके आपत्तीमुळे होणारे नुकसान व जीवितहानीही कमी होते. आपद्ग्रस्तांची संख्या कमी असते. त्यांच्या सुटकेसाठी तुलनेने खूपच कमी प्रयत्न करावे लागतात आणि

म्हणूनच आपत्ती व्यवस्थापनात योग्य शिक्षण, साधनसामग्रीची जुळवाजुळव, निवारणाची पद्धतशीर योजना बनवून तिची तत्काळ अंमलबजावणी करणे या सर्व घटकांचा समावेश होतो.

६.२ एकविसावे शतक हे पूर्वीच्या शतकांच्या तुलनेत अधिक खडतर, व्यापक, हानिकारक अशा अनेक विविध प्रकारच्या आपत्तींचे शतक झालेले आहे. नैसर्गिक आणि मानवनिर्मित आपत्ती एका पाठोपाठ सतत येतच आहेत. या आपत्तींमुळे आजवर झालेले विकासकार्य, प्रगती उद्ध्वस्त होत आहे. आपत्ती निवारण, आपद्ग्रस्तांचे पुनर्वसन, मृतांच्या वारसदारांना नुकसानभरपाई देणे यासाठी शासनाला हजारो कोटी रुपये खर्च करावे लागत आहेत. त्यासाठी आर्थिक विकासावर होणाऱ्या खर्चात काटकसर करावी लागत आहे. हा आपत्तींमुळे करावा लागणारा खर्च सुयोग्य अशा आपत्ती व्यवस्थापनामुळे कमी होऊ शकेल. या प्रकरणात आपल्याला याविषयी सविस्तर माहिती घ्यायची आहे.

६.३ सुटकेची कार्यपद्धती

आपत्तीमधून सुटका ही अचानक किंवा अनपेक्षितरीत्या होणारी घटना नाही. तिच्यासाठी योग्य अशी पूर्वतयारी करून आपत्ती ओढवताक्षणी ती तत्काळ कार्यान्वित करावी लागते. हे कार्य जितक्या जलद गतीने होईल, तितके हानीचे प्रमाण कमी राहील. तसेच जितकी अधिकाधिक साधनसामग्री आणि मनुष्यबळ त्यासाठी वापरले जाईल, तितकी आपत्ती व्यवस्थापनाची कार्यक्षमता जास्त राहील. सुटकेसाठीचे कार्य हे- १) तत्काळ बचाव आणि २) पूर्वनियोजित बचाव अशा दोन गटांत विभागात येते. या प्रत्येक गटामधील कार्याचे स्वरूप आणि व्याप्ती ही वेगवेगळी असते.

६.३.१ तत्काळ बचाव

आपत्ती ही जेव्हा कोणाच्याही ध्यानी-मनी नसताना अचानकपणे उद्भवते, तेव्हा प्रशिक्षित स्वयंसेवक व पुरेशी साधनसामग्रीही तत्काळ उपलब्ध होणे शक्यच नसते. त्यावेळेला उपलब्ध मनुष्यबळ आणि तुटपुंजी साधने घेऊनच आपद्ग्रस्तांच्या सुटकेसाठी जावे लागते. विशेषत: जेव्हा आपत्ती अचानक उद्भवते, त्यावेळी प्रशिक्षित बचाव गट त्या जागी तत्काळ उपलब्ध नसतात. विविध घटकांमध्ये समन्वय साधून त्यांच्या कार्यांवर नियंत्रण ठेवणे या परिस्थितीत शक्यच नसते. आपत्ती निवारणाची योजना कार्यान्वित करण्यासाठी जिल्ह्याच्या आणि तालुक्याच्या पातळीवरून मदत येण्यास थोडी दिरंगाई होतेच. म्हणूनच आपत्ती निवारणाची

तत्काळ स्वरूपाची योजना बनवून तिची शीघ्र अंमलबजावणी करावी लागते. त्यामध्ये तुटपुंज्या साधनसामग्रीचा कार्यक्षमरीत्या वापर करावा लागतो, तसेच प्रशिक्षित नसलेल्या सर्वसामान्य लोकांकडून सुटकेसाठी मिळणाऱ्या सहकार्याचा उपयोग करून घ्यावा लागतो. तत्काळ बचाव गटांचे नेतृत्व करणाऱ्याने सर्वसामान्य लोकांच्या मदतीनेच आपद्ग्रस्तांच्या सुटकेसाठी तातडीने निर्णय घेऊन कार्य करायचे असते आणि म्हणूनच सामाजिक पातळीवरच आपत्ती व्यवस्थापनाचे शिक्षण दिले तर त्यामुळे सर्वसामान्य लोक आपत्तीचा प्रतिकार करण्यासाठी सक्षम होतील. जीवितहानी कमी करण्यासाठी या लोकांचा चांगला वापर करून घेता येईल. याच प्रकरणाच्या परिशिष्टात याविषयी अधिक माहिती दिलेली आहे.

६.३.२ पूर्वनियोजित बचाव

योग्य ती साधनसामग्री, प्रशिक्षित स्वयंसेवक, या गोष्टींची तरतूद आपद्ग्रस्तांच्या बचावासाठी उभारलेल्या अशा संघटनांकडे असणे आवश्यक ठरते. मात्र, ही यंत्रणा कार्यान्वित होण्यासाठी काही कालावधी लागतो. हा कालावधी जितका अधिक असेल तितके प्राणहानीचे व अन्य नुकसानीचे प्रमाण अधिक असते. 'तत्काळ बचाव' गटातील कार्यामुळे सुटकेसाठी तातडीचे प्रयत्न होऊ शकतात. परंतु 'पूर्वनियोजित बचाव गटातील' कार्याची – संघटनेची जोड त्याला द्यावीच लागते. हे कार्य तुलनेने कठीण असले, त्यासाठी जास्त कालावधी लागला, तरीही त्याच्या कार्यक्षेत्राची व्याप्ती ही खूपच मोठी असते. या प्रकरणात आपण याविषयीची अधिक माहिती घेऊ.

६.४ सुटकेच्या कार्यामागील तत्त्वे

प्रत्येक आपत्तीचे स्वरूप जरी वेगवेगळे असले तरीही, त्यातून सुटका करण्यासाठी होणाऱ्या प्रयत्नांच्या मुळाशी समान मूलतत्त्वे आहेत. ती याप्रमाणे सांगता येतील.

६.४.१ प्रारंभिक पाहणी

योजना बनवण्याआधी आपत्तीग्रस्त भागाची पाहणी करणे आवश्यक असते. आपत्तीची तीव्रता, कमकुवत घटक व धोका यांविषयी सर्वंकष पाहणी करून विश्लेषण करावे लागते. सुटकेसाठी जाणाऱ्या गटाला त्यामुळे आपत्तीचे नेमके ठिकाण, व्याप्ती, धोक्याची तीव्रता, हानीचे प्रमाण, सुटकेसाठी आवश्यक साधनसामग्री, उद्भवणाऱ्या अडचणींचे निराकरण या सर्व गोष्टींबाबत योग्य ते निर्णय घेऊन त्यानुसार कार्य करता येते. आपत्तीच्या ठिकाणी हजर असलेल्या लोकांकडून

माहिती घेऊन, स्वत: पाहणी करून योग्य नियोजन करणे उचित ठरते. अशा गोळा केलेल्या माहितीच्या अनुषंगाने नियंत्रण, त्यानुसार आपत्ती निवारणाची योजना बनविली जाते. केंद्राकडून बचाव गटांना विश्लेषण दिले जाऊ शकते.

६.४.२ सर्वंकष योजना आखणे

नियोजन आणि पुरेशी तयारी केल्याखेरीज आपत्ती व्यवस्थापनाच्या संदर्भात कोणतेही पाऊल उचलता येत नाही. आपद्ग्रस्त परिसराचा विस्तार, तेथील लोकवस्ती, आपत्तीत सापडलेल्या व्यक्तींची संख्या, त्या ठिकाणी असलेली बांधकामे, भौगोलिक व हवामानविषयक परिस्थिती वगैरे गोष्टींची संपूर्णपणे माहिती घेऊन व साधनसामग्री व मनुष्यबळाचा आढावा घेऊन योजना आखली जाते व अंमलबजावणी करायच्या कार्याचे अग्रक्रम ठरविले जातात. सर्व घटकांच्या कार्यात समन्वय साधणे व कमीतकमी साधनसामग्री व मनुष्यबळ वापरून उद्दिष्टे पूर्ण करणे, ही सर्व नियोजनाशी संबंधित कार्यपद्धती अवलंबावी लागते. प्रत्यक्ष त्या परिसरातील व्यक्ती, आपत्तीत सापडलेल्या व्यक्ती वगैरेंशी बोलूनच योजना बनवावी लागते. एक उदाहरण घेऊ. भूकंपामुळे कोसळलेल्या इमारतीत रॉकेलचा किंवा गॅस सिलेंडरचा साठा असला तर त्याबाबतची माहिती फक्त परिसरात राहणाऱ्या व्यक्तीच देऊ शकतील. ती इतरांना देता येणार नाही. ही माहिती मिळाली तरच बचावकार्य करणारा गट (संघटना) योग्य ती सावधगिरी घेऊ शकेल. संकटग्रस्तांची सुटका करणाऱ्या गटाच्या प्रमुखाने आपल्या कार्याचे नियोजन करताना त्यात खालील घटकांचा विचार करायचा असतो.

६.४.२.१.१ आपत्तीच्या ठिकाणी जाण्याचे मार्ग.

६.४.२.१.२ गटातील सदस्यांची संख्या व त्यांनी आपल्या सोबत घ्यायची नेहमीच्या साधनसामग्री व्यतिरिक्त जास्तीची साधनसामग्री.

६.४.२.१.३ गटप्रमुखाची नियुक्ती व गटातील सदस्यांवर सोपवलेल्या जबाबदाऱ्या.

६.४.२.१.४ सुरक्षिततेबाबत घ्यायची खबरदारी.

६.४.२.१.५ जखमींना वाहून नेण्याच्या पद्धती.

६.४.२.१.६ तो गट व इतर गट तसेच नियंत्रण केंद्रे यांच्याशी संपर्क साधण्यासाठी मोबाईल फोन, रेडिओ वगैरे साधनांचा अवलंब. सोयीसाठी प्रत्येक गटाला दिलेला कोड नंबर.

६.४.२.१.७ तात्पुरत्या स्वरूपातील वैद्यकीय शुश्रूषेच्या सोयी. पुढील उपचारांसाठी जखमींना रुग्णालयात हालवण्यासाठी रुग्णवाहिका वा इतर वाहनांची व्यवस्था.

६.४.२.२ गटांचे कार्यक्षेत्र व कार्यपद्धती ठरवणे.

६.४.२.२.१ त्या भागात सुटकेचे कार्य करण्यासाठी आलेल्या अन्य गटांसमवेत संपर्क साधून कार्याबाबत समन्वय साधणे. गटांच्या कार्यात द्विरुक्ती होणार नाही याची काळजी घेणे.

६.४.२.२.प्रत्यक्ष आपत्तीच्या ठिकाणी (शून्य क्षेत्र) नियंत्रण केंद्र स्थापन करणे.

६.४.२.२.३ परिसराच्या सुरक्षिततेसाठी आवश्यक त्या सर्व गोष्टी करणे.

६.४.३ सर्वंकष तयारी करणे

कोणतेही कार्य यशस्वी होण्यासाठी त्याची उत्तम प्रकारे सर्वच बाबतीत चांगली तयारी करावी लागते. काय करायचे, कसे करायचे, अडचणी कशा सोडवायच्या, या गोष्टींचा विचार आधीच व्हायला हवा. या संदर्भात खालील गोष्टी विचारात घेणे उचित ठरते :

६.४.३.१ आपद्ग्रस्तांच्या बचावासाठी कार्य करणारी संघटना ही लवचिक आणि अनेक प्रकारचे बचावकार्य समर्थपणे करणारी अशी असणे आवश्यक आहे.

६.४.३.२ अशी संघटना की त्यात काम करणाऱ्या स्वयंसेवकांना आवश्यक ते सर्व शिक्षण, प्रशिक्षण, प्रत्यक्षानुभव देऊन त्यांची कार्यक्षमता चांगली आहे व तसेच त्यांना अद्ययावत माहिती आहे हे पाहणे.

६.४.३.३ विशिष्ट आपत्तीसाठी उपयुक्त विशिष्ट प्रकारची उपकरणे त्यांच्याकडे आहेत व ती वापरण्याविषयी त्यांना ज्ञान आहे याबद्दलची खात्री.

६.४.३.४ वेगवान व सुरक्षित वाहतुकीची साधने उपलब्ध करावयास लागतात.

६.४.३.५ संपर्कासाठीही अद्ययावत साधने असणे, जलद संपर्क प्रस्थापित होण्यासाठी महत्त्वाचे असते.

६.४.३.६ शासनयंत्रणेशी संपर्क व समन्वय साधून आपत्तीचे ठिकाण व करायची कार्ये याविषयी सविस्तर माहिती मिळणे श्रेयस्कर ठरते.

६.४.३.७ संघटना ही आपत्तीच्या केंद्रापासून जितकी जवळ असेल तितकी ती आपत्तीस्थळी लवकर पोहोचून आपले कार्य करू शकते; म्हणून संभाव्य धोक्याचे विश्लेषण करून निवारण/बचाव संघटनांची जागा निवडणे महत्त्वाचे असते.

६.४.४ पुरेशी साधनसामग्री मिळणे

आपद्ग्रस्तांच्या सुटकेसाठी आवश्यक ती सर्व साधनसामग्री कार्य करणाऱ्या

गटाजवळ असायला हवी. प्रत्येक आपत्तीसाठी लागणारी साधनसामग्री वेगवेगळी असते, हे ध्यानात घेऊन योग्य ती साधनसामग्री उपलब्ध करून द्यायला हवी. अनेकदा आपत्तीच्या जागी स्थानिक पातळीवर साधनसामग्री उपलब्ध होऊ शकत नाही; म्हणून गटाने ती आपल्या सोबतच न्यायला हवी. त्याचप्रमाणे गटाजवळ पुरेसे पैसेही खर्चासाठी म्हणून देणे आवश्यक असते. अन्यथा प्रत्येक लहानसहान गोष्टीसाठी नियंत्रण केंद्राकडे जायची पाळी येते. त्यात वेळ वाया जातो. पैसे देतानाच आवश्यक त्या गोष्टी खरेदी करण्याचे स्वातंत्र्यही गटाला दिले पाहिजे. प्रत्येक वेळी मंजुरी मागण्याची गरज पडू नये.

६.५ शून्य क्षेत्रातील सुटकेचे कार्य साधणे

आपद्ग्रस्त भागातील सुटकेच्या कार्यांची दोन गटांत विभागणी होते. एक म्हणजे सर्वसामान्य स्वरूपाचा बचाव व दुसरा गट हा विशेष स्वरूपाच्या बचावासाठी असतो. भारतात या दुसऱ्या गटातील कार्ये करणाऱ्या संघटना तुलनेने खूपच कमी आहेत. अग्निशामक दल, लष्करातील बॉंबशोधक किंवा सुरुंगशोधक पथक, नागरी संरक्षण दल, अर्धलष्करी दले अशा संघटनांचा यांमध्ये समावेश होतो. बाकीची पहिल्या गटातील कार्येही शासनसंस्था, अशासकीय संघटना, स्वयंसेवक वगैरेंच्या साहाय्याने केली जातात. मात्र, संकटाचे स्वरूप जेव्हा भीषण होते, त्यावेळी शासनयंत्रणा लष्कराची मदत घेते. सार्वत्रिक दंगली, दहशतवाद, महापूर, भूकंप, त्सुनामी वगैरे संकटांमध्ये लष्कराला बोलावले जाते; कारण लष्कराजवळ युद्धोपयोगी साधनसामग्री मुबलक असते. त्यांपैकी बऱ्याच साधनसामग्रीचा संकटाच्या वेळी उपयोग होऊ शकतो. लष्करातील जवान व अधिकारी शारीरिक व मानसिकदृष्ट्या आपत्तीला तोंड देण्याच्या दृष्टीने जास्त सक्षम असतात. ते प्रशिक्षित असतात तसेच शिस्तबद्ध असतात. हे गुण बाकीच्या संघटनांत तेवढ्याच प्रमाणात आढळणे कठीण असते आणि म्हणूनच परकीयांपासून देशाचे व जनतेचे रक्षण करण्याबरोबरच अंतर्गत आपत्तीपासून जनतेचे रक्षण करण्याची जबाबदारीही लष्कराकडे देण्याचा प्रघात आहे. मात्र, लष्कराला सतत याच कामांसाठी वापरणे हे तितकेसे योग्य नाही. त्यामुळेच नागरिकांना योग्य ते शिक्षण देऊन आपत्तीच्या प्रसंगी उपयुक्त ठरणाऱ्या अशासकीय स्वरूपाच्या स्वयंसेवी संघटना अधिकाधिक प्रमाणात निर्माण व्हायला हव्यात. राजकीय पक्षांनी देखील विधायक कार्य करणाऱ्या आपल्या संघटना बनवायला हव्यात. पूर्वी नागरी संरक्षण दल, होमगार्ड्स संघटना कार्यरत होत्या. युद्ध संपल्यानंतर नागरी संरक्षण दल हे मागे पडले, तर साचेबंद व नीरस कार्यपद्धतीमुळे होमगार्ड संघटना

युवकांना आकृष्ट करून घेऊ शकत नाही. बहुतांशी अशासकीय स्वयंसेवी संघटनांना शासनाकडून पुरेसे सहकार्य मिळू शकत नाही. आपत्तीच्या पश्चात शासनयंत्रणा सुस्त होते व या संघटनांची उपेक्षा केली जाते. तसेच या संघटनांजवळ पुरेसे आर्थिक पाठबळही नसते. त्यामुळे शिक्षण, प्रात्यक्षिके या गोष्टींसाठी त्यांना पैसा उपलब्ध होत नाही. त्यांच्या कारभारात गोंधळ होतो. त्यामुळे या संघटनांना कार्यकर्त्यांची कायमच उणीव भासते. मात्र, आपत्ती ओढवल्यानंतर सुटका व मदत कार्यासाठी अनेकजण स्वयंस्फूर्तीने पुढे येतात हेही ध्यानात घ्यायला हवे. त्यांना जुजबी स्वरूपाचे शिक्षण देऊन पहिल्या गटातील कार्यांसाठी त्यांचा वापर करून घेणे शक्य होते. दुसऱ्या गटातील कार्यासाठी मात्र विशेष प्रकारच्या संस्था व संघटना आणि सैन्यदल यांचीच मदत घेणे श्रेयस्कर ठरते.

६.६ सुटकेसाठी असलेल्या कार्यपद्धतीचे पूर्वतयारी, अंमलबजावणी व आपत्ती-नंतरची कार्ये असे तीन टप्पे केले जातात. यांपैकी पहिले दोन टप्पे सर्वांत महत्त्वाचे आहेत, कारण सुटकेची जबाबदारी त्यामुळेच चांगल्या प्रकारे पार पडू शकते. या तीन टप्प्यांविषयी आपण सविस्तर माहिती घेऊ.

६.७ पूर्वतयारीचा टप्पा

या टप्प्यात आपत्तीतून सुटकेसाठी आवश्यक ती सर्व प्रकारची कार्ये करण्यासाठी एक विस्तृत आणि शिस्तबद्ध असे संघटन उभारावे लागते. त्याचे स्वरूप व कार्यपद्धती याप्रमाणे :

६.७.१ संघटनेची रचना

संघटनेची रचना आपत्ती निर्मूलनासाठी तत्काळ व नेमका उपयोग व्हावा अशी बनवली जावी. प्रशासनिक क्लिष्टता टाळून ती लवचिक बनविली जावी. सरकारनिर्मित अशी ही संघटना असली व तिचे कार्यकर्ते जरी सरकारी कर्मचारी असले तरीही ती अन्य सरकारी खात्याप्रमाणे बनवून चालणार नाही. शासकीय कर्मचाऱ्यांच्या जोडीला / आवश्यकतेनुसार स्थानिक परिसरातून जाणकार व गरजू असे हंगामी स्वरूपी कर्मचारी घेऊन त्यांच्या मदतीने सर्व कार्ये केली जावीत. संघटनेची रचना कशी असावी, याचे एक उदाहरण आकृतीत दाखविले आहे.

संघटना अशा स्वरूपाची हवी (मग ती अशासकीय असली तरी चालेल) की जी कोणत्याही आपत्तीत - भूकंप, त्सुनामी, पूर इ. प्रसंगी एकावेळी तीन 'ग्राउंड झिरोच्या क्षेत्रात' बचावकार्य करू शकेल. किमान एक आठवडा किंवा

आवश्यकतेनुसार अधिक दिवस या संघटनेला आवश्यक ती सर्व कार्ये करण्यासाठी संपूर्ण स्वातंत्र्य देणे उपयुक्त ठरेल. तसेच त्यांच्या कार्यासाठी आवश्यक ती साधनसामग्री – हत्यारे, सुटकेसाठी उपकरणे, तंबू, वगैरे गोष्टी पुरवाव्या लागतील. प्रत्येक स्वयंसेवका-जवळ आपत्तीच्या वेळी उपयोगी पडणाऱ्या विविध गोष्टींचा संच ठेवणे उपयुक्त ठरेल. त्यामुळे त्या संघटनेला विनाअडथळा आपले काम करणे शक्य होईल. सरकारवर त्याचा कोणताही भार पडणार नाही. प्रत्येक जिल्ह्याच्या पातळीवर एक संघटना अशा प्रकारे उभारता आली तर सुटकेचे कार्य तातडीने करता येईल. या सर्व जिल्हा पातळीवरील संघटनांवर राज्यपातळीवरील संघटनेचे नियंत्रण असले पाहिजे व राज्यपातळीवरील सर्व संघटना या संपूर्ण देशाच्या पातळीवर असलेल्या संघटनेला जोडल्या गेल्या पाहिजेत; अशा संघटनेच्या प्रमुख आणि उपप्रमुखांची नियुक्ती ही देशाच्या पातळीवरील संघटनेमार्फत प्रत्येक जिल्ह्यासाठी केली जावी. त्यासाठी ४५ ही वयोमर्यादा ठरवली जावी. त्यापेक्षा अधिक वय असलेले अधिकारी शासनाच्या अन्य विभागात सामावून घेतले जावेत. त्यांच्या नियुक्तीच्या आणि अन्य सेवाशर्ती शासनानेच ठरवाव्यात. त्यांनी जास्तीत जास्त १५ वर्षे या संघटनेत राहावे व त्यानंतर राज्य किंवा केंद्रसरकारच्या सुरक्षा विभागात त्यांना पाठविले जावे.

६.७.२ संघटनेच्या कार्यांविषयी

ही संघटना शासकीय किंवा अशासकीय अशी कोणत्याही स्वरूपाची असली तरीही तिची कार्यपद्धती सारखीच असायला पाहिजे. आपल्या स्वयंसेवकांचे व कर्मचाऱ्यांचे ती आवश्यकतेनुसार तीन गट बनवण्यायोग्य हवी. ती यंत्रणा एवढी लवचिक हवी की, गटांची पुनर्रचना करणे शक्य व्हावे. प्रत्येक जिल्ह्यासाठी एक या पद्धतीने स्थापन केलेल्या या संघटनेत खालील कार्यपद्धती अवलंबली जावी.

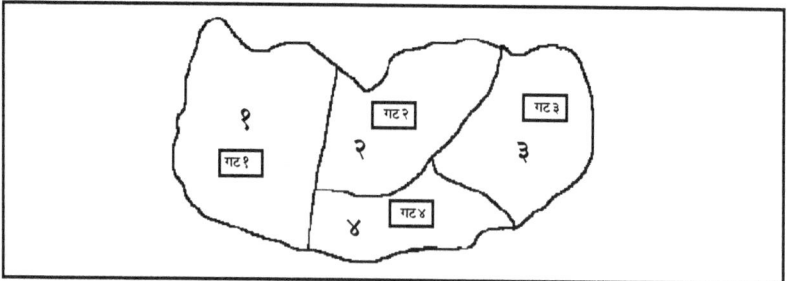

६.७.२.१ राज्य पातळीवरील आपत्ती व्यवस्थापन विभागाच्या नियंत्रणाखाली प्रत्येक जिल्ह्याच्या संघटनेचे कार्य चालावे. जिल्ह्यातील बचाव कार्याला संघटनेने प्राधान्य द्यावे अशी जरी अपेक्षा असली तरीही आवश्यकता वाटल्यास एका जिल्ह्यातील संघटना दुसऱ्या जिल्ह्यातील कार्य करण्यास सक्षम असावी. यासाठी राज्य पातळीवरील नियंत्रण केंद्राने त्यांस आदेश द्यावेत. प्रत्येक संघटनेत कार्यपद्धती समान असल्यामुळे एका जिल्ह्यातील संघटना ही समन्वय, सराव वगैरे गोष्टी दोन्ही

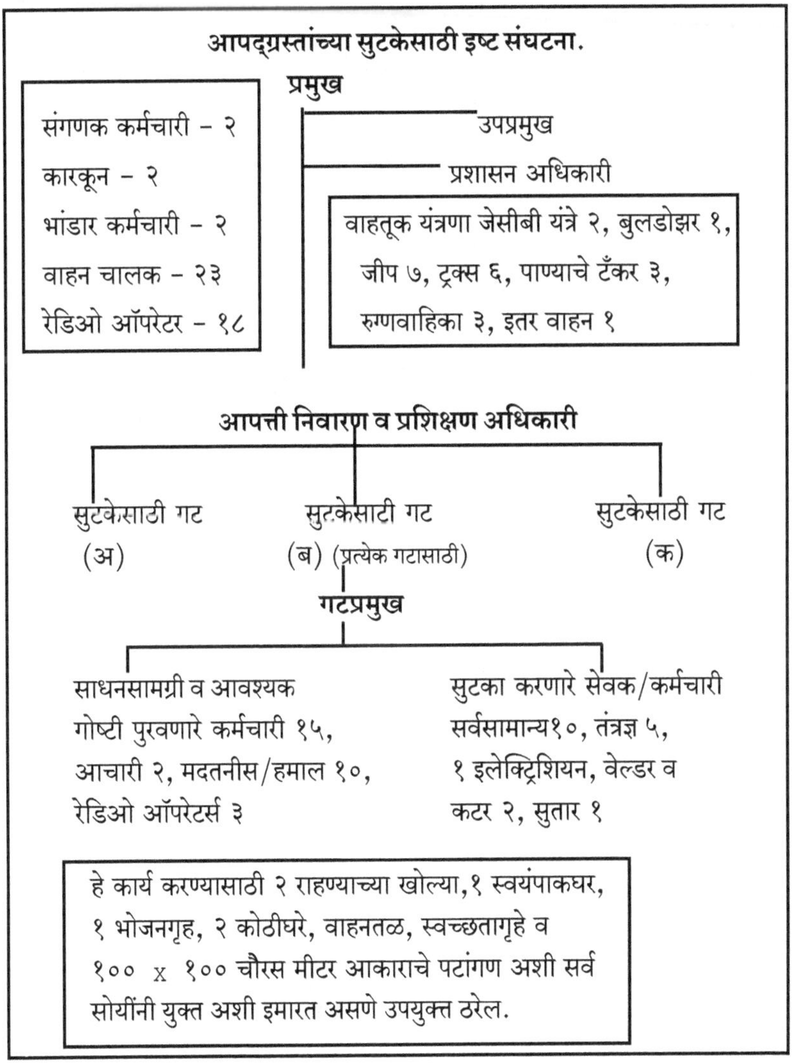

आपद्ग्रस्तांच्या सुटकेसाठी इष्ट संघटना.

प्रमुख

उपप्रमुख

प्रशासन अधिकारी

संगणक कर्मचारी – २

कारकून – २

भांडार कर्मचारी – २

वाहन चालक – २३

रेडिओ ऑपरेटर – १८

वाहतूक यंत्रणा जेसीबी यंत्रे २, बुलडोझर १, जीप ७, ट्रक्स ६, पाण्याचे टँकर ३, रुग्णवाहिका ३, इतर वाहन १

आपत्ती निवारण व प्रशिक्षण अधिकारी

सुटकेसाठी गट (अ)   सुटकेसाठी गट (ब) (प्रत्येक गटासाठी)   सुटकेसाठी गट (क)

गटप्रमुख

साधनसामग्री व आवश्यक गोष्टी पुरवणारे कर्मचारी १५, आचारी २, मदतनीस/हमाल १०, रेडिओ ऑपरेटर्स ३

सुटका करणारे सेवक/कर्मचारी सर्वसामान्य१०, तंत्रज्ञ ५, १ इलेक्ट्रिशियन, वेल्डर व कटर २, सुतार १

हे कार्य करण्यासाठी २ राहण्याच्या खोल्या,१ स्वयंपाकघर, १ भोजनगृह, २ कोठीघरे, वाहनतळ, स्वच्छतागृहे व १०० x १०० चौरस मीटर आकाराचे पटांगण अशी सर्व सोयींनी युक्त अशी इमारत असणे उपयुक्त ठरेल.

जिल्ह्यांतही करू शकेल. त्यामुळे तिला गरजेनुसार व संकटाची तीव्रता विचारात घेऊन कोणत्याही जिल्ह्यात कार्यासाठी पाठवता येईल. दुसऱ्या जिल्ह्यात पाठवल्यानंतर त्या संघटनेवर त्या दुसऱ्या जिल्ह्यातील मुख्याधिकाऱ्याने नियंत्रण प्रस्थापित करावे. हा मुद्दा खालील आकृतीत स्पष्ट केला आहे.

चार जिल्ह्यांचे एक राज्य आहे असे आपण समजू. या ४ जिल्ह्यांत प्रत्येक जिल्ह्यातील गटावर/ संघटनेवर स्वतःच्या जिल्ह्यात कार्य करायची प्राथमिक जबाबदारी असावी. आवश्यकतेनुसार इतर जिल्ह्यात संघटनेला जावे लागले तर तेथील जबाबदारी दुय्यम स्वरूपाची राहील व त्या जिल्ह्यातील गटावर कार्य करायची प्राथमिक जबाबदारी असेल. मात्र, ज्या जिल्ह्यात इतर जिल्ह्यातील संघटनांचे गट कार्य करणार असतील, तर तेथील जिल्हाधिकाऱ्यांचे नियंत्रण त्यांच्यावर असणे स्वाभाविक असावे. समजा क्र. १ व क्र.२ या दोन्हीही जिल्ह्यांत एकाचवेळी आपत्ती ओढवली व ती तीव्र स्वरूपाची असली तर पहिल्या जिल्ह्यात पहिला गट व दुसऱ्या जिल्ह्यात दुसरा गट यांच्यावर सुटकेच्या कार्याची प्राथमिक जबाबदारी राहील व त्यांच्या मदतीला क्र.३ व क्र.४ या जिल्ह्यातील गट हे मदतीसाठी पाठवले जातील; अशा प्रकारे नजीक असलेल्या जिल्ह्यांमधून दुसऱ्या जिल्ह्यात आपत्ती निवारणासाठी गट पाठवणे सोईस्कर होईल. आपत्तीच्या ठिकाणी ते त्वरित जाऊ शकतील व कामाचे स्वरूप एकसारखे असल्याने त्यांचा तत्काळ उपयोग करून घेता येईल. ज्या वेळेस आपत्तीची व्याप्ती मोठी असते, एकाच वेळी अनेक राज्यांना तिची झळ पोहोचते अशा परिस्थितीत राष्ट्रीय पातळीवरील आपत्ती व्यवस्थापन यंत्रणा समन्वयाचे कार्य करेल. ती अन्य राज्यातून अनेक गट आपद्ग्रस्तांची सुटका करण्यासाठी पाठवू शकेल.

६.८ सज्ज राहणे

याप्रकारे विविध गट, संघटना आपत्तीतून सुटकेचे कार्य करण्यासाठी कायम तयारीत राहतील. जेव्हा एकापेक्षा अधिक जिल्ह्यांत कार्य करावे लागेल, त्यावेळी सर्व गटांचा परस्परांशी समन्वय असणे उपयुक्त ठरेल. हे कार्य असे केले जावे.

६.८.१ दोन्ही जिल्ह्यातील नियंत्रण केंद्रप्रमुखांनी गटप्रमुखांना आपत्तीची तीव्रता, आपत्ती विश्लेषणातील निष्कर्ष व कार्याविषयीच्या अपेक्षा याबाबत सविस्तर माहिती द्यावी.

६.८.२ गटप्रमुख व उपप्रमुखांनी, शासनाधिकारी, कार्यालय व प्रशिक्षण अधिकारी यांच्याशी चर्चा करून आपद्ग्रस्त ठिकाणांना तत्काळ भेट द्यावी व तेथील परिस्थिती समक्ष पाहून आपत्तीची तीव्रता, स्वरूप, झालेली हानी, मृतांची व जखमींची

संख्या, सुटकेच्या कार्याचे स्वरूप, आवश्यक असलेली साधनसामग्री, मनुष्यबळ, वाहतूक व्यवस्था, संभाव्य अडथळे यांबाबत सविस्तर अहवाल बनवून प्रत्यक्ष नियंत्रण केंद्रप्रमुखाशी तत्काळ चर्चा करावी व बचाव कार्याची योजना अमलात आणावी.

६.८.३ सुटका कार्यात सहभागी होऊ शकणाऱ्या इतर सर्व संस्था, संघटनांशी नियंत्रण केंद्रामार्फत संपर्क साधावा.

६.८.४ रुग्णालये, वॉर्डनची ठिकाणे वगैरे घटकांशी संपर्क साधून प्रशासकीय कार्यपद्धती निश्चित केली जावी.

६.८.५ आपद्ग्रस्त भाग अडचणीच्या ठिकाणी असल्यास, त्याच्याशी संपर्क साधणे कठीण झाल्यास अन्य पर्यायी संपर्क माध्यमांचाही विचार केला जावा. त्या सर्व गोष्टी सुस्थितीत असल्याची वेळोवेळी तपासणी करून खात्री केली जावी.

६.८.६ आपद्ग्रस्त प्रदेशाचा सविस्तर नकाशा, जाण्याचे रस्ते, हवामान, उपलब्ध सोयीसुविधा, तेथील एकूण लोकसंख्या याबद्दलची माहिती घेऊन शक्य झाल्यास त्याच परिसरात नियंत्रणाखाली एक उपकेंद्रही उभारले जावे. विविध पर्यायांवर विचार करून त्यातल्या सर्वोत्कृष्ट पर्यायाची सुटका कार्यासाठी निवड केली जावी.

६.९ स्थानिक मनुष्यबळाची गुणवत्ता वाढवणे

आपत्तीच्या प्रसंगी सुटकेसाठी परिसरातील व्यक्तींची मदत जितक्या लवकर मिळू शकते, तितकी बाहेरून येणाऱ्या लोकांची मिळू शकत नाही. त्यांना त्या ठिकाणी पोहोचायलाच किमान काही तास लागतात. त्यामुळे परिसरातील मनुष्यबळाची गुणवत्ता वाढवणे हे महत्त्वाचे ठरते. या दृष्टीने स्थानिक लोकांचे विविध स्वयंसेवी गट तयार करणे, त्यांना सुयोग्य अशा अशासकीय संस्था / संघटनांकडून आपत्ती व्यवस्थापनाचे शिक्षण देणे, हे अधिक उपयुक्त ठरते. त्यामुळे स्थानिक लोक हे आपत्तीची सूचना मिळताक्षणीच चांगली पूर्वतयारी करू शकतात. आपत्तीच्या वेळी सुटकेच्या व मदतीच्या कार्यात त्वरित सहभागी होतात. मदतीसाठी बाहेरून आलेल्या गटालाही स्थानिक लोकांचे चांगले सहकार्य मिळाले की, त्यांचे काम सोपे होते. आपल्या संकट निवारणाच्या योजनेची ते त्वरित अंमलबजावणी करू शकतात. धरणे, महत्त्वाच्या इमारती, धार्मिक उत्सवांच्या निमित्ताने एकत्र आलेला प्रचंड जमाव याबाबत, आधीच योजना बनवून सर्व सावधगिरीचे मार्ग अवलंबणे महत्त्वाचे असते. या संदर्भात स्थानिक जनतेला योग्य ते शिक्षण मिळाले, त्यांच्याकडून वेळोवेळी आपत्ती निवारणाच्या कार्यक्रमांचा सराव करून घेतला की, आपत्तीच्या प्रसंगी

सुटकेसाठी तत्काळ उपाय अवलंबता येतात. रेल्वे स्टेशन, चित्रपटगृहे, गर्दीची ठिकाणे आपत्ती काळात उपयुक्त होतात. तेथे जमलेल्यांना पूर्वकल्पना देऊन सुटकेसाठी करण्याच्या उपायांची प्रात्यक्षिके घेतली तर फायदेशीर ठरतात. या सर्व जागांवर आपत्तीसंबंधी पूर्वनियोजन अत्यंत गरजेचे आहे. या दृष्टीने खालील गोष्टी लक्षात घ्याव्यात.

६.९.१ अग्निशमनाची साधने, शिड्या, ३० फूट लांबीचा दोरखंड, पाण्याचे हौद, प्रथमोपचार साहित्यांचा संच, जनतेला पूर्वसूचना देण्यासाठी लाऊड स्पीकर्स वगैरे साधनसामग्रीची जमवाजमव केली पाहिजे. नियंत्रण केंद्राची जागाही अशा ठिकाणी पूर्वनियोजित असायला हवी.

६.९.२ लोकांना सुरक्षित ठिकाणी नेऊन, तेथून बाहेर पडण्यासाठी विविध मार्ग ठरवावे व प्रात्यक्षिके आयोजित करावीत व सराव करावा.

६.९.३ प्रात्यक्षिके जरी व्यवस्थित झाली तरी, प्रत्यक्ष संकटाच्या प्रसंगी वेगळेच प्रश्न उभे राहतात. रेल्वे स्टेशन, विमानतळ या ठिकाणी जमा होणारी गर्दी ही नियंत्रणाखाली राहू शकत नाही. उत्सवाच्या वेळी किरकोळ जरी दुर्घटना घडली तरी लगेच घबराटीचे वातावरण निर्माण होऊन जमाव अनावर व बेशिस्त होतो. शहरांच्या सुरक्षिततेचा विचार करून झोपडपट्ट्या हटवणे, पदपथावरील फेरीवाल्यांचे आक्रमण काढून टाकणे, यांसारख्या गोष्टी आवश्यक असूनही त्यात राजकीय हस्तक्षेप होतो. या सर्व अडथळ्यांतूनच आपत्ती निवारणासाठी मार्ग काढावा लागतो.

६.९.४ सुटकेच्या प्रशिक्षणाची व्यवस्था

सुटकेच्या कार्यासाठी नियुक्त केलेले शासकीय कर्मचारी, अशासकीय संघटनांचे व स्वयंसेवी संघटनांचे कार्यकर्ते यांना खालील संदर्भात शिक्षण देणे उपयुक्त ठरते.

६.९.४.१ अग्निशमन यंत्रणा कशी वापरायची, आगीत व धुरात गुदमरून गेलेल्या लोकांना बाहेर कसे काढायचे, प्रेते कशी हालवायची वगैरे गोष्टींचे शिक्षण या कार्यकर्त्यांना द्यावे.

६.९.४.२ पडझड झालेल्या इमारतींच्या दगडमातीचा ढिगारा हालवणे, त्याखाली गाडल्या गेलेल्या लोकांना वाचवणे, लोखंडी सळ्या कापण्याचे यंत्र वापरणे याचे शिक्षण योग्य ठरते.

६.९.४.३ पुराने वेढलेल्या ठिकाणाहून लोकांची सुटका करणे, बुडणाऱ्या लोकांना वाचवणे, दोरखंड व बोटींच्या मदतीने त्यांना तेथून हालवणे याबाबतचे शिक्षण उपयुक्त ठरते.

६.९.४.४ सुरक्षिततेची काळजी घेऊन जड सामान हालवण्याची माहिती घ्यावी लागते.

६.९.४.५ प्रथमोपचाराचे शिक्षण, जखमींना रुग्णालयात पाठवण्याबाबत घ्यायची काळजी वगैरेची माहिती असावी लागते.

६.९.४.६ प्रेतांविषयी नोंदी करण्याचे शिक्षण घ्यावे लागते. (५ व्या प्रकरणात याविषयी माहिती आहे.)

६.९.४.७ तत्काळ मदत करण्याची पद्धती समजावून घ्यावी लागते.

६.१० सुटका कार्याच्या अंमलबजावणीचा टप्पा
अंमलबजावणीची मूलतत्त्वे

सुटकेच्या प्रयत्नांमध्ये अंमलबजावणीचा टप्पा हा सर्वाधिक महत्त्वाचा असतो. अंमलबजावणीच्या दृष्टीने योजना ही सुलभ व लवचिक असावी. अंमलबजावणी करणाऱ्या यंत्रणेला नियंत्रण केंद्राकडून सूचना मिळताक्षणीच प्रत्यक्षात त्या ठिकाणी पोहोचवण्याआधी सुटकेच्या कार्याची योजना बनवावी लागते. त्यामुळे तेथे पोहोचल्यानंतर तिची तत्काळ अंमलबजावणी होऊ शकते. अंमलबजावणी ही तत्काळ झाली पाहिजे व नियोजन हे वेळेवर पूर्ण व्हायला हवे; त्या संदर्भात खालील तत्त्वांचे पालन झाले पाहिजे.

६.१०.१ सुटकेसाठी बनवलेल्या गटाने पोहोचल्यानंतर कार्यक्रमांची अंमलबजावणी करण्यात विलंब लावू नये. दिरंगाईमुळे मालमत्तेचे नुकसान वाढते व प्राणहानीही अधिक होते, हे ध्यानात घ्यायला हवे.

६.१०.२ त्या भागातील साधनसामग्री, परिसरातील इमारती यांचा सुटकेच्या दृष्टीने वापर करून घ्यावा.

६.१०.३ गटातील स्वयंसेवकांचे कौशल्य, शिक्षण व शारीरिक क्षमता विचारात घेऊनच त्यानुसार त्यांच्यावर काम सोपवले जावे. तसेच सर्व स्वयंसेवकात सामंजस्य, सहकार्य व समन्वय असायला हवा.

६.१०.४ आपद्‌ग्रस्तांविषयी सहानुभूती ही प्रत्येकाच्या वर्तनात व कार्यात जाणवायला हवी.

६.१०.५ आपद्‌ग्रस्तांच्या तत्काळ सुरक्षिततेचा विचार केला जावा; त्यानंतर त्यांच्या स्थलांतराबाबत कारवाई करणे योग्य ठरते.

६.१०.६ एखाद्या कठीण ठिकाणी अडकलेल्या प्रत्येक आपद्‌ग्रस्ताशी संपर्क साधून त्याला सुटकेसाठी होणाऱ्या प्रयत्नांबाबत खात्री पटवून द्यावी. तसेच त्याच्या

तक्रारीकडे ताबडतोब लक्ष द्यावे. अन्यथा त्याचा मानसिक तोल ढळून अधिक बिकट परिस्थिती निर्माण होते.

६.१०.७ एखादा आपद्ग्रस्त बेशुद्ध असेल व तो वाचण्याची शक्यता असेल तर त्याला वाचवण्याला प्राधान्य द्यावे व बाकीच्या आपद्ग्रस्तांना मदतीविषयी दिलासा देऊन थोडा वेळ थांबण्याची विनंती करावी.

६.१०.८ आपद्ग्रस्त अडकलेल्या ठिकाणी जाणे जर शक्य झाले नाही तर त्याला मोठ्याने बोलून थोडीफार स्वत:च्या प्रयत्नातून बाहेर पडायची सूचना द्यावी. त्याच्याकडे दोर फेकून, त्याला धरायला सांगून हळूहळू तेथून सुरक्षित ठिकाणी हालवावे. त्याला प्रथम प्यायला पाणी द्यावे, जखमांवर प्रथमोपचार करावा; जर एखाद्या आपद्ग्रस्तावर पुढील टप्प्यात इमारतींची पडझड होऊन संकट येणार असेल तर अशा वेळी फळ्या सरकावून त्याला डोक्यावर बचाव फळी धरायला देऊन किंवा जवळच्या कोपऱ्यात जायला सांगून इजा पोहोचणार नाही याविषयी काळजी घ्यावी.

६.१०.९ इतर गटांना किंवा नियंत्रण केंद्रास सूचना देऊन आवश्यक असल्यास मदत मागवून घ्यावी.

६.१०.१० परिस्थितीनुसार कार्यपद्धतीत बदल करावा.

६.१०.११ आसपासच्या जागांचे निरीक्षण करून सुरक्षित आधार आणि सुरक्षित जागांचा शोध घ्यावा. सुटका झालेल्या आपद्ग्रस्तांना त्या जागी हालवावे.

६.१०.१२ आपल्यासोबत जास्तीची सुरक्षितता-जाकिटे न्यावी व ती आपद्ग्रस्तांना द्यावी. तसेच पुरात सापडलेल्यांसाठी हवा भरलेल्या रबरी ट्यूब, लाईफ जॅकेट्स वगैरे वापरावीत.

६.१०.१३ लहान मुले, वृद्ध, आजारी व्यक्तींची सुटका करताना अधिक सावधगिरी बाळगावी.

६.११ सुटकेसाठी आवश्यक साधनसामग्री

दोरखंड, पुल्या (कप्प्या), लाकडी फळ्या, बांबू, सुरक्षा जाकिटे, पाण्याची पिंपे, बॅटरी, १' ते २' जाडीच्या लोखंडी सळया, मोबाईल फोन, वायरलेस सेट, नायलॉनची जाळी, खोदाईसाठी हत्यारे, हातोडे, धातू कापण्याच्या करवती वगैरे साधनसामग्रीचा आपत्तीच्या वेळी उपयोग होतो. बर्फाळ प्रदेशात पर्वतारोहणाची साधने, ऑक्सिजनमास्क वगैरेंचा उपयोग होतो तर बुडणाऱ्यांना वाचवण्यासाठी पाणबुड्यांसाठी आवश्यक उपकरणे उपयोगी पडतात. मात्र, सर्वसामान्य लोकांना त्यांचा वापर करता येत नाही. त्यासाठी विशेष प्रशिक्षण द्यावे लागते.

६.१२ कल्पकता व प्रसंगावधान

स्वयंसेवकांना थोडी कल्पकता व प्रसंगावधान दाखवून आपद्ग्रस्तांना सोडवता येते. अनेक गोष्टी त्या परिसरातच असतात. घोंगड्या, पडदे, बेडशीट्स, व्हरांड्यातील रेलिंग्ज, टेबल, खुर्ची, पाण्याचे रिकामे जार्स, वगैरे गोष्टींच्या मदतीनेही सुटका होऊ शकते. इमारत पडत असताना टेबलाखाली किंवा उंच पलंगाखाली आश्रय घेतला तर डोके बचावते. पडदे, पलंगपोस इ. एकमेकांना बांधून आधारासाठी दोरी तयार करून त्याच्या मदतीने खाली येता येते. हवा भरलेल्या ट्यूबा एकमेकींना जोडून, त्यावर फळ्या बांधून पाण्यातून बाहेर पडता येते. कपडे ओले करून आगीतून बाहेर पडणे शक्य होते. घोंगडीच्या मदतीने आग विझवता येते. अनेक जखमा हळद वापरून बऱ्या होऊ शकतात. डोक्यावर पातेले ठेवून कोसळणाऱ्या दगडमातीपासून बचाव करता येतो. प्रत्येकाला या गोष्टी माहीत असायला हव्यात व वेळेवर त्या सुचायला हव्यात.

६.१३ आपत्तीतून सुटका – एक कार्यप्रणाली

आपत्ती निवारण ही जर एक तत्त्वपद्धती–कार्यप्रणाली मानली तर आपत्तीतून सुटका ही त्यातीलच एक उपप्रणाली आहे. पूर्वतयारीबरोबर या प्रणालीचा आरंभ होतो व अखेरच्या आपद्ग्रस्तांच्या झालेल्या सुटकेनंतर तिची अखेर होते.

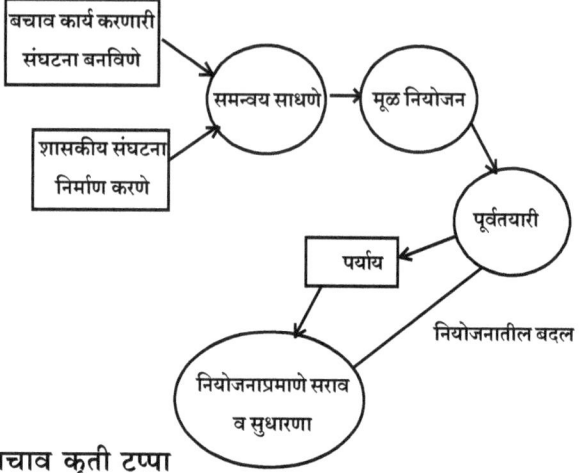

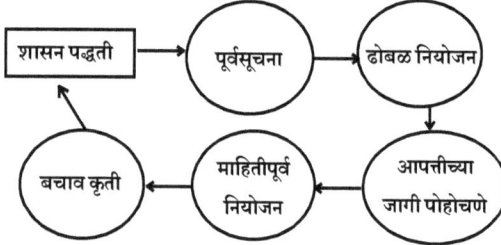

बचाव उपप्रणाली
पूर्वनियोजनाचा टप्पा
बचाव कार्य करणारी संघटना बनविणे
शासकीय संघटना निर्माण करणे
समन्वय साधणे
मूळ नियोजन
पूर्वतयारी
पर्याय
नियोजनातील बदल
नियोजनाप्रमाणे सराव व सुधारणा
बचाव कृती टप्पा
शासन पद्धती
पूर्वसूचना
ढोबळ नियोजन
आपत्तीच्या जागी पोहोचणे
माहितीपूर्व नियोजन
बचाव कृती

बचावासाठी नियोजनाची प्रक्रिया

आकृतीच्या साहाय्याने ही प्रणाली याप्रमाणे दर्शवता येईल.

आपत्तीतून सुटका : एक प्रणाली

६.१४ खालील आकृतीत आपत्तीतून सुटकेच्या संदर्भात करावयाच्या नियोजनाची संपूर्ण प्रक्रिया दर्शवली आहे.

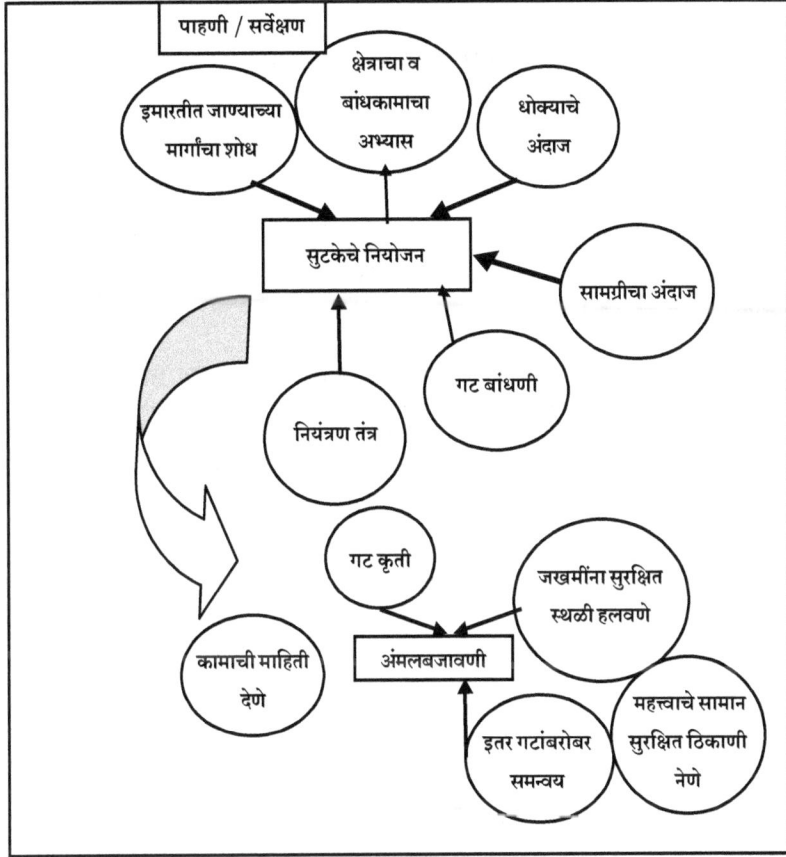

पाहणी / सर्वेक्षण

क्षेत्राचा व बांधकामाचा अभ्यास

इमारतीत जाण्याच्या मार्गांचा शोध

धोक्याचे अंदाज

सुटकेचे नियोजन

सामग्रीचा अंदाज

गट बांधणी

नियंत्रण तंत्र

गट कृती

कामाची माहिती देणे

अंमलबजावणी

जखमींना सुरक्षित स्थळी हलवणे

इतर गटांबरोबर समन्वय

महत्त्वाचे सामान सुरक्षित ठिकाणी नेणे

६.१५ निष्कर्ष

आपत्तीतून सुटकेसाठी होणाऱ्या कार्यामध्ये अगदी केंद्रीय सरकारपासून ते स्थानिक पातळीवरील प्रशासनापर्यंतचे सर्व घटक निगडित आहेत. त्याबरोबरच प्रत्यक्ष आपत्ती निवारणासाठी नियुक्त केलेले गट, त्यांच्या योजना, त्यांनी केलेले कार्य वगैरेंचे मूल्यमापन, त्यांना त्यासाठी लागलेला वेळ व मिळालेले यश या घटकांना अनुसरून होते. त्याविषयी आपण पुढील एका प्रकरणात आपत्तीचा सर्वंकष विचार करताना अभ्यास करणार आहोत.

प्रकरण – ६ परिशिष्ट 'ब'

बचावासाठीच्या घेण्याच्या प्रशिक्षणाचा आराखडा

१. बचावाची 'स्वतःचा बचाव' आणि 'दुसऱ्या व्यक्तींचा बचाव' अशा दोन ढोबळ प्रकारात आपण वर्गवारी करतो. स्वतःचा बचाव करणे ही प्रत्येक व्यक्तीची प्रमुख जबाबदारी असायला हवी. स्वतःचा बचाव केल्यानंतरच दुसऱ्याचा बचाव करण्यासंबंधी आपण विचार करू शकतो. या तत्त्वाला धरून खालील आराखडा तयार केला आहे. या आराखड्यात वेगवेगळ्या थरांतील लोकांसाठी प्रशिक्षणाचे स्वयंपूर्ण भाग मांडलेले आहेत.

२. स्वयंपूर्ण भाग १ : सामान्य जनतेसाठी व्यक्तिगत प्रशिक्षण

प्रशिक्षण प्रकार	तपशील	किती वेळ लागतो	कोणाकडून घेऊ शकतो. (प्रशिक्षण देणाऱ्या संस्था)
आपत्तींची माहिती	० आपत्तींची कारणे, वैशिष्ट्ये, परिणाम. ० आपत्तीप्रतिबंधक उपाय. ० आपत्ती प्रसंगात काय करावे व काय करू नये.	३ तास	अशासकीय संघटना, नागरी संरक्षण विभाग, अग्निशामक दल.
धोक्याच्या सूचना	० वेगवेगळ्या आपद्‌– कालीन सूचना. ० सूचना मिळाल्यावर करण्याची कामे.	१ तास	शासकीय व अशासकीय संघटना, नागरी संरक्षण विभाग, पोलीस व अग्निशामक दल.
स्वतःचा बचाव	० आपत्ती ओढवल्या– वर असुरक्षित जागे पासून दूर जाणे ० सुरक्षित जागा शोधणे, ० जास्त कालावधी पर्यंत शाबूत राहण्याच्या पद्धती. ० धोक्यातून स्वतःची सुटका करून घेण्याच्या पद्धती.	३ तास	अशासकीय संघटना, नागरी संरक्षण विभाग.

	○ हाती असलेल्या सर्व-सामान्य चीजवस्तूंचा उपयोग. ○ अडकलेल्या जागेतून बाहेरील व्यक्तींना संदेश पाठविणे. ○ श्वासोच्छ्वासाची पद्धत.		
स्वत:चा व इतरांचा बचाव	○ अग्निशमन, आगीतून स्वत:ला वाचविणे. ○ धूर असलेल्या बंदिस्त जागेतून स्वत:ला वाचविणे ○ पुराच्या वेळी पाण्यावर तरंगण्याची पद्धत, वेगवेगळ्या वस्तूंपासून तराफा बनविणे. ○ श्वसनावर संयमन. ○ दरड कोसळीमधून स्वत:ला वाचविणे. ○ बचावासाठी दोरखंड व गाठींचा उपयोग. ○ अपघातातून जखमींना बाहेर काढणे.	४ तास व्याख्यान, प्रात्यक्षिक सराव.	अशासकीय संघटना, नागरी संरक्षण विभाग व अग्निशामक दल
प्रथमोपचार	○ स्वत:वरील प्रथमोपचार ○ प्रथमोपचाराचे प्राथमिक तंत्र. ○ कृत्रिम श्वसनाची पद्धत. ○ जखमा व अस्थिभंगात करण्याच्या क्रिया. ○ जखमींना हालवण्याच्या वेगवेगळ्या पद्धती.	४ तास व्याख्यान, प्रात्यक्षिके व सराव.	अशासकीय संघटना, नागरी संरक्षण विभाग, अग्निशामक दल.

या भागांसाठी एकूण १५ तास प्रशिक्षणाची आवश्यकता भासते. हे प्रशिक्षण २ ते ३ दिवसांत घ्यावे व त्याचा वरचेवर सराव करावा. अशा प्रकारचे प्रशिक्षण शैक्षणिक संस्था, कार्यालये, गृहनिर्माण संस्था आणि सामाजिक संस्थांमध्ये सक्तीने देण्यात यावे हा भाग व्यक्तिगत प्रशिक्षणाचा भाग आहे.

३. स्वयंपूर्ण भाग २ : गृहसंकुले व गृहरचना संस्था, इतर संस्था व कार्यालये यांच्यासाठी :

या भागाअगोदर भाग १ चे १५ तासांचे प्रशिक्षण आवश्यक आहे. आपण घरांत व कार्यालयात प्रत्येकी कमीत कमी ८ तास वेळ व्यतीत करतोच. त्यावेळी आपत्ती ओढवली तर गटाने करावयाची करावाई या भागात नमूद केली आहे.

प्रशिक्षण प्रकार	तपशील	किती वेळ लागतो	कोणाकडून घेऊ शकतो. (प्रशिक्षण देणाऱ्या संस्था)
इमारतींमधून सर्व लोकांची सुटका करणे	○ प्रत्येक इमारतीतील सुरक्षित जागा व मार्ग माहीत करून घेणे. ○ अग्निशमनाचे साहित्य एकत्रितपणे हाताळणे व अग्निशमनाचे त्या त्या इमारतीतील मार्ग. ○ एकत्रितपणे पडझडीतून अडकलेल्या व्यक्तींना सोडविणे (यंत्रांच्या साहाय्याशिवाय). ○ जखमींना किंवा दुर्बल व्यक्तींना वाहून नेणे. व्यक्तींची सुटका	३ तास	अशासकीय संघटनेतील तज्ज्ञ, नागरी संरक्षण विभाग व अग्निशामक दल.
जखमींना वाहून	○ अनेक जखमी व्यक्तींना एकाच वेळी अनेक	१ तास	अशासकीय संघटना व नागरी संरक्षण विभाग

न्यावयाचे प्रकार	व्यक्तींनी हाताळणे व वाहून नेणे.		
एक तात्पुरता नियंत्रण कक्ष स्थापन करणे	○ सरकारी यंत्रणेची मदत मिळेपर्यंत आपल्या गृह संकुला-जवळ किंवा कार्यालयाजवळ एक नियंत्रण कक्ष स्थापन करणे ○ नियंत्रण कक्ष कसा असावा, कामावर ताबा कसा ठेवावा, काय संपर्क व्यवस्था ठेवावी.	१ तास	अशासकीय संघटना व नागरी संरक्षण विभाग
मदत कार्य	○ जखमींना व बचाव- लेल्या इतरांना मदत काय व कशी करावी. ○ काय सुविधा व मदत सामग्री वाटावी आणि कशी नमूद करावी. ○ जखमींच्या नातलगांशी संपर्क इत्यादी.	२ तास	अशासकीय संघटना व नागरी संरक्षण विभाग.
निवारण- संबंधी पूर्व- नियोजन	○ निवारण गट आणि त्यांची कर्तव्ये. ○ इमारतींमधून येण्या- जाण्याचा आराखडा बनविणे. ○ निवारण कार्यासाठी लागणाऱ्या सामानाची जमवा- जमव, देखरेख इत्यादी.	याला १ ते २ दिवस कालावधी लागतो. नियोजन केल्यावर सर्व- सामान्यांना ते १ते२ तासांत समजावून सांगावे.	अशासकीय संघटना व नागरी संरक्षण विभागातील तज्ज्ञ.

या भागाला कमीत कमी ८ तास तरी लागतील. शिवाय तज्ज्ञांकडून निवारणाचा आराखडा घेऊन त्रुटी पूर्ण करण्यास अधिक वेळ लागेल.

४. स्वयंपूर्ण भाग ३ : सर्वसाधारण बचाव प्रशिक्षित व्यक्तींसाठी :

हे प्रशिक्षण अशा व्यक्तींसाठी आहे की, जे संघटनेतील कार्यकर्ते म्हणून काम करू इच्छितात; अशा कार्यकर्त्यांना भाग १ मधील १५ तासांचे प्रशिक्षण दिल्यानंतर या भागातले प्रशिक्षण द्यावे.

प्रशिक्षण प्रकार	तपशील	किती वेळ लागतो	कोणाकडून घेऊ शकतो. (प्रशिक्षण देणाऱ्या संघटना)
पडझडीतून बचाव करणे	○ बचावाचे नियोजन ○ पडझड झालेल्या इमारतीत बचाव कार्यासाठी मार्ग शोधणे व मोकळे करणे. ○ यंत्रांचा वापर. ○ आत अडकलेल्या व्यक्तींना आतल्या आत सुरक्षित करणे आणि नंतर बाहेर हलवणे. ○ नियंत्रण कक्ष स्थापन करणे.	२ तास व्याख्यान व ८ तास सराव आणि प्रात्यक्षिके.	अशासकीय संघटना व नागरी संरक्षणातील तज्ज्ञ.
पुरातून बचाव	○ सुरक्षा जाळे बनविणे व त्याचा वापर	२ तास व्याख्यान व ८ तास सराव आणि प्रात्यक्षिके	अशासकीय संघटना व नागरी संरक्षणातील तज्ज्ञ.

	○ बोट चालवणे – साधी व यांत्रिक. ○ बुडलेल्या पण जिवंत व्यक्तींवर प्रथमोपचार. ○ पुरामुळे घरांत व सर्वत्र अडकलेल्या जनसामान्यांना सुरक्षित स्थळी नेणे. ○ बुडणाऱ्या व्यक्तींना वाचविणे.		
आगीतून बचाव व अग्निशमन	○ अग्निशमन ○ धुरातून अनेकांना बाहेर काढणे. ○ आगीतून अनेकांना बाहेर काढणे. ○ होरपळलेल्या व्यक्तींवर प्रथमोपचार	८ तास व्याख्यान सराव व प्रात्यक्षिके	अग्निशामक दल, नागरी संरक्षण विभाग अशासकीय संघटना.
दरड कोसळीतून व कड्या–कपारीतून सुटका	○ प्राथमिक पर्वतारोहण दोरीच्या साहाय्याने घसरत खाली येणे. ○ पर्वतातील सुरक्षितता. ○ जखमींना व दुर्बलांना दरडी डोंगरातून खाली आणणे.	८ तास व प्रात्यक्षिके	पर्वतारोहणातील तज्ज्ञ व्यक्ती
मदत शिबिर	○शिबिराची रचना ○शिबिरातील व्यवस्थापन.	८ तास व्याख्यान व प्रात्यक्षिके	अशासकीय

	० तंबू उभारणे, शौचालये उभारणे, सांडपाण्याची व्यवस्था, शिबिरातील आरोग्यविषयक कार्य, पाण्याची व्यवस्था, मदत सामग्री वाटप, मानसशास्त्र, नोंदी.		

सर्वसाधारणपणे ४४ तासांचा हा भाग आहे. या भागातील प्रशिक्षणाअगोदर भाग १ व २ यासंबंधीचे प्रशिक्षण पूर्ण करणे जरुरीचे आहे.

५. स्वयंपूर्ण भाग ४ : शासकीय सेवेतील अधिकारी व कर्मचाऱ्यांसाठी प्रशिक्षण:

प्रशिक्षण प्रकार	तपशील	किती वेळ लागतो	कोणाकडून घेऊ शकतो. (प्रशिक्षण देणाऱ्या संघटना)
आपत्तींबाबत सर्वसाधारण माहिती संघटनां– संबंधित व	० सर्व आपत्तींसंबंधी कारणे, वैशिष्ट्ये व परिणाम. एकाच वेळी येणाऱ्या अनेक आपत्तींसंबंधी माहिती. ० आपत्ती निवारणाच्या संबंधात व्यस्त	४ तास	शासकीय व्यवस्थापनातील अधिकारी व त्या क्षेत्रांतील तज्ज्ञ व्यक्ती

संघटनयुक्त कार्य	असणाऱ्या संघटना, त्यांची कार्यपद्धती आणि कुवत. ○ बचाव कार्यासाठी व मदत कार्यासाठी सामग्री कशी संघटित करायची व विनियोग कसा करायचा? ○ इतर संघटनांशी संलग्नता कशी साधायची? ○ नियंत्रण केंद्रे कशी स्थापन करायाची व कार्य.		
सर्वेक्षण **धोका–नुकसान–प्रवणता व हानीची अटकळ बांधणे**	○ आपत्तींच्या आधीचे सर्वेक्षण ○ सर्वेक्षण गट बनवणे ○ नुकसान कसे आजमावावयाचे त्या पद्धती . ○ धोका– नुकसान प्रवणता व हानी–संबंधीचे सिद्धान्त व ठोकताळे. ○ या सिद्धान्ताच्या साहाय्याने घेण्यात येणारे निर्णय.	४ तास व्याख्यान २ तास	शासन यंत्रणेतील अधिकारी, अभियंते अभियंते,शेतकी खात्यातील व महसूल खात्यातील तज्ज्ञ शासन यंत्रणेतील अधिकारी, शेतकी खात्यातील व महसूल खात्यातील तज्ज्ञ व अशासकीय संघटना.
निवारणाची पूर्वयोजना	○ प्रत्येक तालुक्याची, गावाची व शहराची	४ तास	शासकीय यंत्रणेतील अधिकारी, अभियंते,

	○ निवारण योजना कशी बनवावी? ○ निवारणासाठी पूर्वतयारी कशी करावी? ○ सूचना यंत्रणा कशी राबवावी? ○ इतर संघटनांना पूर्वनियोजनात कसे समाविष्ट करावे, त्यांच्यावर नियंत्रण कसे ठेवावे? ○ सुरक्षित जागांचा शोध.		शेतकी खात्यातील व महसूल खात्यातील तज्ज्ञ व अशासकीय संघटना.
प्रत्यक्ष सर्वेक्षण	○ आधीच्या आपत्तिग्रस्त भागास भेट देऊन निवारण कार्य व हानीची प्रत्यक्ष पाहणी	१ दिवस	शासकीय यंत्रणेतील अधिकारी, अभियंते, शेतकी खात्यातील व महसूल खात्यातील तज्ज्ञ व अशासकीय संघटना.
प्रतीकात्मक सराव	○ कोणत्याही जिल्ह्या-च्याच तालुक्याच्या जागेचा नकाशा व प्रतिकृती तयार करून प्रशिक्षणार्थींचे गट पाडून एखाद्या आपत्तीची प्रतीकात्मक परिस्थिती रंगवावी व प्रशिक्षणार्थींनी काय कार्यवाही योजली हे पाहून वेगवेगळ्या घटकांवर चर्चा करावी.	१ दिवस	तज्ज्ञ व्यक्ती

चर्चासत्र व अनुभवांची देवाण– घेवाण आपत्तींच्या– वेळी उपयोगी पडणारे कायदे, नुकसान भरपाई, पुनर्वसन व पुनर्निर्माण	० पूर्वीच्या आपत्तींमधून मिळालेल्या पूर्वानुभ– वांतून वेगवेगळ्या मुद्यांवर चर्चा	४ तास	
	० कायदे व नियम	२ तास	
	० नुकसान भरपाईचे वाटप व नोंदी ० पुनर्वसनाचे नियोजन व कार्य ० पुनर्निर्माणाची प्रक्रिया, नियम,नियोजन व कार्य– सिद्धी. त्याबद्दलच्या नोंदी, दाखले व अहवाल.	२ तास	

स्वत:चा बचाव   जोड क्र.१

१. उंच जागेतून स्वत:चा बचाव :

बरेचदा एखादी व्यक्ती उंचवट्याच्या जागी आपत्तीमुळे अडकून राहते. बाहेरील मदत असंभव असते व त्या जागेतून बाहेर पडल्याशिवाय मदत मिळणे शक्य नसते. बाहेर पडण्यासाठी त्या व्यक्तीला अवघड जागांमधून चढ-उतार करणे आवश्यक असते. अशावेळी थोडे धाडस दाखवून मिळत असलेल्या खाचांचा आधार घेऊन चढ-उतार करणे शक्य होते. आधारासाठी खाचांचा शोध घ्यावा लागतो. त्या खाचांचा घट्ट पकडीसाठी वापर करावा लागतो; अशा काही पकडी खालीलप्रमाणे आहेत :-

(अ) पसरट आधार (Flat Hold)

आपल्या डोक्याच्या स्तराजवळील दगड-भिंतीलगतचा छोटा पसरट भाग निवडावा. हाताची चारही बोटे जुळवून त्या पसरट भागावर घट्ट रोवावी आणि शरीराचे वजन पेलून वर किंवा खाली जावे.

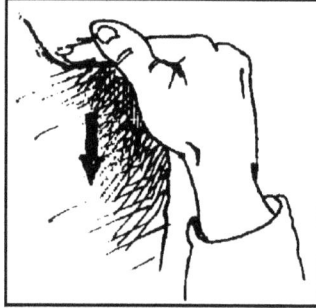

(ब) बोटांची पकड (Finger Hold)

कधी कधी पसरट आधार मिळत नाही व फक्त बोटांची टोके खाचांमध्ये अडकवण्याएवढीच जागा असते. त्यावेळी चार बोटे व अंगठा यांच्या टोकांच्या साहाय्याने ती खाच पकडावी व स्थिर पकड घेतल्यावर शिताफीने शरीराचा भार एका अंगाला किंवा वर-खाली करावा.

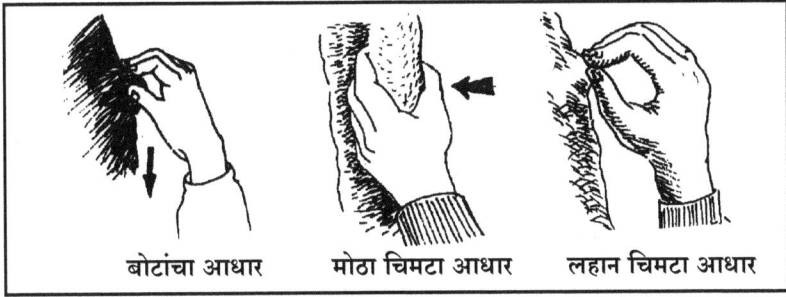

बोटांचा आधार
मोठा चिमटा आधार
लहान चिमटा आधार

क) आंतरकाम आधार (Insert Hold)

दगड, भिंत किंवा कोणत्याही रचनेत खालच्या दिशेने खोलगट झालेल्या खोबणीत हाताची बोटे घुसवून आधार घेता येतो. हा आधार भक्कम असतो.

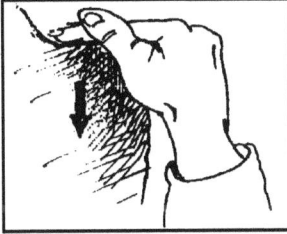

(ड) मुक्त आरोहण (तीन बिंदू आधार) (Three Points Contact)

आपल्या शरीराच्या दोन हात व दोन पाय व चारही आधार घेऊ शकणाऱ्या भागांपैकी जर तीन भाग स्थिर जागी असतील तर चढणे-उतरणे सोपे असते. शरीराचे वजन चांगले तोलले जाते; नेहमी अशा तऱ्हेने चढ-उतार करण्याचा प्रयत्न करावा.

२. आगीमधून स्वत:चा बचाव

जर एखादी व्यक्ती आगीमध्ये सापडली, तर घाबरून तेथेच बसू नये. ते जास्त धोकादायक असते. आगीतून त्वरेने हालचाल करून बाहेर गेले तर आगीचा परिणाम फार थोडा होतो. जवळच्या एखाद्या जाड कपड्यात स्वत:ला लपेटून आगीमधून त्वरेने बाहेर जावे. सगळ्यांत जवळच्या मोकळ्या जागी जाण्याचा प्रयत्न करावा. आगीतून बाहेर पळताना पाण्याने स्वत:ला ओले करून व नाकाभोवती ओला रुमाल / फडके बांधून बाहेर पळणे जास्त चांगले. त्यायोगे इजा कमीत कमी होते. आगीतून बाहेर पडल्यावर मोकळ्याजागी जमिनीवर गडबडा लोळावे म्हणजे कपड्यांमध्ये शिरलेल्या ठिणग्या व विस्तव विझून जातो. पाण्याने सर्वांग पूर्ण ओले करावे.

३. पडझडीतून बचाव

इमारतीची पडझड झाली असेल व आपण आतच अडकलो, तर हळूहळू रांगत बाहेर यावे. ज्या दिशेने प्रकाश दिसतो, त्या दिशेला मोकळी जागा असू शकते; आपण रांगताना अडगळीच्या जागी शिरू नये. डोके व डोळे यांची सुरक्षितता असणे महत्त्वाचे आहे. रांगताना थोडे अंतर कापल्यावर अदमास घ्यावा व पुढे सरकावे. एकाच जागेवर जास्त वेळ पडून राहू नये.

४. पोहता न येणाऱ्यांसाठी पाण्यातून स्वत:चा बचाव

खरे म्हणजे प्रत्येकाने पोहणे शिकायला हवे. पण, तसे शक्य न झाल्यास, प्रवाहाबरोबर थोडा वेळ जावे. शरीर हलके सोडावे, ताठर करू नये. अर्धा श्वास भरून घेऊन, डोळे उघडे ठेवून तोंड पाण्यात बुडवावे – आपोआप शरीर तरंगते. हात व पाय संथ मारावे, घाबरून जाऊन धडपड करू नये. त्यामुळे शारीरिक व मानसिक, संतुलन बिघडते. पाण्याबाहेर तोंड काढून, परत श्वास घेऊन पुन्हा तोंड पाण्यात बुडवावे. एखादी तरंगणारी वस्तू, झाडाची फांदी वगैरे दिसल्यास जरूर आधार घ्यावा.

इशारा : हे सर्व करायच्या आधी तज्ज्ञांकडून प्रशिक्षण घेणे जरुरीचे आहे. फक्त हे वाचून त्याप्रमाणे संकटकाळी काम करणाऱ्यांचे नुकसान व जीवितहानी होऊ शकते, हे लक्षात ठेवावे.

गाठी व दोऱ्याचा उपयोग जोड क्र.२

१. ३०० पेक्षा जास्त गाठी अस्तित्वात आहेत. परंतु, स्वतःला व दुसऱ्यांना वाचविण्यासाठी त्यातल्या काही महत्त्वाच्या गाठींसंबंधी माहिती असणे आवश्यक आहे. दोर सुद्धा वेगवेगळ्या प्रकारचे असतात. आपत्तींच्या वेळी दोर जवळपास असेलच असे नाही. अशावेळी चादरी, लुगडी–साड्या, पडदे वगैरे गोष्टींचा वापर होऊ शकतो. सामान्य जनतेने याबाबत प्रशिक्षण घेणे आवश्यक आहे. आपत्तींचा सामना करण्यासाठी सारासार विचार व तीक्ष्ण बुद्धी कामी येतात.

२. दोरी अथवा तत्सम साधनांचा उपयोग करण्याची तत्त्वे

    २.१ साधन भक्कम हवे.

    २.२ साधन लवचिक हवे.

    २.३ आगीपासून दूर वापर करावा.

    २.४ साधनांच्या वापरातून इजा होणार नाही हे पाहावे.

    २.५ गाठ बांधताना टोकापासून कमीत कमी ६ इंचावर गाठ मारावी.

    २.६ दोरी बांधण्यासाठी भक्कम आधार शोधावा.

    २.७ सुरक्षित जागेपर्यंत पोहोचण्यापुरती दोरी वापरावी.

    २.८ दोरीवर जास्त भार येणार नाही याची खात्री करावी.

    २.९ भिंती, पाईप, बीम यांचाही आधार घ्यावा.

    २.१० दोरी काचणार नाही याची खबरदारी घ्यावी.

    २.११ जखमींना दोरीच्या साहाय्याने सोडवताना वृद्धांना आणि लहान बाळांना आणखीन आधार द्यावा.

३. गाठी : खालील गाठींचे प्रयोग शिकून घ्यावे

    ३.१ अंगठा गाठ/ वर हात गाठ :

सगळ्यांत सोपी व इतर गाठींना आधार देण्यास उपयुक्त. अशा एकावर एक गाठी मारून सुद्धा बचाव दोर वापरता येतो.

३.२ धनुष्यदोर गाठ :

उंचीवरून जखमींना खाली उतरविण्यासाठी अत्यंत उपयुक्त; अशा वेळी दोन दोर वापरावेत. एकाने जखमीच्या कमरेला या गाठीने आधार द्यावा. मग हळूहळू जखमीला खाली उतरवावे.

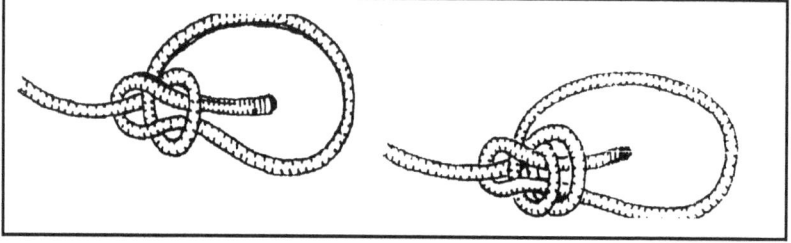

३.३ चिकटून पकड घेणारी गाठ (Clove Hitch)

नैसर्गिक किंवा कृत्रिम आधाराला दोर प्रत्यक्ष बांधण्याकरता ही गाठ वापरली जाते. आधाराच्या प्रकारावरून ही गाठ कशी बांधायची हे ठरवायचे असते. त्यामुळे ही गाठ बांधण्याच्या दोन पद्धती आहेत. या गाठीनंतर संरक्षक गाठ बांधणे आवश्यक असते.

(अ) चिकटून पकड घेणारी उघडी गाठ (Open Clove Hitch Knot)

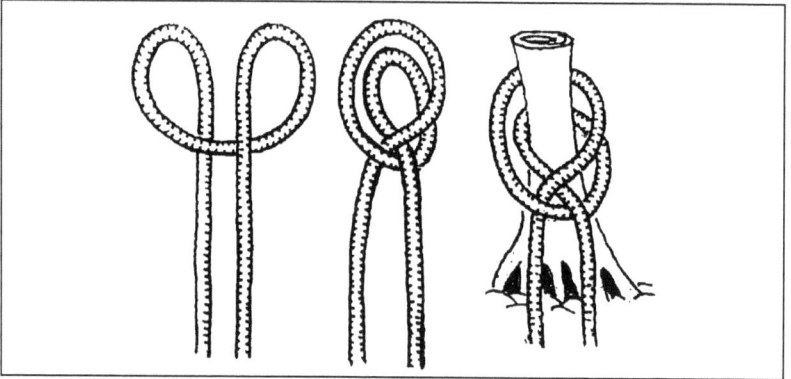

नैसर्गिक किंवा कृत्रिम आधाराला वरील बाजूने दोराचा फास टाकणे शक्य असेल तर आधी या गाठीचे दोन वेटोळे हातात तयार करून, नंतर ते वेटोळे आधाराभोवती टाकून दोर बांधता येतो.

(ब) चिकटून पकड घेणारी बंद गाठ (Closed Clove Hitch Knot)

नैसर्गिक किंवा कृत्रिम आधाराच्या भोवती दोनदा दोर फिरवून ही गाठ बांधली जाते.

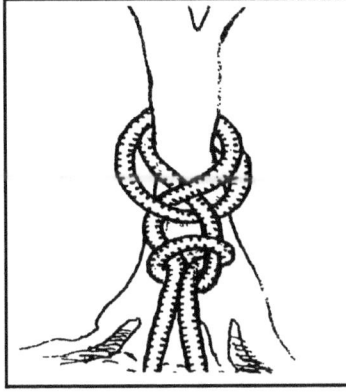

३.३ इंग्रजी आठ आकाराची गाठ (Figure of Eight Knot)

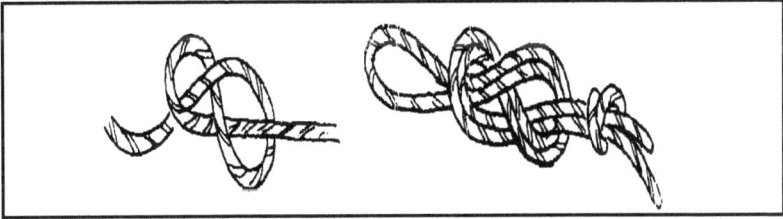

ही गाठ बहुपयोगी आहे. या गाठीच्या साहाय्याने दोराचा वेगवेगळ्या प्रकारे उपयोग करून घेता येतो. हे प्रकार पुढीलप्रमाणे आहेत.–

६. अ) इंग्रजी आठ आकार गाठ – वेटोळे :
(Figure of Eight Knot - Loop)

दोर दुहेरी करून ही गाठ बांधली की दोराचे वेटोळे तयार होते. मधल्या आरोहकाच्या कमरेला बांधण्याकरता किंवा कॅरॅबिनमध्ये दोर अडकवण्याकरता या वेटोळ्याचा उपयोग होतो. या गाठीवर वजन आल्यावरदेखील ही गाठ जास्त घट्ट होत नसल्यामुळे, वापरानंतर ही गाठ सोडवणे कठीण जात नाही. त्यामुळे 'वरहात गाठ–वेटोळे' या गाठीऐवजी याच गाठीचा जास्त उपयोग केला जातो.

३.४ दोराची शिडी (Rope l ladder)

मुक्त पद्धतीने चढ- उतार करणे शक्य नसेल तेव्हा भिंतीवर पाचर, चोक, फ्रेंड किंवा प्रसरणात्मक खिळा ठोकून त्याला दोराची शिडी अडकवून चढाई करता येते. ही शिडी अॅल्युमिनियम किंवा दोराने बनवलेल्या तीन-चार पायऱ्यांची, अत्यंत हलकी पण मजबूत असते. एकाच दोराला वर हात गाठी मारून सुद्धा शिडीप्रमाणे वापरता येते.

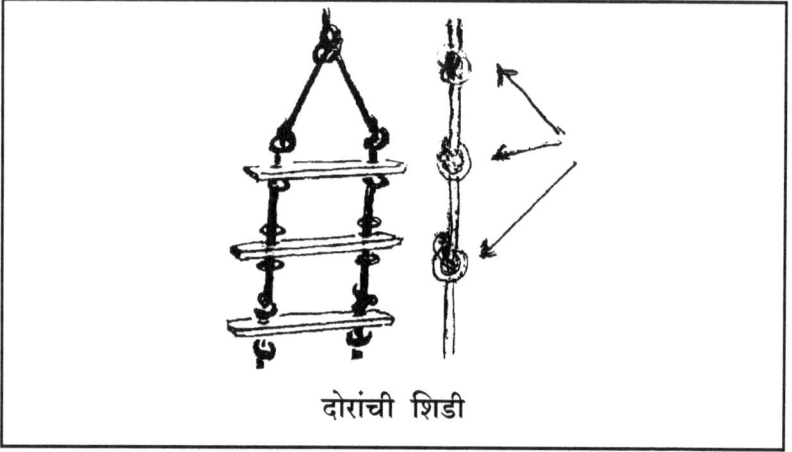

दोरांची शिडी

३.५ संरक्षक दोर / बीले (Belay)

चढ-उतार करताना आरोहक अपघाताने खाली घसरला, तर त्याचे खाली घसरणे किंवा पडणे दोराच्या साहाय्याने कमीत कमी अंतरात रोखण्याच्या पद्धतीला बीले म्हणतात. बीलेचे दोन प्रकार आहेत. -

१) अचल / स्थिर बीले (Static Belay)

आरोहकाने दोराच्या साहाय्याने स्वत:ला एखाद्या पक्क्या आधाराला बांधून घेणे याला 'अचल बीले ' म्हणतात. चढ-उतार करताना पहिला आरोहक सुरक्षित ठिकाणी पोहोचला की, सर्वप्रथम तो स्वत:ला एखाद्या सुरक्षित आधाराला, दोराच्या साहाय्याने बांधून घेतो. त्या सुरक्षित ठिकाणी जर एखादे झाड, भिंत किंवा दगडाचा एखादा बाहेर आलेला सुळक्यासारखा भाग, भेगेमध्ये अडकलेला एखादा दगड अशा नैसर्गिक आधारांचा किंवा नैसर्गिक आधार नसतील तर कृत्रिम साधनांचा वापर करून सुरक्षित आधार घेतला जातो, यालाच 'अचल बीले' असे म्हणतात.

२) कमरेचा बीले

(Hip Belay)

आरोहकाचा संरक्षक दोर, बीले देणारा आपल्या कमरेभोवती फिरवून घेतो; वर येणारा संरक्षक दोर एका हाताने आणि कमरेभोवती फिरून आलेला तोच दोर, दुसऱ्या हाताभोवती फिरवून, त्याच हातात धरतो; अशा प्रकारे बीले देण्याच्या पद्धतीला 'कमरेचा बीले' पद्धत म्हणतात.

या पद्धतीत आरोहक जसजसे आरोहण करतो तसतसे बीले देणारा आपल्या एका हाताने दोर वर ओढून दुसऱ्या हाताने दोर बाजूला सरकवतो. आरोहकाचे आरोहण थोडे थांबले की लगेच एक हात मुडपून, दुसऱ्या हाताने दोन्ही दोर एकत्र धरून, दोन दोरांमधील घर्षण वाढवून, आरोहकाचे खाली घसरणे रोखून धरतो.

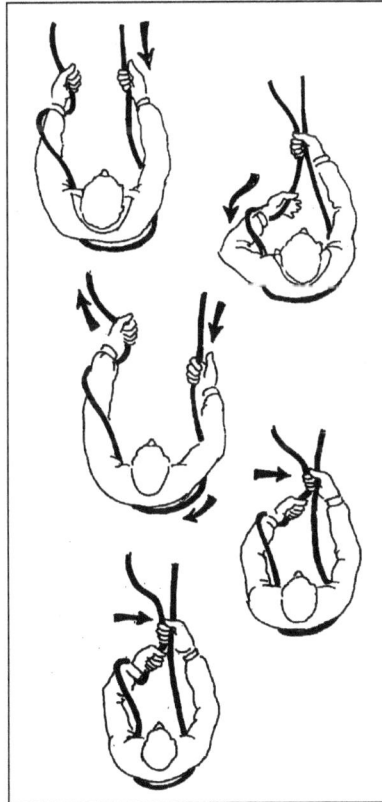

प्रथमोपचार

जोड क्र.३

१. प्रत्यक्ष बचाव कार्यकर्त्याला व सामान्य नागरिकाला प्रथमोपचाराची माहिती असणे आवश्यक आहे. या संदर्भात औपचारिक प्रशिक्षण प्रत्येकानेच घ्यायला हवे. प्रथमोपचार हा विषय खूप गहन व तपशीलवार असतो; पण या जोडात त्याचा काही महत्त्वाचा अंशच दिला आहे. प्रथमोपचार हा वैद्यकीय मदतीच्या ऐवजी देण्याचा नसून वैद्यकीय मदत मिळेपर्यंत जखमी व्यक्तीला सुरक्षित ठेवण्यासाठी, जखमींची स्थिती आणखीन नाजूक बनू नये याची खात्री करण्यासाठी असतो.

२. प्रथमोपचार देणाऱ्याची जबाबदारी खालीलप्रमाणे असते :

२.१ सारासार विचार करून, जखमीची अवस्था व हाताशी असलेले साहित्य यांची शक्य तेवढी सांगड घालून, स्वत:चा जीव धोक्यात न घालता जखमींना स्थिर करणे.

२.२ जखमींची पाहणी करून स्थिरता प्रदान करणे व लवकरात लवकर वैद्यकीय मदत देण्यासाठी योग्य ठिकाणी पाठवणे.

२.३ जखमींची संख्या जास्त असल्यास, त्यांची वर्गवारी ठरवून त्यांना प्रथमोपचार देणे.

२.४ नोंद ठेवणे.

३. प्रथमोपचारासाठी महत्त्वाची तंत्रे

प्रथमोपचाराचे सगळ्यांत महत्त्वाचे तंत्र म्हणजे रुग्णाला खचू न देता स्थिर ठेवणे. त्यासाठी श्वासोच्छ्वास पाहणे अग्रक्रमाचे ठरते. श्वासोच्छ्वास नियमित होऊन फुफ्फुसांना पुरेसा प्राणवायू मिळाला नाही, तर मेंदूसारख्या अवयवाला कायमचा धोका होऊ शकतो.

त्यामुळे प्रत्येक प्रथमोपचारकाने पुढील 'अेबीसी' त्रिसूत्र पक्के लक्षात ठेवावे.

अ) Free Airways खुला श्वसनमार्ग

ब) Breathing श्वसनक्रिया

क) Circulation रुधिराभिसरण

प्रत्येक प्रथमोपचारकाला हा नियम तोंडपाठ असायला हवा. एक गोष्ट प्रकर्षाने लक्षात ठेवायला हवी की, रुग्णाची श्वसनक्रिया ही अत्यंत महत्त्वाची गोष्ट आहे. प्रथम श्वसन तपासा आणि मग हृदयाच्या ठोक्यांकडे लक्ष द्या. श्वासोच्छ्वासाशिवाय हृदयाचे ठोके कुचकामी असतात.

पुन:चेतना - हृदयमर्दनाबरोबरच कृत्रिम श्वसनप्रक्रिया सुरू करणे म्हणजेच पुन:चेतना.

अ) खुला श्वसनमार्ग Free Airways

रुग्ण बेशुद्ध पडला असेल तर जिभेचे स्नायू लुळे पडून ती घशात जाऊन श्वसनमार्ग बंद होतो. कधीकधी ओकारी होते आणि तीच घाण घशात अडकून श्वसन— मार्ग बंद होण्याचा धोका असतो. तेव्हा श्वसनमार्ग पुढील पद्धतीने मोकळा करावा.

१) रुग्णाच्या शेजारी गुडघे टेकून बसावे.

२) पहिल्या दोन बोटांनी रुग्णांची हनुवटी थोडी पुढे ओढून, वर उचलावी. त्याचवेळी दुसऱ्या हाताने कपाळ मागे रेटावे म्हणजे आडव्या ठेवलेल्या अवस्थेतच

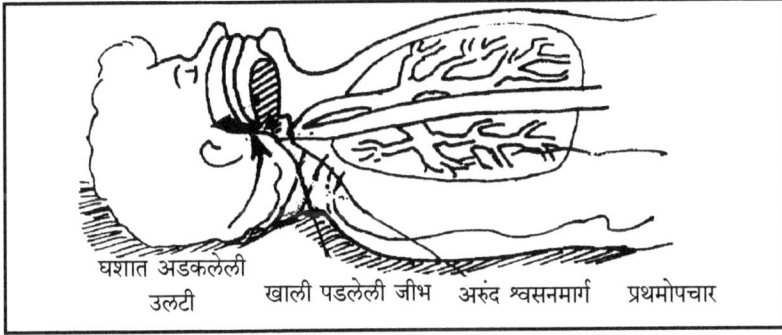

घशात अडकलेली उलटी   खाली पडलेली जीभ   अरुंद श्वसनमार्ग   प्रथमोपचार

रुग्णाची मान मागे कलल्यासारखी होते आणि श्वसनमार्ग खुला व्हायला मदत होते.

३) जर रुग्णाच्या पाठीच्या मणक्यांना इजा झाली आहे, असे लक्षात आले किंवा नुसती शंका आली तरी मानेला जराही न हलवता श्वसनमार्ग खुला करण्याकरता रुग्णाचा जबडा बोटांनी उघडावा.- श्वसनमार्ग खुला केल्यावर श्वसन चालू झाले का हे तपासावे.

- कपाळ, हनुवटी दाबलेल्या अवस्थेत ठेवूनच रुग्णाच्या नाका- जवळ आपला गाल न्यावा आणि त्याचवेळी रुग्णाच्या छाती आणि

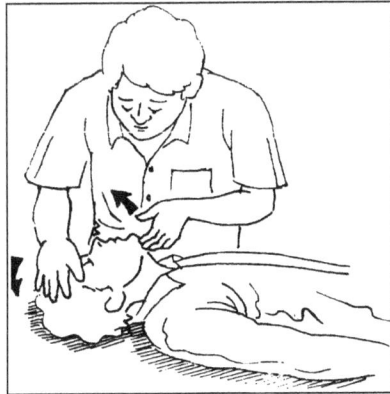

श्वासोच्छ्वास तपासणी

पोटाच्या हालचालींकडे लक्ष ठेवावे.

श्वसनमार्ग खुला करणे

काहीवेळा श्वसनमार्ग खुला करूनही श्वासोच्छ्वास होत नाही तेव्हा घशात काहीतरी अडकले असण्याची शक्यता असते.

१) पहिले बोट रुग्णाच्या तोंडात घालून 'ट' आकारात फिरवावे आणि घशात काही अडकले असेल तर ते बाहेर काढावे. घाई करू नये, कारण वस्तू बाहेर येण्याऐवजी आत ढकलली जाण्याची शक्यता आहे. घशात अडकलेला पदार्थ शोधण्यामध्ये जास्त वेळ घालवू नये.

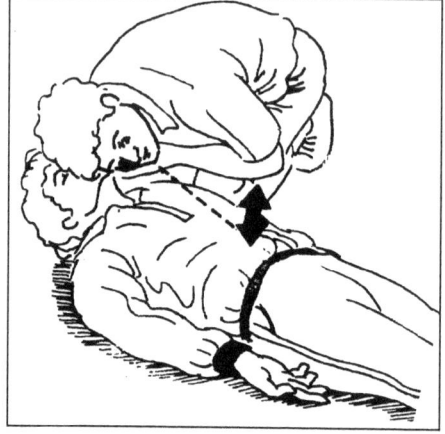

२) पुन्हा श्वसनक्रिया तपासावी.

ब) Breathing श्वसनक्रिया

वरील सर्व प्रयत्न करूनही श्वसन चालू होत नसेल तर फुंकर पद्धतीने प्रयत्न करावा; म्हणजे रुग्णाच्या उघड्या तोंडाला आपले तोंड लावून जोरात फुंकर मारावी. थोडक्यात, आपल्या फुप्फुसातील हवा रुग्णाच्या फुप्फुसांपर्यंत पोहोचवण्याचा प्रयत्न करावा. एकदा फुंकर मारली की, त्याच्या छातीतील स्प्रिंगसारख्या पडद्यामुळे हवा पुन्हा बाहेर फेकली जाते. हाच प्रकार दोन वेळा झपाट्याने करावा. रुग्णाच्या छाती,

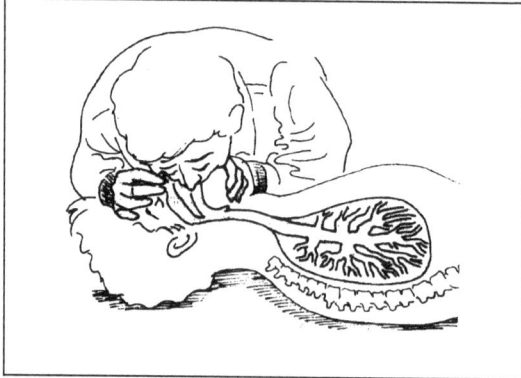

पोटाकडे लक्ष ठेवावे. त्याच्या चेहऱ्याचा रंग बदलतोय का ते पाहावे.

रुग्ण कुठल्याही अवस्थेत पडलेला असला तरी ही फुंकर पद्धत वापरता येते. पण रुग्ण आडवा असेल तर अधिक चांगला. अर्थात, तोंडालाच खूप जखमा झाल्या असतील किंवा पालथा पडला असेल तर ही पद्धत वापरणे अवघड असते.

सूचना - इतर अडथळे दूर करण्यात वेळ न घालवता सुरुवातीच्या दोन फुंका झपाट्याने माराव्यात.

चुंबन पद्धतीने श्वसन चालू करण्याची पद्धत –

१) पूर्वी सांगितल्याप्रमाणे श्वसनमार्गातील अडथळे काढून टाकावेत. मार्ग मोकळा करावा.

२) आपले तोंड उघडून भरपूर हवा आत ओढून घ्यावी; रुग्णाचे नाक दाबून त्याच्या उघड्या तोंडावर आपल्या ओठांचा चंबू दाबून धरावा.

३) नंतर जोरात फुंकर मारून हवा त्याच्या फुप्फुसात पोहोचली की नाही, ते त्याच्या छातीच्या हालचालींवरून ओळखावे.

जर छाती फुगल्यासारखी वाटली नाही, तर त्याचा अर्थ श्वसनमार्ग पूर्ण मोकळा नाही, कुठेतरी तो चोंदला आहे, हे नक्की! तेव्हा तो मार्ग मोकळा करण्याचे काम आधी करावे.

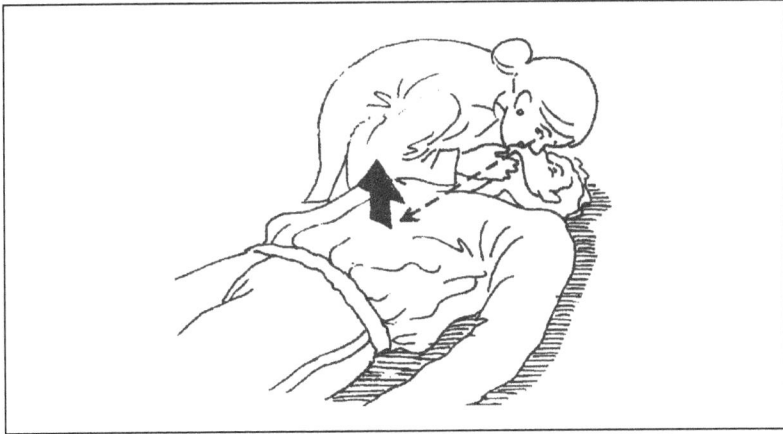

४) फुंकर मारून आपले तोंड पूर्णपणे बाजूला करून वर आलेली छाती खाली जाते का ते पाहावे; त्यानंतर पुन्हा एकदा पहिल्यासारखीच जोरदार फुंकर मारावी.

५) दोनवेळा फुंकर मारून झाल्यावर नाडी आणि हृदयाचे ठोके सुरू झाले आहेत का याची खात्री करावी.

६) जर ह्रदयाचे ठोके चालू होत आहेत असे लक्षात आले तर मिनिटाला १२ ते १६ वेळा श्वासोच्छ्‌वास नियमित सुरू होईपर्यंत फुंकर प्रयोग करावा. ह्रदयाचे ठोके तपासण्यासाठी गळ्याच्या बाजूची नाडी चाचपडावी.

७) जर ठोके सुरू होत नाही असे वाटले तर 'ह्रदयमर्दना' चा प्रयोग अमलात आणावा.

क) रुधिराभिसरण (Circulation) : जर फुंकर पद्धतीने छातीचे ठोके सुरू होत नसतील तर दोनवेळच्या फुंकरीनंतर नाडी तपासावी. एक गोष्ट पक्की लक्षात ठेवायला हवी की, श्वसन अनियमित असेल तर ते सुधारण्यासाठी 'फुंकर पद्धत' मदत म्हणून वापरली तरी चालेल. परंतु, छातीचे ठोके अतिशय मंद पण चालू असतील तर चुकूनही ह्रदयमर्दनाचा प्रयोग करू नये.

रुधिराभिसरण तपासणी :

नाडी चालू आहे की नाही पाहण्याची हमखास जागा म्हणजे गळ्याजवळची नाडी. गळ्यातल्या स्वरयंत्राच्या जागेवर आपली बोटे हलकेच ठेवून आणि त्यानंतर ती जरा खाली व बाजूला सरकवून नाडीचे ठोके तपासता येतील. दर ३ मिनिटांनी ही तपासणी करीत राहावी.

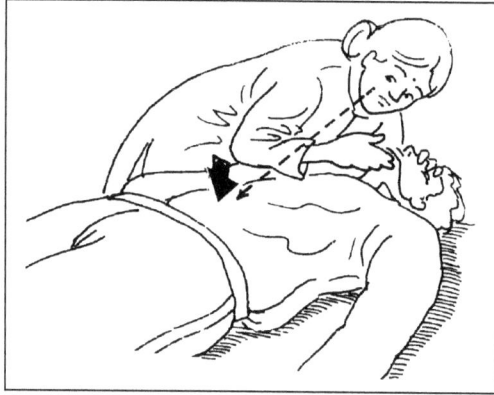

ह्रदयमर्दन

छातीवर ह्रदयाच्या जागी दाब दिला की, ह्रदय चेपले जाते आणि त्यातील रक्त बाहेर ढकलले जाते. दाब कमी केला की ह्रदय पुन्हा फुलते आणि नवीन रक्त आत येते, अशी ही लोहाराच्या भात्यासारखी पद्धत आहे.

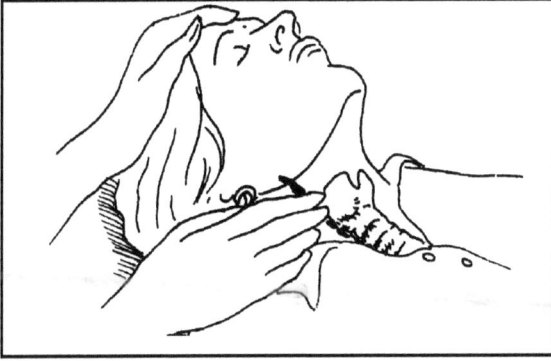

महत्त्वाची सूचना

हृदयमर्दनाआधी फुंकर पद्धतीचा प्रयोग व्हायलाच हवा. गळ्याजवळची नाडी सुरू झाली याची खात्री होताच मर्दन थांबवायला हवे.

पद्धत –

१) रुग्णाला पाठीवर निजवावे ; शक्यतो टणक पृष्ठभागावर आणि गुडघे टेकून त्याच्या डोक्याच्या रेषेत बसावे. त्यानंतर आपले दोन्ही हात एकमेकांवर ठेवून रुग्णाच्या हृदयाच्या जागी जोरात दाबावे.

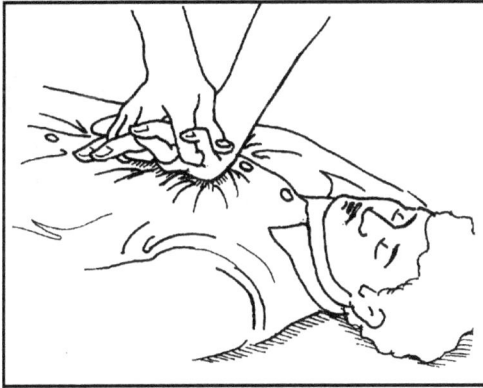

टीप : ही पद्धत कार्यरत करण्यासाठी प्रशिक्षण घेणे अत्यावश्यक आहे. फक्त पुस्तकी ज्ञान कामाचे नाही. तज्ज्ञ व्यक्तीच्या मार्गदर्शनाखाली सराव व प्रशिक्षण घ्यावे.

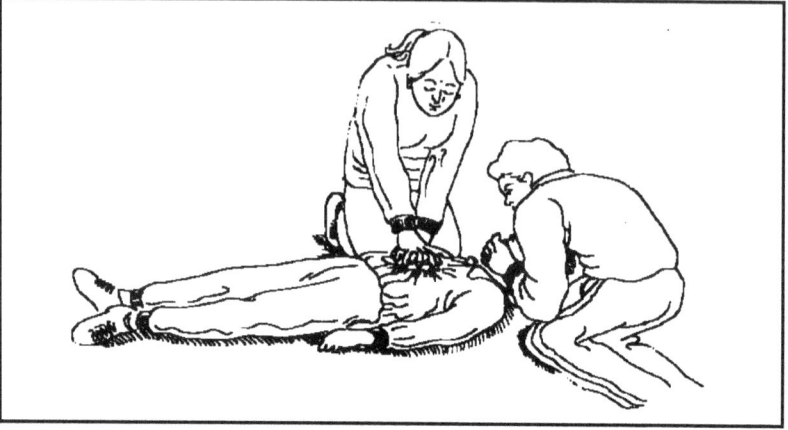

४. बेशुद्धावस्थेतल्या रुग्णाला, जर त्याचे श्वसन व रक्ताभिसरण व्यवस्थित असेल, तर त्याला खालील आकृतीत दाखविलेल्या आसनात ठेवावे; असा रुग्ण लवकर पूर्ववत होण्यास मदत होते.

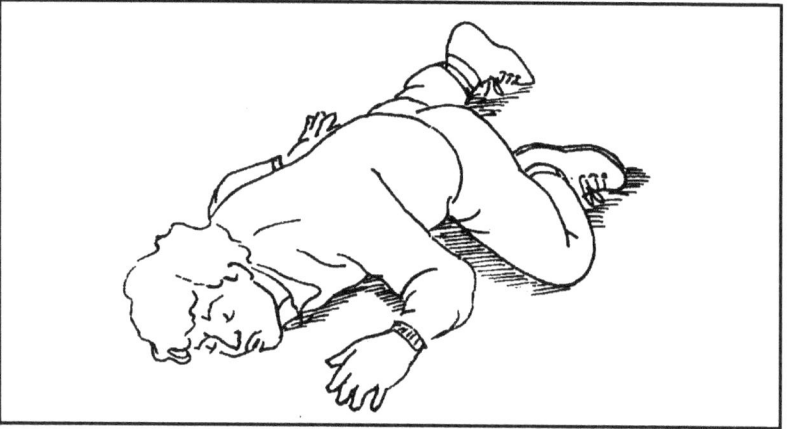

५. जखमींना हाताळायच्या अगोदर आपत्तीमध्ये प्रथमोपचार करणाऱ्या गटाने खालील दोन तक्त्यांत दाखविल्याप्रमाणे कृती करावी.

आपत्कालीन कृती –

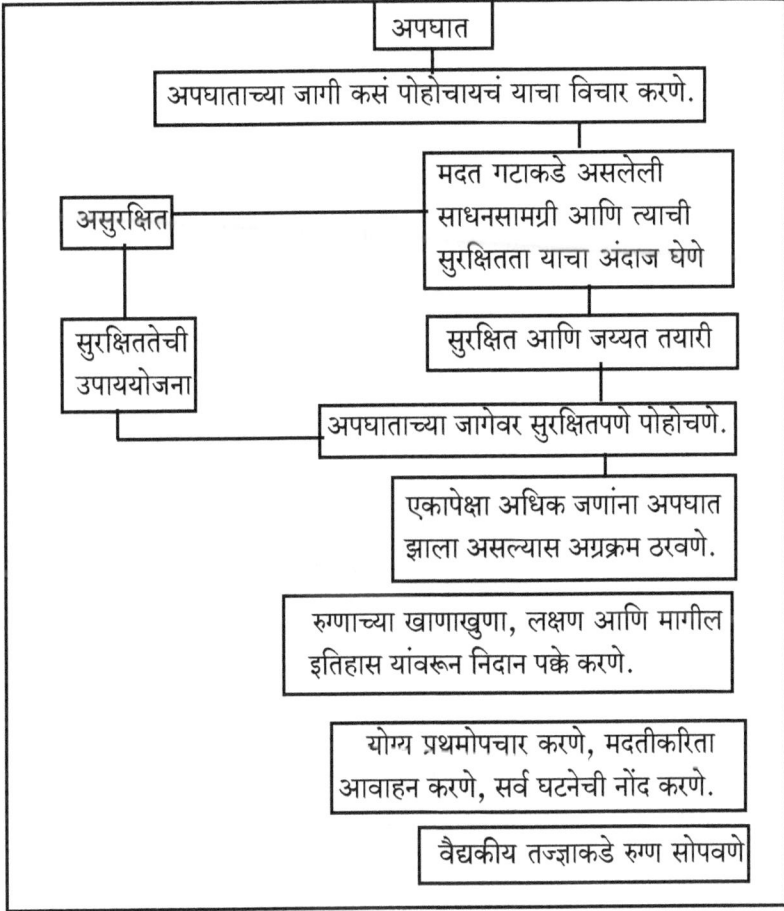

अपघात

अपघाताच्या जागी कसं पोहोचायचं याचा विचार करणे.

मदत गटाकडे असलेली साधनसामग्री आणि त्याची सुरक्षितता याचा अंदाज घेणे

असुरक्षित

सुरक्षिततेची उपाययोजना

सुरक्षित आणि जय्यत तयारी

अपघाताच्या जागेवर सुरक्षितपणे पोहोचणे.

एकापेक्षा अधिक जणांना अपघात झाला असल्यास अग्रक्रम ठरवणे.

रुग्णाच्या खाणाखुणा, लक्षण आणि मागील इतिहास यांवरून निदान पक्के करणे.

योग्य प्रथमोपचार करणे, मदतीकरिता आवाहन करणे, सर्व घटनेची नोंद करणे.

वैद्यकीय तज्ज्ञाकडे रुग्ण सोपवणे

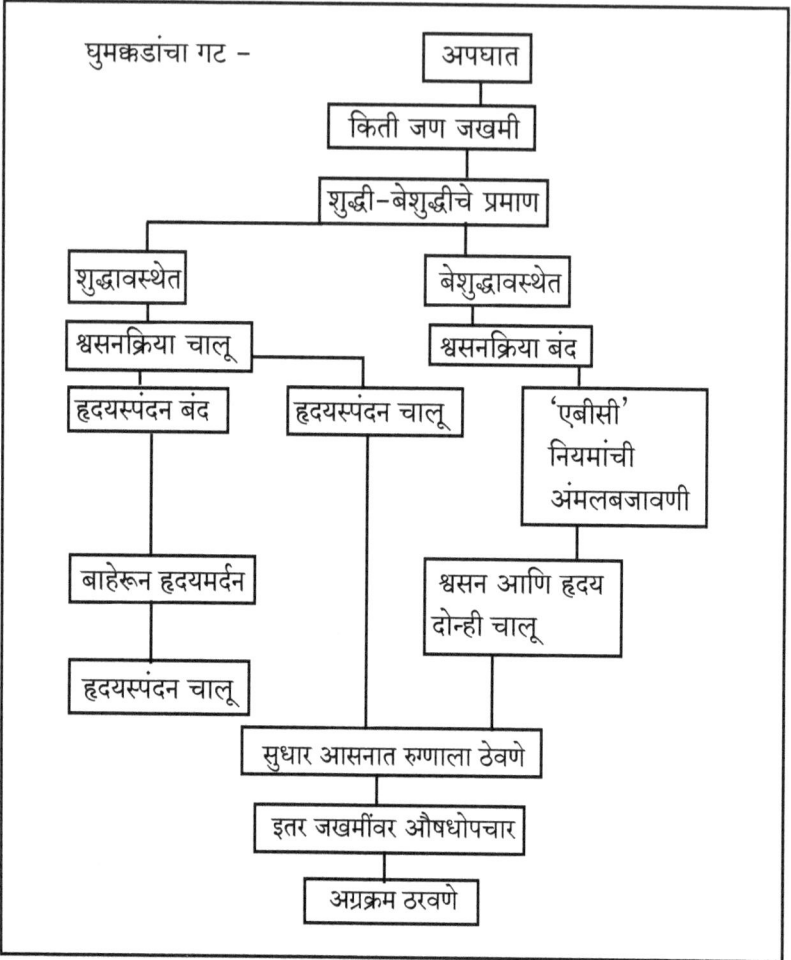

घुमक्कडांचा गट –

अपघात

किती जण जखमी

शुद्धी–बेशुद्धीचे प्रमाण

शुद्धावस्थेत

बेशुद्धावस्थेत

श्वसनक्रिया चालू

श्वसनक्रिया बंद

हृदयस्पंदन बंद

हृदयस्पंदन चालू

'एबीसी' नियमांची अंमलबजावणी

बाहेरून हृदयमर्दन

श्वसन आणि हृदय दोन्ही चालू

हृदयस्पंदन चालू

सुधार आसनात रुग्णाला ठेवणे

इतर जखमींवर औषधोपचार

अग्रक्रम ठरवणे

७

मदतकार्य

आपत्ती दरम्यानचे मदतकार्य ही देवाची सेवाच आहे.

७.१ प्रास्ताविक

कोणत्याही आपत्तीचे अनेक प्रकारचे परिणाम आढळून येतात. मृत्यू ओढवणे, जबर जखमी होणे, संपूर्ण मालमत्ता नष्ट होणे, तिची अंशत: पडझड होणे, शेतातील पीक नष्ट होणे, जमिनीची धूप होऊन तिचा कस कमी होणे, आजार, रोगराई, दगडमातींचे प्रचंड ढिगारे, चिखल, अग्निकांड इ. विचारात घ्यावे तितके थोडेच. आपत्ती हे देशातील सरकार व जनता यांच्या दृष्टीने एक प्रचंड असे आव्हान असते व ते पेलावेच लागते. साहजिकच त्यासंदर्भात तत्काळ व सर्वप्रकारची कारवाई करून आपत्तीतून देशाला बाहेर काढण्याची व लोकांचे जीवन पूर्ववत बनवण्याची जबाबदारी ही सर्वांचीच असते. मदतकार्य हाही जबाबदारीचाच महत्त्वाचा भाग आहे. 'मदतकार्य' या शब्दप्रयोगाच्या व्याख्येनुसार जनजीवन पूर्वीच्या सामान्य पातळीला आणण्यासाठी होणारी सुनियोजित अथवा तत्काळ स्वरूपात केलेली प्रत्येक कृती. तत्काळ आवश्यक ती साधनसामग्री पुरवणे, आपद्ग्रस्तांचे स्थलांतर व निवाऱ्याची व्यवस्था करणे, त्यांचे पुनर्वसन करणे, त्यांच्यासाठी नवीन घरे बांधणे, आवश्यक त्या सोयीसुविधा निर्माण करणे अशी अनेक प्रकारची कार्ये मदतकार्यात समाविष्ट होतात. सुटकेच्या कार्यांप्रमाणेच मदतकार्यातही सुसंगतता येण्यासाठी व कार्यक्षमता वाढवण्यासाठी त्याचीही पद्धतशीर योजना आखून तिची अंमलबजावणी करावी लागते.

७.२ मदतकार्याची प्रक्रिया

मदतकार्य ही एक प्रकारची प्रक्रियाच असते. आपत्तीची पूर्वसूचना मिळताक्षणीच या प्रक्रियेचा आरंभ होतो व बचाव आणि सुटकेबरोबरच मदतकार्यही प्रत्यक्षात केले जाते. मात्र, सुटकेचे (बचावाचे) कार्य काही दिवसांतच पूर्ण होते. परंतु, मदतीचे कार्य मात्र पुढेही अधिक काळ चालू ठेवावे लागते. हा कालावधी आपत्तीने झालेल्या हानीचे एकूण प्रमाण आणि जनजीवन पूर्ववत होण्यासाठी आवश्यक ती परिस्थिती निर्माण करणे या घटकांवर अवलंबून असतो. तसेच प्रत्येक आपत्तीमध्ये

होणारे नुकसान हे वेगवेगळ्या प्रकारचे असल्याने मदतकार्याचे स्वरूपही वेगवेगळे राहाते. उदाहरणार्थ, दुष्काळासारखी आपत्ती ओढवली, तर त्यात मालमत्तेचे कोणतेही नुकसान होत नसते. त्यांचे त्या ठिकाणी स्थलांतर झाल्यामुळे निवाऱ्याची व्यवस्था करणे, त्यांना आर्थिक मदत, शिधा वगैरे देणे, पिण्याच्या पाण्याची व्यवस्था करणे. अवर्षणामुळे झालेल्या हानीची नुकसान भरपाई करणे यासारखे मदतकार्यांचे स्वरूप राहील व सामान्यत: पुढील पावसाळा सुरू होईपर्यंत हे कार्य करावे लागेल. तर भूकंप, त्सुनामी किंवा वादळासारख्या आपत्तींमध्ये बऱ्याच प्रकारची मदत आणि तीही बऱ्याच दिवसांपर्यंत करणे गरजेचे भासते. तत्काळ स्वरूपाची मदत बहुतेक वेळा मिळतच असते. परंतु, कायमस्वरूपी पुनर्वसनासाठीची मदत ही सरकारी यंत्रणा किती कार्यक्षम आहे यावर अवलंबून असते. बरेचवेळा असे आढळून येते की, काही ठिकाणी गरजेपेक्षा जास्त प्रमाणात मदत पोहोचते तर काही ठिकाणी पुरेशी मदत पोहोचतच नाही. दक्षिण भारतात आलेल्या त्सुनामीच्या संकटात अनेक लोक बचावासाठी आपली घरे सोडून इतरत्र पळाले. त्यावेळी त्यांना मदत देताना विविध अडचणी आल्या. नेमके आपद्ग्रस्त कोण, ते ठरवणे कठीण झाले. कारण मदतीचा गैरफायदा घेण्याचा सर्वांनीच प्रयत्न केला होता. सरकारकडून घरे बांधून मिळणार हे समजल्यावर ज्यांची घरे उद्ध्वस्त झाली अशा आपद्ग्रस्तांबरोबरच ज्यांची पूर्वी घरेच नव्हती असे अनेक लोक फुकटात घरे मिळवण्यासाठी शासनयंत्रणेजवळ आले. आपद्ग्रस्तांसाठी संक्रमण शिबिरे उभारण्यासाठी सरकारजवळ जागाच नव्हती; पुरेशी साधनसामग्रीही नव्हती; कारण अशा प्रकारची आपत्ती ही प्रथमच ओढवली होती. साहजिकच शाळांच्या इमारती बराच काळ शिबिरांसाठी वापराव्या लागल्या; त्यामुळे विद्यार्थ्यांच्या शिक्षणात मोठा खंड पडून त्यांचे नुकसान झाले. मनुष्यबळाच्या कमतरतेमुळे लष्कराची मदत घ्यावी लागली. सुदैवाने लष्कराने पुरेशी जागरूकता दाखवल्याने व वैद्यकीय साहाय्य वेळेवर मिळाल्याने आजार, साथी यांचा प्रादुर्भाव झाला नाही. आपद्ग्रस्तांच्या राहण्याचे ठिकाण, पूर्वीची त्यांची परिस्थिती याबाबत शासकीय दप्तरात कोणतीच माहिती नव्हती. त्यामुळे आपद्ग्रस्त कोण व त्यांचे झालेले नेमके नुकसान याविषयीचा अंदाज घेणे अशक्य झाले. भावी काळात आपत्ती ओढवून लोकांचे नुकसान होऊ नये म्हणून सरकारने किनारपट्टीपासून ५०० मीटर आतपर्यंत कोणत्याही बांधकामावर बंदी घालण्याचे ठरवले, तर त्यात अनेक कायदेशीर अडचणी उद्भवल्या. पुनर्वसनासाठी इतरत्र जागा मिळवणेही दुरापास्त झाले आणि राजकीय दबावामुळे पुनर्वसनाची बाब गुंतागुंतीची झाली. त्याखेरीज वेळेवर अंमलबजावणी करता न आल्याने जनतेच्या रोषालाही तोंड द्यावे लागले, यावरून

असा धडा मिळतो की कोणतेही संकट कधीही उद्भवू शकते हे ध्यानात घेऊन सुटका कार्याप्रमाणेच मदत आणि पुनर्वसनाच्या कार्याचीही पूर्वतयारी करणे, नियोजन करणे व त्याची कार्यक्षमरीत्या अंमलबजावणी करणे हे महत्त्वाचे असते.

या कार्याची एकूण प्रक्रिया आणि त्यातील टप्पे याचा आपण सविस्तर विचार करू. या प्रक्रियेचे सर्वांगीण विश्लेषण करू.

७.३ मदत प्रक्रिया : एक प्रणाली

आपत्तीच्या प्रसंगी होणारे मदतकार्य हे एका प्रणालीच्या रूपाने आपल्या समाजाच्या सर्व पातळींमध्ये अगदी देशापासून ते सामान्य माणसापर्यंत समाविष्ट व्हायला हवे. आपत्ती निवारण आणि व्यवस्थापन ही जर पूर्ण प्रक्रिया मानली तर मदतकार्याची प्रक्रिया ही त्याचाच एक घटक– उपप्रक्रिया आहे. पूर्वतयारी, प्रत्यक्ष अंमलबजावणी आणि आपत्तीनंतर करायचे कार्य असे तिचे ३ टप्पे आकृतीत दर्शवल्याप्रमाणे आहेत.

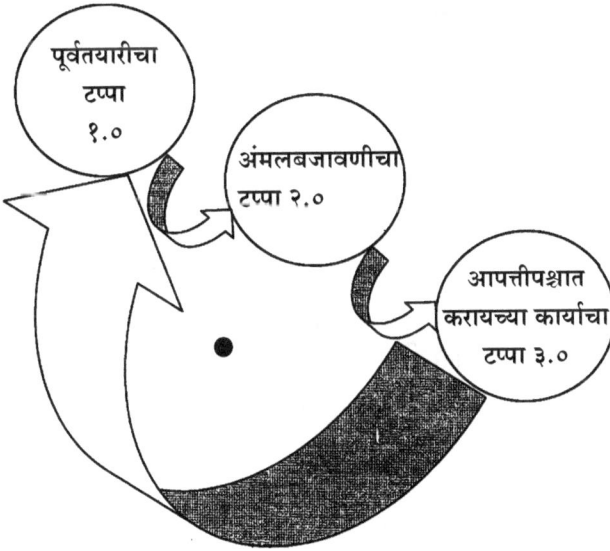

मदतीच्या प्रक्रियेचे टप्पे

या प्रक्रियेचा आपत्ती व्यवस्थापन / निवारणाच्या प्रक्रियेशी कसा संबंध जोडला जातो; ते खालील आकृतीत विस्ताराने दर्शवले आहे.

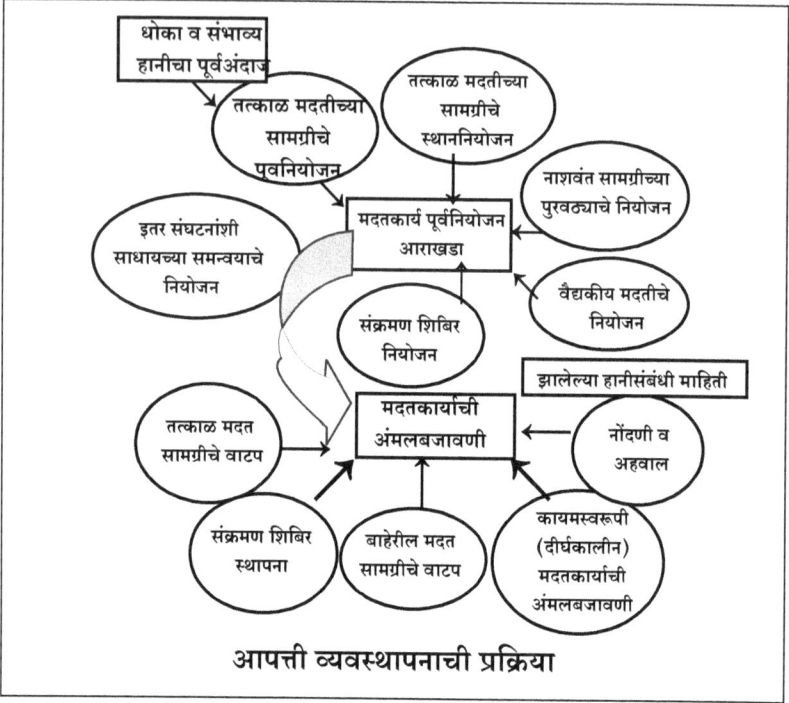

आपत्ती व्यवस्थापनाची प्रक्रिया

७.४ मदतकार्याच्या पूर्वतयारीचा टप्पा

आपत्तीचे नेमके विश्लेषण करून त्यानुसार मूल्यांकन करणे हा आपत्ती निवारण योजनेचा मूलभूत घटक असतो हे या आधी आपण पाहिले. बहुविध एकत्रितपणे उद्‌भवणाऱ्या अनेक प्रकारच्या आपत्तींच्या संदर्भात विश्लेषण व मूल्यांकनही वेगवेगळ्या प्रकारांनी केले जाते. या मूल्यांकनावरच मदतकार्याची संपूर्ण प्रक्रिया आधारित असते; तसेच नियोजित पद्धतीने केलेले मदतकार्य तसेच त्या व्यतिरिक्त तत्काळ परिस्थितीनुरूप केलेले मदतकार्य असे या प्रक्रियेचे दोन भाग आहेत. त्यांचा आपण यानंतर क्रमशः विचार करू.

७.५ मदतकार्याचे तत्काळ होणारे नियोजन

या संदर्भात नियोजनाचा विचार हा वेगवेगळ्या पातळीवर वेगवेगळ्या प्रकारे केला जातो.

७.५.१ आंतरराष्ट्रीय संघटना

आज जागतिकीकरणाच्या पार्श्वभूमीवर जगातील सर्व देश हे एकमेकांच्या

जवळ आल्याचे आढळते. त्यामुळे एका देशात कोणतीही जरी आपत्ती ओढवली तर तत्काळ जगातल्या बाकीच्या देशांकडून, आंतरराष्ट्रीय संघटनांकडून अनेक प्रकारच्या मदतीचा ओघ त्या देशात पोहोचतो. ही मदत पैसा, तत्काळ लागणारी साधनसामग्री व कायमस्वरूपी लागणारी साधनसामग्री अशा प्रकारची असते. त्यामुळे तत्काळ तसेच दीर्घकालीन मदत कार्यासाठी त्यांचा वापर होतो. यासाठी संयुक्त राष्ट्र संघटनेने एक स्थायी स्वरूपाची यंत्रणा (UNDP) उभारलेली असून तिला सदस्य देशांमध्ये राबवलेले आहे. या संघटनेद्वारे साधनसामग्री व पैशांबरोबरच आपत्तीच्या प्रसंगी कार्य करायला तयार असणारे स्वयंसेवकही आपत्तीच्या ठिकाणी पाठवले जातात. धान्य, कपडे, चादरी, दूध भुकटी, औषधे, हत्यारे व उपकरणे अशा गोष्टींप्रमाणेच वैद्यकीय पथके व स्वयंसेवकांचे गट व मदतीसाठी आंतरराष्ट्रीय तज्ज्ञांचे गटही त्या देशात पाठवले जातात. तसेच मदतकार्यासाठी अन्य देश व आंतरराष्ट्रीय संघटनांमार्फतही स्वयंसेवक व साधनसामग्री पाठवली जाते. उदाहरणार्थ, भारतीय नौदलाने डिसेंबर २००४ मध्ये आलेल्या त्सुनामी संकटांमध्ये दक्षिण भारतातील किनारपट्टीच्या भागात जसे सुटका व मदतकार्य केले, त्याचप्रमाणे श्रीलंकेतही सहकार्य केले. किंवा २००५ मध्ये पाकिस्तानात झालेल्या भूकंपाच्या संकटात राजकीय मतभेद असूनही भारतीय लष्कराने काश्मीरमध्ये नियंत्रण रेषा मोकळी करून आपद्ग्रस्तांच्या साहाय्यासाठी रस्ते खुले केले. आपत्तीच्या निवारणासाठी सर्व शासकीय प्रक्रिया, कार्यपद्धती बाजूला सारून तत्काळ कार्य केले जाते. लवचिकता आणली जाते. आपत्तींमुळे देशादेशांतील संबंध सलोख्याचे होतात. शत्रुत्वाची धार बोथट होते.

७.५.२ राष्ट्रीय पातळीवरील कार्य

राष्ट्रीय पातळीवर मदतकार्यासंबंधीच्या नियोजनात बरेच मुद्दे उद्भवतात; जर सर्व पातळींवरची ही नियोजन प्रक्रिया सर्वसमन्वयी असेल तर मदतकार्य खूपच परिणामकारक होऊ शकते. त्याबाबतीत खालील गोष्टींचा विचार होतो.

७.५.२.१ मदतकार्यातील जीवनावश्यक साधनसामग्रीचे नियोजन

आपत्तीच्या संदर्भात आवश्यक असलेल्या साधनसामग्रीची माहिती घेऊन देशाच्या किंवा राज्याच्या पातळीवर ती खरेदी केली जाणे, पुढील टप्प्यात ती जिल्हा पातळीवरील नियंत्रण केंद्राकडे पाठवून तेथे साठवण्याची व्यवस्था केली जाणे, साधनसामग्री खरेदी करतानाच कोणत्या राज्यात कोणकोणत्या आपत्ती ओढवतात? त्या सामान्यत: कोणत्या काळात उद्भवतात? या आपत्तींची तीव्रता सामान्यत: किती राहते? त्यासाठी साधनसामग्री कोणकोणती व किती प्रमाणात लागते? वगैरे घटकांचा

विचार करून खरेदीविषयक निर्णय घेतले जाणे योग्य होय. सामान्यत: अन्नधान्य व औषधांचा अपवाद वगळता, प्रत्येक राज्यातील परिस्थिती वेगवेगळी असल्याने सर्वांना एकाच प्रकारची साधनसामग्री पाठवून चालत नाही. थंडीच्या प्रदेशात उबदार लोकरी ब्लँकेट्स पाठवावी लागतील तर किनारपट्टीच्या प्रदेशात पातळ चादरी पुरेशा होतील. पावसाळ्याच्या हंगामात, जास्त पावसाच्या प्रदेशात, पाण्याने खराब न होणारी साधनसामग्री लागेल. कपडे पाठवतानाही सांस्कृतिक भिन्नता पाहावी लागते. पूर्वी मराठवाड्यातील भूकंपग्रस्तांसाठी परदेशातून पाठवलेले कपडे ग्रामीण जनतेच्या दृष्टीने निरुपयोगी ठरले. साहजिकच टिकाऊ स्वरूपाची साधनसामग्री खरेदी करून साठवता येते. परंतु, बाकीच्या साधनसामग्रीच्या संदर्भात स्थानिक जिल्हापातळीवरच निर्णय घेतले जाणे योग्य ठरते. आपत्तीचा धोका ध्यानात घेऊन नाशवंत वस्तू खरेदी करायचा निर्णय घेतला तर अल्पावधीतच त्या खराब झाल्याने फेकून द्याव्या लागतात. तो पैसा तर वाया जातोच, त्याखेरीज त्यांच्या विल्हेवाटीची स्वतंत्र व्यवस्था करावी लागते. भारतीय धान्य महामंडळामार्फत धान्याचे ज्याप्रकारे साठे केले जातात आणि अपुऱ्या सोयींमुळे धान्याची जी नासाडी होते, ती जनता आणि प्रसारमाध्यमांच्या दृष्टीने टीकेचा विषय झालेली आहे. त्यामुळे आपत्तीच्या संदर्भात आवश्यक त्या साधनसामग्रीचा साठा करताना ही दक्षता घ्यायलाच हवी; कारण हा प्रश्न अधिक भावनिक व वास्तविक स्वरूपाचा असतो. तसेच साधनसामग्री खराब झाली की, त्यासाठी लागलेला पैसा व मनुष्यबळ हे वाया जाते. साधनसामग्रीच्या साठवणुकीसाठी येणारा खर्च व साठवणूक न झाल्याने आपत्तीच्या प्रसंगी होणारा खर्च व द्यावा लागणारा नुकसानभरपाईचा खर्च, यांची तुलना करून नंतरच साठवणुकीबाबत योग्य तो निर्णय घेता येईल. सामान्यत: ५०० लोकांना तत्काळ मदतीसाठी लागणाऱ्या सामग्रीचा एक 'गठ्ठा' असे पूर्वनियोजित 'गठ्ठे' साठवून ठेवायला, हरकत नाही. किती गठ्ठे ठेवायचे याचा निर्णय धोका व हानी यांच्या पातळीच्या विश्लेषणावर अवलंबून राहील. अचानक आलेल्या आपत्तीमध्ये त्यामुळे तात्पुरत्या स्वरूपात तरतूद होऊ शकते. या मुद्द्याचा आपण पूर्वीही विचार केलेला आहेच.

७.५.२.२ वाहतूक यंत्रणेचे नियोजन

स्वातंत्र्योत्तर काळात झालेल्या प्रगतीमुळे सुदैवाने भारतात रस्ते, रेल्वे, जल आणि हवाई वाहतुकीच्या व दळणवळणाच्या संदर्भात अनेक पर्याय उपलब्ध आहेत. साहजिकच खर्च, कालावधी व सुरक्षितता या घटकांचा विचार करूनच साधनसामग्री व मनुष्यबळाची वाहतूक करण्यासाठी योग्य पर्याय निवडावा. प्रश्न निर्माण होतो तो दुर्गम, डोंगराळ भागात किंवा घनदाट जंगलांच्या क्षेत्रांत कराव्या लागणाऱ्या

वाहतुकीच्या संदर्भात. त्याखेरीज हवामान, पाऊस, हिमवृष्टी, कोसळलेल्या दरडी यांमुळेही वाहतुकीमध्ये अडथळे निर्माण होतात. हे अडथळे दूर होईपर्यंत आपत्ती निवारणाच्या संदर्भात कोणतेही कार्य करता येत नाही. यासाठी स्थानिक पातळीवरील मनुष्यबळ व साधनसामग्री वापरून तात्पुरता प्रश्न काही प्रमाणात सोडवता येतो. २००५ मधील काश्मीर खोऱ्यातील भूकंपामुळे वाहतुकीच्या संदर्भात करावयाच्या नियोजनाची आवश्यकता स्पष्ट झाली. रस्ते वाहतुकीत अडथळे निर्माण झाले व खराब हवामानामुळे हवाई वाहतूकही होऊ शकली नाही.

७.५.२.३ निधीचे विकेंद्रीकरण

आपत्तीच्या प्रसंगी पैसा हा सर्वांत महत्त्वाचा घटक आहे. त्यामुळे साधनसामग्री खरेदी करता येते. वेतन देऊन मजुरांकडून काम करून घेता येते. तथापि, पैशांच्या संदर्भात गैरव्यवहारांचा धोका असल्याने खर्चविषयक यंत्रणा काटेकोर, ताठर आढळून येते. आपत्ती निवारण निधी हा आजमितीला राष्ट्रीय पातळीवर आहे. त्यातून राज्यांना-राज्यांकडून जिल्ह्यांना-जिल्ह्यांकडून तालुक्यांना व तालुका मुख्यालयांतून आपत्तीच्या ठिकाणी, याप्रमाणे पैसा उपलब्ध करून दिला जातो. तथापि, संमती आणि पैशांचे प्रत्यक्ष वाटप यामध्ये खूपच कालावधी जातो. हे टाळण्यासाठी आपत्तीनिधीचे विकेंद्रीकरण व्हायला हवे. केंद्र, राज्य, जिल्हा आणि तालुक्याच्या पातळीवर निधी ठेवण्याची व गरजेनुसार खर्च करण्याची व्यवस्था करायला हवी. तसेच उपलब्ध निधी पुरेसा नसल्यास तत्काळ वरच्या पातळीवरील निधी उपलब्ध व्हायला हवा. विलंबामुळे कसे नुकसान होते ते रायगड जिल्ह्यातील सन २००५ मधील पूरविषयक परिस्थितीवरून लक्षात येईल; महापुरामुळे व अतिवृष्टीमुळे दरडी कोसळून व पूल वाहून गेल्याने पोलादपूर तालुक्यातील ५ खेड्यांचा संपर्क पूर्णपणे तुटला. मुंबई-गोवा या राष्ट्रीय महामार्गावर दरड कोसळीमुळे वाहतूक पूर्णपणे थांबली. दोन दिवसांत पूर ओसरला. पुढील दोन दिवस दुरुस्तीसाठी पुरेसे होते. म्हणजे चार दिवसांनी संपर्क प्रस्थापित व्हायला हवा होता. केंद्राकडून राज्याला, राज्याकडून जिल्ह्याला त्यासाठी तातडीने पैसाही मिळाला. परंतु, तो पैसा तालुक्याला मात्र वेळेवर मिळू शकला नाही. त्यामुळे पुलांची दुरुस्ती होऊन संपर्क पुन्हा प्रस्थापित व्हायला खूपच कालावधी लागला. संपर्क तुटलेल्या खेड्यातील ग्रामस्थांनी आपल्या जवळच्या तुटपुंज्या रकमेतून थोडेफार प्रयत्न केले. परंतु शासनयंत्रणेजवळ पैसा व साधनसामग्री यापैकी काहीही नव्हते. हा संपर्क आठ दिवसांनी प्रस्थापित झाला. राज्याला पैसा मिळणे, राज्याने या पैशांच्या विनियोगासाठी काटेकोर पद्धती ठरवणे, त्यापुढे जिल्ह्यात पैसा आल्यानंतर तालुक्यांना वाटप होणे व तेथून तो आपत्तीच्या ठिकाणी

पोहोचणे ही संपूर्ण प्रक्रिया ताठर आणि वेळखाऊ होती.

पैशांचा दुरुपयोग होऊ नये याबाबत ही काटेकोर प्रक्रिया ठेवावीच लागते. अन्यथा बिहार राज्यातील अफरातफरीचे उदाहरण लोकांसमोर येते. तथापि, प्रत्येक ठिकाणी हे घडतेच असे नाही. वेळेवर पैसा न मिळल्याने मालमत्तेचे नुकसान व प्राणहानी अधिक होते, हेही ध्यानात घ्यायला हवे. सोप्या हिशेबपद्धतीचा अवलंब करून व स्थानिक पातळीवरील नियंत्रण प्रभावी करून पैशांचा दुरुपयोग टाळता येतो. मदतकार्याचा आरंभही जलदगतीने होतो.

७.५.२.४ मदतकार्यातील अग्रक्रम ठरवणे

अग्रक्रम निश्चिती हा नियोजन प्रक्रियेतील एक भाग आहे. उद्दिष्टांच्या तुलनेने साधनसामग्री अपुरी असते. त्यामुळे उद्दिष्टांची क्रमवारी लावून कोणते उद्दिष्ट प्रथम पूर्ण करायचे, त्यानंतर कोणते उद्दिष्ट घ्यायचे वगैरेंबाबत निर्णय घ्यावे लागतात. मदतीच्या नियोजनातही अग्रक्रम ठरवावे लागतात. लोकांचा जीव वाचवण्याला सर्वाधिक प्राधान्य देऊन साधनसामग्रीचा, पैशांचा विनियोग प्रथम त्यासाठी केला जाणे योग्य ठरते. त्यामुळे आपद्ग्रस्तांची सुटका, जखमी लोकांवर उपचार करणे, लोकांचे मदत शिबिरात स्थलांतर वगैरे गोष्टींना प्राधान्य दिले जाते. त्यानंतर मालमत्तेची सुरक्षितता, पिकांची नासाडी/नुकसान वगैरेंचा विचार केला जातो. साधनसामग्री पुरेशी नसली तर स्थानिक पातळीवर ती खरेदी करून अग्रक्रमाच्या गोष्टी प्रथम पूर्ण केल्या जाणे श्रेयस्कर असते.

७.५.२.५ कायदेशीर बाबींचा विचार

आपत्ती निवारण आणि पुनर्वसन यासाठी होणाऱ्या कार्यामध्ये अनेकदा राज्य, जिल्हा व स्थानिक पातळीवरील शासनयंत्रणेपुढे कायदेशीर अडचणी निर्माण होतात. सार्वजनिक हितासाठी कोणतीही मालमत्ता ताब्यात घेण्याचा घटनात्मक अधिकार शासनाला असणे जरुरीचे आहे; आज अशा कार्याला खासगी मालकांचा विरोध होतो. अन्याय झाल्याच्या भावनेतून ग्रामस्थ त्याविरुद्ध आंदोलने करतात. प्रकरण कोर्टात गेले की निर्णयास विलंब लागतो. त्यात राजकारण शिरते. त्यामुळे पुनर्वसनाचा प्रश्न बिकट होतो. त्सुनामीची आपत्ती ओढवल्यानंतर हजारो लोकांच्या पुनर्वसनासाठी जागा उपलब्ध न झाल्याने अत्यंत गैरसोयीच्या, आरोग्यविघातक जागांवर त्यांच्या मुक्कामाची व्यवस्था करणे शासनाला भाग पडले. या संदर्भात खालील मार्ग उपयुक्त ठरतील.

७.५.२.५.१ आपत्ती ओढवल्यानंतर सरकारने त्या राज्यात तात्पुरती आणीबाणीची परिस्थिती घोषित करून लोकांच्या अधिकारांचा संकोच करावा.

७.५.२.५.२ शासनाला आवश्यक वाटले तर योग्य ती नुकसान भरपाई देऊन

कोणतीही मालमत्ता ताब्यात घेण्याचे अधिकार जिल्हा प्रशासनाला मिळावेत. प्रत्येक भागातील जमिनींचे, मालमत्तेचे बाजारभाव शासनाला माहीत असतातच. तेवढी नुकसान भरपाई देऊन शासनाने एकतर ती मालमत्ता खरेदी करावी. ते शक्य नसेल तर काही काळापुरती ती जागा भाड्याने घेऊन मालकाला योग्य ते भाडे द्यावे. या संदर्भात मुंबईतील एक उदाहरण बोलके आहे. ऑगस्ट २००५ मध्ये साकी नाक्याजवळ अतिवृष्टीमुळे दरड कोसळून झोपडपट्ट्यातील लोक गाडले गेले. त्यातून वाचलेल्या ५०० लोकांच्या पुनर्वसनासाठी जागाच उपलब्ध नव्हती. त्यांना जवळच्या शाळांमध्ये तात्पुरते ठेवले. ही व्यवस्था तितकीशी योग्य नव्हती.

विद्यार्थ्यांच्या हिताचा विचार करता फार काळ झोपडपट्टीवासीयांना तेथे ठेवणे शक्य नव्हते. दरड कोसळण्याचा धोका ध्यानात घेऊन मूळ जागी पाठवणेही शक्य नव्हते. परिसरात रिकाम्या जागा अनेक होत्या; पण, त्या ताब्यात घेण्याचे अधिकार जिल्हाधिकाऱ्यांना नसल्याने काहीच करता आले नाही. तसेच शाळेत सोय झाली तरी तेथे त्यांना पैसे व आवश्यक त्या साधनसामग्रीच्या संचाचे वाटपही करता आले नाही. त्या संदर्भातही कायदेशीर अडचणी आल्या.

७.५.२.५.३ सार्वजनिक हितासाठी

आपत्ती निवारणाचे कार्य करणारे सरकारी अधिकारी आणि स्वयंसेवी संघटनांना, त्यातील स्वयंसेवकांना कायदेशीर संरक्षणही मिळायला हवे.

७.५.३ राज्य पातळीवरील कार्य

केंद्रीय नियोजनाचाच एक उपघटक असे राज्य पातळीवरील मदतकार्याच्या नियोजनाचे स्वरूप असते. मात्र, राज्यपातळीवरील नियोजनात राज्याच्या विशिष्ट गरजा विचारात घेऊन अधिक विस्ताराने तपशील नोंदवला जातो. तसेच केंद्राकडून मिळालेल्या पैसा व साधनसामग्रीबरोबरच अतिरिक्त पैसा व साधनसामग्री उभारून आपद्ग्रस्त जिल्ह्यांना पुरवावी लागते.

७.५.४ जिल्हा पातळीवरील कार्य

प्रत्यक्ष आपत्तीची झळ ही त्या जिल्ह्याला पोहोचल्याने जिल्हा पातळीवरील मदतकार्याचे नियोजन हे सर्वात महत्त्वाचे असते. साहजिकच या नियोजनात अधिक तपशील दिलेला असतो. आपत्तीच्या जागी ग्राउंड झिरोच्या क्षेत्रामध्ये त्याची अंमलबजावणी करायची असते. त्या दृष्टीने खालील तपशील जिल्हा नियोजनात समाविष्ट करणे गरजेचे आहे.

७.५.४.१ मदतकार्यात सहभागी होणाऱ्या संस्था, अशासकीय संघटना वगैरे बाबतीत तपशीलवार माहिती, त्यांचे नोंदणी क्रमांक, कार्याचे स्वरूप, पूर्वानुभव वगैरे

गोष्टी नोंदवल्या जाव्यात.

७.५.४.२ साधनसामग्रीचा एकूण तपशील, राज्यामार्फत उपलब्ध होणारी साधनसामग्री तसेच स्थानिक पातळीवर खरेदी करायची साधनसामग्री, ती पुरवणाऱ्या व्यापाऱ्यांचे पत्ते, फोन नंबर, साधनसामग्री उपलब्ध होण्यास लागणारा कालावधी, तातडीची खरेदी व काही काळाने करायची खरेदी याबाबत माहितीची नोंद असायला पाहिजे.

७.५.४.३ मदतकार्यासाठी उपलब्ध झालेल्या मनुष्यबळाविषयी नोंद करणे आवश्यक आहे.

७.५.४.४ वाहतुकीच्या साधनांची अटकळ बांधणे जरुरीचे आहे.

७.५.४.५ संक्रमण मदत शिबिराच्या जागा निश्चित करून तेथे आपद्ग्रस्तांची व्यवस्था करण्यासंबंधीचे नियोजन करणे आवश्यक केले जावे.

७.५.४.६ राज्यशासनाकडून प्राप्त झालेली साधनसामग्री, पैसा वगैरेंचा हिशेब ठेवला जावा. त्याची कार्यपद्धती निश्चित केली जावी.

७.५.४.७ स्थानिक वा जिल्हा पातळीवरील कर्मचाऱ्यांची मदतकार्यासाठी नियुक्ती करून त्यांना आवश्यक त्या जबाबदाऱ्या सोपवल्या जाव्यात.

७.५.४.८ मदतीसाठी आलेल्या वैद्यकीय गटांची शिबिरानजीक व्यवस्था करून त्यांना आवश्यक त्या सोयी–सुविधा पुरवल्या जाव्यात. परिसरात तंबू उभारून तात्पुरती रुग्णालये तयार केली जावीत. गंभीर जखमींना तत्काळ मोठ्या रुग्णालयात पाठवले जावे व तेथे अतिरिक्त खाटांची व्यवस्था केली जावी.

७.५.४.९ परिसरातील हॉस्पिटलमध्ये कोणकोणत्या आजारांवर उपचार होतात? तेथे किती खाटा आहेत? अतिरिक्त किती खाटांची सोय होऊ शकते ? हॉस्पिटलमधील सोयीसुविधा कोणकोणत्या आहेत ? वगैरे गोष्टींची तपशीलवार माहिती नोंदवली जावी.

७.५.४.१० परिसराची सर्वसामान्य परिस्थितीत सर्वांगीण पाहणी करून त्यातले निष्कर्ष व आकडेवारी नियोजनात नोंदवली जावी. आपत्तीच्या प्रसंगी अशा प्रकारचा अहवाल संदर्भासाठी व मदतकार्यासाठी उपयोगी पडतो. त्यानुसार आपत्तीमुळे नेमकी किती हानी झाली व त्याबाबतीत लोकांना किती नुकसानभरपाई द्यावी लागणार आणि मदतीचे स्वरूप काय असणार, याचा नेमका हिशेब ठेवता येतो.

७.५.४.११ आपत्तीच्या वेगवेगळ्या ठिकाणातून स्थलांतरित झालेले लोक हे संक्रमण व मदत शिबिरात दाखल होतात. त्यांच्यासाठी वाहतूक यंत्रणा कशी उभारायची व किती कालावधीत त्यांना शिबिरात आणायचे त्याविषयी योजना

आखली जावी.

७.६ मदतकार्याची अंमलबजावणी

आपत्तीची पूर्वसूचना मिळाल्यावर किंवा प्रत्यक्ष आपत्ती ओढवल्यावर जिल्हा पातळीवर नियंत्रण केंद्रामार्फत खालील कार्ये केली जाणे आवश्यक आहे–

७.६.१ मनुष्यबळ व साधनसामग्री पाठवणे

आधी ठरवल्याप्रमाणे विविध कर्मचारी, संघटनांचे कार्यकर्ते, स्वयंसेवक, वैद्यकीय पथके, सैन्यदलातील जवान वगैरे लोकांना नियंत्रण केंद्रात तातडीने बोलावून योग्य त्या सूचना व साधनसामग्री देऊन आपत्तीच्या ठिकाणी पाठवले जावे.

७.६.२ स्थलांतर

आपद्ग्रस्तांना आपत्तीच्या ठिकाणांतून मदत शिबिरात पूर्वनियोजनाप्रमाणे स्थलांतरित केले जावे; त्यासाठी वाहनांची सोय करण्यात यावी.

७.६.३ मदत शिबिरे

यांचे संघटन आणि व्यवस्थापन हे त्याबाबतीत नावलौकिक असणाऱ्या अशासकीय संस्था व संघटनांकडे सोपवले जावे. त्या जिल्हा किंवा तालुका पातळीवर समन्वयक नियुक्त करू शकतात. त्यांच्यामार्फत संक्रमण व मदत शिबिराची तत्काळ उभारणी केली जावी; याविषयी अधिक माहिती आपण पुढे घेणार आहोत.

७.६.४ आपत्तीविषयक पाहणी

तज्ज्ञांची नियुक्ती करून त्या गटांमार्फत आपत्तीनंतर २४ तासांच्या आत आपत्तीची तीव्रता, झालेली हानी, मदतकार्याची आवश्यकता वगैरे मुद्द्यांच्या अनुषंगाने पाहणी केली जाणे गरजेचे आहे.

७.६.५ पुनर्वसन आणि पुनर्रचना

आपद्ग्रस्तांना संक्रमण / मदत शिबिरात आणल्यानंतर लगेचच मदतकार्य सुरू व्हायला हवे. पाठोपाठ त्यांचे पुनर्वसन व आपत्तीच्या ठिकाणाची पुनर्रचना याबाबत हालचाली सुरू करणे इष्ट ठरते. त्या संदर्भात खालील घटक महत्त्वाचे असतात.

७.६.५.१ अंशतः पडझड झालेल्या घरांची दुरुस्ती, पूर्ण कोसळलेल्या इमारतीची पुन्हा बांधणी करणे, यासाठी आवश्यक त्या सोयीसुविधा, मनुष्यबळ हे राज्य शासनामार्फत पुरवले जावे.

७.६.५.२ मृत, जखमी यांच्या संदर्भात योग्य ती नुकसानभरपाई दिली जाणे. घर दुरुस्तीसाठी आर्थिक मदत दिली जाणे, तसेच उपजीविकेसाठी पुन्हा व्यवसाय करण्यासाठी सवलतीच्या व्याजदराने सोईस्कर अटींवर कर्जे दिली जातात. हेही राज्य शासनामार्फत केले जावे.

७.६.५.३ उद्ध्वस्त जागेची साफसफाई करून रस्ते तयार करणे, पूल दुरुस्त करणे, राडारोडा हालवला जाणे व त्या ठिकाणाचा इतर भागांशी, इतर गावांशी लवकरात लवकर संपर्क प्रस्थापित केला जाणे ही जबाबदारी शासनाच्या बांधकाम विभागाचीच आहे.

७.६.५.४ मदतकार्यात सहभागी झालेल्या संस्थांना त्यांनी वापरलेल्या स्वत:च्या साधनसामग्रीचे योग्य ते मूल्य व भाडे जिल्हाधिकाऱ्यांमार्फत दिले जावे.

७.६.५.५ परिसरातील शाळा लवकरात लवकर सुरू केल्या जाव्यात; त्यासाठी शासनाने शाळांना अनुदान द्यावे.

७.६.५.६ शासनयंत्रणेकडून आपद्ग्रस्त कुटुंबांना तत्काळ ओळखपत्रे, रेशन कार्ड्स किंवा विविध प्रमाणपत्रे यांसारख्या दस्तऐवजाच्या दुसऱ्या प्रती उपलब्ध करून दिल्या जाव्यात; याबाबत योग्य ती छाननी करून खात्री करून घेतली जावी.

७.७ संक्रमण / मदत शिबिर सुरू करणे

आपत्तीमुळे बेघर व निराधार झालेल्या लोकांना तात्पुरता आश्रय देण्यासाठी व मदत देण्यासाठी शासन मदत शिबिरे सुरू करते. या शिबिरांमध्ये एकतर आपत्तीची पूर्वसूचना मिळताच तेथील लोकांचे तातडीने स्थलांतर करून प्रत्यक्ष आपत्ती ओढवण्याआधीच त्यांना शिबिरात आणले जाते किंवा प्रत्यक्ष आपत्ती ओढवल्यानंतर आपद्ग्रस्तांनी सुटका करून त्यांना शिबिरात आणण्यात येते. आपत्तीनंतर काही काळ गेल्यानंतर ज्यांची घरे सुरक्षित आहेत, चांगल्या स्थितीत आहेत त्या कुटुंबांना घरी परत पाठवले जाते. त्यानंतर ज्यांच्या घरांची अंशत: पडझड झालेली आहे त्यांची संपूर्ण दुरुस्ती करून, जागेची साफसफाई करून त्यात राहणाऱ्या कुटुंबांनाही परत पाठवण्यात येते. या व्यतिरिक्त बाकीच्या कुटुंबांना मात्र शिबिरात दीर्घकाळ राहावे लागते. एकतर ज्यांची घरे पूर्णपणे उद्ध्वस्त झालेली आहेत त्यांची घरे पुन्हा नव्याने उभारावी लागतात. त्यासाठी जास्त कालावधी लागतो. ज्यांच्या घरांची अधिक प्रमाणात पडझड झालेली आहे, अशी कुटुंबे दुसऱ्या गटात येतात. त्यांच्या घरांच्या दुरुस्तीलाही जास्त कालावधी लागतो. त्यांनाही शिबिरात अधिक काळ आश्रय घ्यावा लागतो. त्या काळात या कुटुंबातील व्यक्ती एकत्र येतात. घरांचे बांधकाम स्वत:च करून घेतात, आवश्यक तर सरकारही त्यांना साहाय्य देते. तिसऱ्या गटात संभाव्य धोका ध्यानात घेऊन ज्यांनी स्वत:हूनच आपले घर सोडले व मदत शिबिरात आले असे लोक असतात. आपत्तीनंतर ते स्वत:च बांधकाम करून घेऊन आपल्या घरी परत जातात. सामान्यत: आपत्तीची चाहूल लागताच प्रचंड संख्येने लोक संक्रमण शिबिरात येतात.

त्यामुळे तेथे गोंधळाची परिस्थिती निर्माण होते. अनेकदा जीव वाचवण्यासाठी पळ काढल्यामुळे कुटुंबातील व्यक्तींची ताटातूट होते; अशा व्यक्ती कुटुंबीयांचा शोध घेण्यासाठी विविध शिबिरांत भटकत राहतात. पहिल्या ४८ तासांत ही गोंधळाची स्थिती असते. त्यानंतर परिस्थिती सुरळीत होऊन शिबिर यंत्रणेवरील ताण कमी होतो व शिबिरातील परिस्थिती पूर्णपणे नियंत्रणाखाली येते. या सर्व कालावधीत शिबिरातील प्रशासन यंत्रणेला आवश्यक ती सर्व कार्ये करावी लागतातच. शिबिराचे संपूर्ण संघटन आणि करावी लागणारी कार्ये यांचा विचार आता आपण करू.

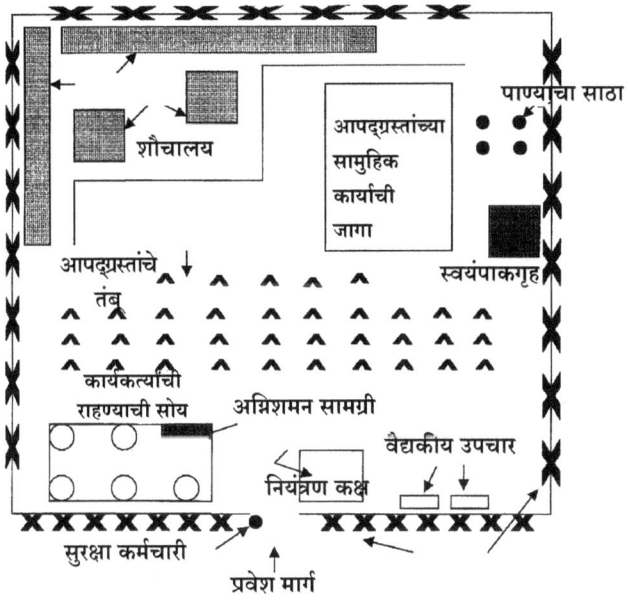

संक्रमण शिबिराचा आराखडा

पाण्याचा साठा

आपद्ग्रस्तांच्या सामुहिक कार्याची जागा

शौचालय

स्वयंपाकगृह

आपद्ग्रस्तांचे तंबू

कार्यकर्त्यांची राहण्याची सोय

अग्निशमन सामग्री

वैद्यकीय उपचार

नियंत्रण कक्ष

सुरक्षा कर्मचारी

प्रवेश मार्ग

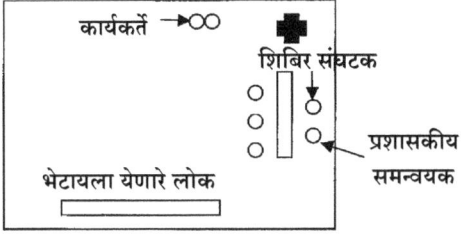

प्रथमोपचार पेटी

कार्यकर्ते

शिबिर संघटक

प्रशासकीय समन्वयक

भेटायला येणारे लोक

७.७.१ मदत शिबिराचे संघटन

मदतकार्य प्रभावी होण्यासाठी खालील प्रकारे केलेले संघटन उपयुक्त ठरेल.

७.७.१.१ शिबिर संघटक / नियंत्रक

ज्या संघटनेवर शिबिराची जबाबदारी सोपवली आहे त्या संघटनेतील ज्येष्ठ व्यक्तींपैकी एकाची शिबिर संघटक म्हणून नियुक्ती करावी. त्याच्यावर शिबिराचे संपूर्ण प्रशासन, संचालन आणि संरक्षणाची जबाबदारी सोपवावी. त्याला स्वत:साठी किमान आवश्यक असणाऱ्या सोयीसुविधा उपलब्ध करून द्याव्यात. त्याने घेतलेल्या प्रत्येक निर्णयामुळे व त्यांच्या अंमलबजावणीमुळे शिबिरातील आपद्ग्रस्त चांगल्या परिस्थितीत राहतील व त्यांना दिलासा मिळेल.

७.७.१.२ प्रशासकीय समन्वयक

जिल्हा किंवा तहसील कार्यालयातील वरिष्ठ अधिकारी प्रशासकीय समन्वयक म्हणून नियुक्त केला जावा. त्याने संघटक आणि प्रशासन यामधील दुवा म्हणून काम करावे. शिबिर संघटक व शासनयंत्रणा या उभयतांच्या चर्चेमधून जे निर्णय घेतले जातील,त्यांची त्याने कार्यवाही करावी; तसेच आपद्ग्रस्तांच्या अडीअडचणी समजावून घेऊन त्या शासनाकडून सोडवून घ्याव्यात. संघटक हा जर परप्रांतीय असला तर त्याला स्थानिक भाषा अवगत असेलच असे नाही; त्यामुळे आपद्ग्रस्त व संघटक यांच्यातील मध्यस्थ म्हणून समन्वयकाने काम करावे.

७.७.१.३ स्वयंसेवकांचा गट

शिबिरात मदतीसाठी स्वयंसेवकांची आवश्यकता असते. आपद्ग्रस्तांचा निवास, भोजन, पिण्यासाठी व अन्य वापरासाठी पाणी, औषधोपचार, बाजारहाट, साफसफाई वगैरे कामांसाठी स्वयंसेवकांची मदत होते; तसेच शिबिराच्या सुरक्षिततेसाठी व प्रशासनिक कार्यांसाठीही त्यांचा उपयोग करून घेता येतो. इतकेच नव्हे तर आपद्ग्रस्तांना करमणूक व विरंगुळ्यासाठी व्यवस्था करणे व त्यांच्याशी योग्य प्रकारे बोलून त्यांना दिलासा व धीर देण्यासाठीही स्वयंसेवकांचा उपयोग होतो. या दृष्टीने ५०० लोकांच्या शिबिरासाठी सामान्यत: ४० स्वयंसेवकांची गरज असते. परिस्थितीनुसार ही संख्या कमी-अधिक होऊ शकते. संघटक आवश्यक ते काम उपलब्ध स्वयंसेवकांमध्ये विभागून देतात. सामान्यत: दोन आठवडे उलटले की, शिबिराची घडी व्यवस्थित बसल्यामुळे १२ ते १५ स्वयंसेवक पुरेसे होतात. त्यामुळे अतिरिक्त स्वयंसेवक अन्यत्र पाठवता येतात. बाहेरील स्वयंसेवकांबरोबरच संघटकाने शिबिरातील रहिवाशांमधूनही स्वयंसेवकांचा गट तयार करावा. महिलांवर स्वयंपाकाची तर पुरुषांवर स्वच्छता, पाणी साठवणे, बाजारहाट, सुरक्षितता वगैरे

जबाबदाऱ्या सोपवाव्यात. बाहेरून आलेल्या स्वयंसेवकांची राहण्याजेवण्याची व्यवस्था शिबिरातच करावी.

७.७.१.४ आरोग्यविषयक सेवेसाठी गट

संघटकाने निवडक डॉक्टर, नर्सेस, मदतनीस वगैरेंचे गट आरोग्यविषयक सेवेसाठी तयार करावे. त्यांच्यासाठी शिबिराजवळच तंबू ठोकून तेथे तात्पुरते शुश्रूषालय उभारावे. या आरोग्य सेवेच्या गटातील व्यक्तींची संख्या ही आपद्ग्रस्तांची शिबिरातील एकूण संख्या, जखमींचे प्रमाण, वगैरे गोष्टींचा विचार करून ठरवता येते. गंभीर जखमी किंवा विशेष प्रकारच्या उपचारांची गरज असणारे यांच्यावर प्रथमोपचार करून त्यांना तातडीने मोठ्या रुग्णालयात पाठवावे. त्यासाठी रुग्णवाहिकाही ठेवावी. मदत गटामध्ये सर्वसाधारण उपचारांसाठी, अस्थिभंगावरील उपचारांसाठी असे डॉक्टर, मदतीसाठी नर्सेस, कंम्पाउंडर व इतर व्यक्तींबरोबरच प्रशिक्षित समाजसेवक आणि मानसोपचार तज्ज्ञांचाही समावेश करावा. गुजरात, तामिळनाडू, केरळ वगैरे भागात ओढवलेल्या आपत्तींच्या वेळी साधारणपणे ३ डॉक्टर, ३ मानसोपचारतज्ज्ञ, १ समाजसेवक व ३ ते ४ नर्सेस, मदतनीस वगैरेंचा गट ५०० लोकांच्या शिबिरासाठी पुरेसा असल्याचे आढळून आले. त्यातही पहिल्या २ आठवड्यात या गटाची गरज अधिक असते. त्यानंतर सर्व स्थिरस्थावर झाल्यानंतर परिसरातील २ किंवा ३ शिबिरांसाठी एक वैद्यकीय गट पुरेसा होतो; कारण पुढील टप्प्यात १ डॉक्टर, १ नर्स व १ मानसोपचारतज्ज्ञ एका शिबिराची गरज भागवू शकतात. साहजिकच अतिरिक्त गटांना किंवा व्यक्तींना आवश्यकतेनुसार इतरत्र पाठवले जाणे इष्ट.

७.७.१.५ सामान्यत: ५०० आपद्ग्रस्तांच्या शिबिरासाठी ५०० मीटर लांब व ५०० मीटर रुंद अशा पटांगणाची आवश्यकता असते. त्या ठिकाणी वास्तव्यासाठी तंबू व राहुट्या उभारल्या जातात. त्याबरोबरच स्वयंपाकगृह, शिधापुरवठा गृह, औषध भांडार, तात्पुरते रुग्णालय, स्वयंसेवकांचा व वैद्यकीय गटांचा निवास, प्रशासन, सुरक्षा, प्रसाधन व स्वच्छतागृहे यांसारख्या प्रत्येक गोष्टीसाठी स्वतंत्र तंबू किंवा राहुट्या उभारल्या जाव्यात. प्रत्येक तंबूत पाणी, प्रकाश यांची व्यवस्था केली जावी. तङ्याची स्वच्छतागृहे, स्नानगृहे उभारली जावीत. तसेच सर्वांना एकत्र जमण्यासाठी जागा ठेवली जावी.

७.७.२ मदत शिबिराचे प्रशासन

मदत शिबिर चालवताना खालील घटकांचा विचार व्हावा.

७.७.२.१ कायमस्वरूपी व्यवस्था

भारतात किंवा अन्य गरीब देशात आपत्ती ओढवली की शाळा, सामुदायिक हॉल वगैरे ताब्यात घेऊन मदत शिबिरांसाठी व्यवस्था केली जाते. हे सर्वांच्याच दृष्टीने गैरसोयीचे ठरते. त्यासाठी प्रत्येक तालुक्यात निवडक जागी शिबिरांसाठी कायम-स्वरूपी व्यवस्था व्हावी. नियंत्रण केंद्राप्रमाणेच या व्यवस्थेसाठीही प्रशस्त पटांगणे वापरून तेथे काही सोयी-सुविधा निर्माण कराव्यात.

७.७.२.१.१ निवासव्यवस्था

यासाठी कापडी तंबू किंवा राहुट्या उभाराव्यात. सामान्यत: एका तंबूत १५ व्यक्ती राहू शकतात. शिबिरात आपद्ग्रस्त आल्यानंतर स्त्रियांसाठी व पुरुषांसाठी असे वेगवेगळे तंबू ठेवावेत. छोट्या राहुट्या असल्या तर एका कुटुंबांची व्यवस्था करता येईल. कालांतराने एका तंबूत देखील ३ ते ४ कुटुंबांची राहण्याची सोय होऊ शकेल. आपत्तीचे संकट नाहीसे झाल्यावर, जेव्हा काही आपद्ग्रस्तांना त्यांच्या घरी पाठवणे शक्य होते, त्यानंतर कुटुंबासाठी १ राहुटी किंवा ३ ते ४ कुटुंबासाठी एका तंबूत व्यवस्था करता येईल. कुटुंबातील सर्व घटक एकत्र आले की, सर्वांनाच दिलासा मिळतो. मानसिक आधार मिळतो. सामान्यत: ५०० व्यक्तींसाठी ३५ तंबू, स्वयंसेवकांच्या निवासासाठी ३ ते ४ तंबू, प्रशासन, सुरक्षा यासाठी लहानमोठ्या राहुट्या, स्वयंपाकगृहासाठी एक तंबू असे सुमारे ४० तंबू व ५-१० राहुट्या एका शिबिरासाठी पुरेशा होतील. स्नानगृहे, स्वच्छतागृहे तट्ट्यांची बनवावीत. मैल्याचा व पाण्याचा योग्य प्रकारे थोड्या दूर अंतरावर खड्डा खोदून त्यात निचरा करावा. वादळात तंबू टिकून राहतील अशा प्रकारे ठोकावेत. तसेच पावसाळ्यात ताडपत्री, प्लॅस्टिक वगैरे जलप्रतिबंधक साधनांचे आच्छादन तंबूवर घालावे. गर्दी कमी झाली की, सामुदायिक स्वयंपाकगृहाऐवजी प्रत्येक तंबूसाठी स्वतंत्र स्वयंपाकगृह ठेवावे. संघटकाने एकूण परिस्थिती, त्यात वेळोवेळी होणारे बदल ध्यानात घेऊन त्यानुसार निर्णय घेऊन त्यांची समन्वयक अधिकारी, कर्मचारी, स्वयंसेवक वगैरेंच्या साहाय्याने अंमलबजावणी करावी.

७.७.२.१.२ इतर आवश्यक गोष्टी

स्वयंपाकासाठी मोठी पातेली, स्टोव्ह, गॅस किंवा केरोसीनच्या टाक्या, पिण्याच्या पाण्याच्या व वापरायच्या पाण्याच्या स्वतंत्र टाक्या, भोजनासाठी ताट, वाट्या/ पत्रावळी, द्रोण/भांडी, सुऱ्या, विळ्या, डाव, चमचे, वाढपासाठी भांडी, स्वच्छता व प्रसाधनगृहांसाठी बादल्या, तांबे, पाण्याच्या मोठ्या टाक्या, अग्निशमन उपकरणे, शिधासामग्री, औषधे साठवणासाठी शेल्फ, दोऱ्या, मोठे खिळे, विद्युत पुरवठा यंत्रणा, प्रशासनासाठी आवश्यक ती स्टेशनरी, टेलिफोन, मोबाईल फोन,

वायरलेस सेट, जंतुनाशक औषधे, कुंपणासाठी काटेरी तारा व लोखंडी खांब अशा अनेक गोष्टी शिबिराच्या उभारणीसाठी लागतात.

७.७.२.२ आपद्‌ग्रस्तांची नोंदणी

आपद्‌ग्रस्तांची नोंदणी झाली की, शिबिराचे कार्य सुरू होते. आवश्यक त्या सोयी-सुविधा उभारल्यानंतर आपद्‌ग्रस्तांना शिबिरात प्रवेश दिला जावा. संघटक व त्याच्या हाताखालील व्यक्तींमार्फत नोंदणी केली जावी. त्यासाठी एक विस्तृत रजिस्टर तयार केले जावे. त्यात प्रत्येक आपद्‌ग्रस्ताचे नाव, पूर्वीचा पत्ता, जन्मतारीख, नजीकच्या नातलगांची नावे, स्वाक्षरी व बोटांचे ठसे वगैरे गोष्टी नोंदवल्या जाव्यात; त्याला पूरक अशी बाकीची रजिस्टर्स ठेवली जावीत. त्यात प्रत्येक तंबूसाठी रजिस्टर, शिधासामग्री व औषधांची रजिस्टर्स, वैद्यकीय उपचारांची रजिस्टर्स वगैरे विविध प्रकारची रजिस्टर्स असतात. मूळ विस्तृत रजिस्टरमध्ये नोंदणी केल्यानंतर प्रत्येक आपद्‌ग्रस्ताला कार्यालयामार्फत एक ओळखपत्र दिले जावे. जेव्हा आपत्तीमुळे त्या व्यक्तीची ओळख पटवणारी कागदपत्रे नष्ट होतात, त्यावेळी असे ओळखपत्र उपयोगी पडते. शिबिरातील व्यक्ती व इतर व्यक्ती त्यायोगे ओळखता येतात व शिबिरार्थींना सुरक्षित ठेवण्याच्या दृष्टीने त्याचा उपयोग होतो.

७.७.२.३ सामग्रीचे वाटप

नोंदणी नंतर शिबिरार्थींना आवश्यक ते कपडे, चादर, ताट, वाटी, भांडे, सतरंजी, बादली, पंचे, नॅपकिन इ. गोष्टी पुरवल्या जाव्यात व त्यांचीही नोंदणी केली जावी.

७.७.२.४ अन्नाची व्यवस्था

शिबिरात आल्यानंतर त्यांना तत्काळ खाण्याचे पदार्थ, चहा वगैरे गोष्टी दिल्या जाव्यात. त्यामुळे त्यांना आधार वाटतो. इतरांशी बोलल्यामुळे त्यांचे दुःख हलके होते. त्यानंतर त्यांना भोजनासाठी कूपनचा संच दिला जावा. तसेच रोजच्या भोजनासाठी स्वतंत्र कूपने दिली जावीत. यामुळे स्वयंपाकघरात काम करणाऱ्या लोकांची सोय होते. त्यांना सर्व गोष्टींचा अंदाज घेता येतो. कोणालाही गैरफायदा घेता येत नाही. जेव्हा कुटुंबांना आपापला स्वयंपाक करण्यास परवानगी दिली जाते, त्यावेळी आवश्यक ती उपकरणे, शिधा वगैरे गोष्टींचे वितरण संघटकांच्या कार्यालयामार्फत केले जावे.

७.७.२.५ वैद्यकीय उपचार

शिबिरात आल्यानंतर प्रत्येक आपद्‌ग्रस्तास रोगप्रतिबंधक लसी टोचल्या जाव्यात. जखमींवर प्रथमोपचार केले जावेत व जंतुनाशकांची परिसरात फवारणी केली

जावी. पिण्याचे पाणीही औषधे टाकून निर्जंतुक केले जाते; कारण दूषित पाणी प्यायल्याने अनेक आजार उद्भवतात. वृद्ध आणि बालके यांच्याबाबत विशेष दक्षता घेतली जाते. प्रत्येक उपचाराचे रेकॉर्ड ठेवले जाते. रोग्यांना विचारून पूर्वीच्या आजाराच्याही त्यात नोंदी केल्या जाव्यात. गंभीर आजार असल्यास तातडीने मोठ्या रुग्णालयात पाठवण्यात यावे. साप, विंचू चावण्याचा धोका असल्याने शिबिरात त्याबाबतच्या उपचारांची औषधे ठेवावीत व कुंपणाबाहेर खंदक खोदावेत; तसेच विशेष आपत्तीच्या वेळी लागणाऱ्या विशिष्ट प्रकारच्या उपचारांची, औषधांची गरज लक्षात घेऊन वैद्यकीय मदत गटाजवळ त्याबाबत आवश्यक ती साधनसामग्री ठेवावी.

७.७.२.६ आरोग्य आणि स्वच्छता

शिबिराच्या प्रशासनाच्या संदर्भात हा महत्त्वाचा घटक आहे. आरोग्याबाबत दक्षता घेतली व परिसर स्वच्छ ठेवला तर अनेक रोग, आजार टाळता येतात. त्या दृष्टीने खालील गोष्टी कराव्यात.

७.७.२.६.१ स्वच्छतागृहे व स्नानगृहे स्वच्छ ठेवावीत. दिवसातून दोन वेळा तेथे जंतुनाशकांची फवारणी करावी. मैला व सांडपाण्याचा निचरा दूर अंतरावर खड्डा खणून त्यात करावा.

७.७.२.६.२ स्वयंपाकगृहात माशा घोंघावणार नाहीत याची काळजी घ्यावी. बंद कचरापेटी ठेवावी. खाद्यपदार्थ झाकून ठेवावेत. ठिकठिकाणी माशा पकडणारे चिकट कागद ठेवावेत. स्वयंपाकगृह स्वच्छ ठेवावे.

७.७.२.६.३ डास प्रतिबंधक औषधे, अगरबत्त्या यांची व्यवस्था प्रत्येक तंबूत पुरेशी असावी.

७.७.२.६.४ परिसर स्वच्छ ठेवावा. कचऱ्याची ताबडतोब विल्हेवाट लावावी. शिबिराबाहेर कंपोस्ट खतासाठी घेतात तसे खड्डे/शोषखड्डे बनवून त्यात कचरा टाकून त्यावर माती लोटावी. स्वच्छतेबाबतची जबाबदारी प्रत्येक शिबिरार्थीने घ्यावी.

७.७.२.७ मानसशास्त्रीय दृष्टीने आपद्ग्रस्तांचा विचार

आपत्ती ही अनेकदा अनपेक्षितपणे उद्भवलेली असते. डोळ्यांदेखत घर उद्ध्वस्त होते. जवळची माणसे मृत्युमुखी पडतात. कुटुंबीयांची ताटातूट होते. या सर्वांचा प्रचंड धक्का बसून आपद्ग्रस्त व्यक्तीचे मानसिक संतुलन ढळू शकते. साहजिकच त्यांच्या मानसिक पुनर्वसनाचीही अधिक आवश्यकता असते. याबाबतीत मानसोपचारांची गरज निर्माण होते. मानसोपचारतज्ज्ञांनी अशा आपद्ग्रस्तांची तपशीलवार माहिती मिळवून त्यांचे केसपेपर बनवायला हवेत. त्यासाठी त्यांनी

स्वयंसेवकांना आपद्ग्रस्तांशी सहानुभूतीने बोलायला उद्युक्त करावे. त्यांच्याकडून मिळेल तेवढी माहिती घेऊन नंतर स्वत: आपद्ग्रस्तांशी बोलावे, त्यांना दिलासा द्यावा. त्यांचे मनोधैर्य वाढवायचे प्रयत्न करावेत. अनेकदा अशा प्रसंगी साधुसंतांची भजने, तत्त्वचिंतकांची प्रवचनेही आपद्ग्रस्तांना पूर्वस्थितीला आणायला उपयोगी पडतात. शिबिरातील सर्वचजण समदु:खी असतात, ते एकमेकांशी बोलून आपले दु:ख हलके करतात. त्यांना सामुदायिक कार्यात गुंतवून मानसिक ताण कमी करता येतो. काही परिस्थितीत त्यांचा संताप व राग मोकळा होऊ देणे श्रेयस्कर ठरते. त्यांना विधायक कार्यात गुंतवले की, दु:खाचा विसर पडतो. शिबिर संचालकही आपले बोलणे, स्पर्श वगैरे मार्गांनी आपद्ग्रस्तांना दिलासा देऊ शकतो. बऱ्याच वेळी आपद्ग्रस्त बारीकसारीक गोष्टींवरून चिडतात; अशा वेळी ते बोलणे शांतपणाने ऐकून घेण्याबाबत, वाद न घालण्याबाबत स्वयंसेवकांना सूचना द्याव्यात.थोड्या वेळाने ते आपोआप शांत होऊन त्यांच्यावरील ताण कमी होतो. स्वयंसेवकांनी त्यांच्याबरोबर जिवलग मित्राप्रमाणे वागावे, त्यांना मदत करावी, बोलताना सहानुभूती दाखवावी. प्रेमळ स्पर्शही दिलासा द्यायला उपयुक्त ठरतो. काही काळानंतर हेच आपद्ग्रस्त आपले दु:ख विसरून इतरांचे दु:ख हलके करण्याचा प्रयत्न करतात. शिबिराच्या विविध कार्यात, कार्यक्रमात उत्साहाने भाग घेतात.

७.७.२.८ करमणूक आणि खेळ

लोकांचे दु:ख हलके करण्यासाठी, त्यांच्या मनावरील ताण, तणाव कमी करण्यासाठी शिबिरात विविध करमणुकीचे कार्यक्रम आयोजित करणे उपयुक्त ठरते. बाहेरच्या कलाकारांप्रमाणेच शिबिरातील व्यक्तींच्या कलागुणांना प्रोत्साहन देणे अधिक श्रेयस्कर ठरते. लहान मुलांना विविध खेळणी दिली, त्यांना एकमेकांत खेळण्यासाठी प्रवृत्त केले की, ती लवकर पूर्ववत होतात. या दृष्टीने त्यांच्या क्रीडा स्पर्धा आयोजित करणेही फायदेशीर होते.

७.७.२.९ लेखी नोंदी

शिबिराच्या प्रशासनाने सर्व नोंदी या व्यवस्थित आणि लेखी स्वरूपात ठेवल्या पाहिजेत. विविध प्रकारची रजिस्टरे, फायली, डायऱ्या वगैरेंमध्ये सविस्तर नोंदी ठेवायला हव्यात. आपद्ग्रस्तांची नावे व अन्य तपशील, उपलब्ध झालेले साहित्याचे व साधनसामग्रीचे रोजच्या रोज केलेले वाटप, शिधा व अन्य साहित्याचा रोज होणारा वापर, विविध गोष्टींच्या संदर्भात ही रजिस्टरे ठेवावीत. प्रत्येक कर्मचारी, कार्यकर्ता व स्वयंसेवकाने रोजच्या रोज केलेल्या कामाच्या, शिबिरातील अनुभवाच्या डायऱ्या लिहाव्यात. शिबिरास विविध नामवंत व्यक्ती भेट देतात. एका वहीत त्यांचे अभिप्राय,

सूचना, मते वगैरे त्यांच्या स्वाक्षरीसह नोंदवून घ्यावेत. शिबिराबद्दलचे लेखी अहवाल जिल्हा नियंत्रण कक्षाकडे पाठवावेत, त्यात या नोंदीचा संदर्भ द्यावा. शिबिर बंद झाले की, ही सर्व रजिस्टरे, डायऱ्या वगैरे जिल्हा नियंत्रण कक्षाकडे पाठवून द्याव्यात. त्यातील नोंदीचा भविष्यात मदत शिबिरांचे संयोजन करताना उपयोग होतो.

७.७.२.१० शिबिरातील अहवाल व नियंत्रण कक्ष

हा कक्ष संपूर्ण शिबिराचा केंद्रबिंदू, कणा असतो. शिबिरातील सर्व व्यवहार हे त्याच्या भोवती चालतात. केंद्रशासन, राज्य सरकार व जिल्हा प्रशासन यांचे नियंत्रण कक्ष /केंद्र असतात. त्यापेक्षा शिबिरातील कक्ष हा वेगळा असतो. या कक्षातील संघटकांच्या नेतृत्व गुणावरच शिबिराची कार्यक्षमता व यश अवलंबून असते. बाकीची केंद्रे ही फक्त सूचना देतात, साधनसामग्री पुरवतात. परंतु, त्याची प्रत्यक्ष अंमलबजावणी, साधनसामग्रीचा प्रत्यक्ष वापर हा शिबिरातील नियंत्रण कक्षामार्फतच होतो. शिबिर संघटक ही शिबिराची प्रेरक शक्ती असते. तो इतरांना कार्यप्रवृत्त करतो. स्वयंसेवकांना मार्गदर्शन करतो. इतरांनी केलेल्या चांगल्या कार्याबद्दल कौतुक करून त्यांचा उत्साह वाढवतो. आपद्ग्रस्तांना धीर व दिलासा देतो, त्यांचे सांत्वन करतो, त्यांच्या आयुष्याला उभारी देतो. नियंत्रण कक्षामार्फत शिबिर कार्यान्वित होते. शासनाकडून आलेली मदत व पैशांचे वाटप होते. नामवंत व्यक्तींच्या भेटीच्या वेळी शिबिराविषयी सर्व माहिती कक्षाचा प्रमुख संघटक देतो. शासकेतर यंत्रणांमार्फत होणाऱ्या मदतकार्यांमध्ये नियंत्रण कक्षामार्फत समन्वय साधला जातो. प्रसिद्धी माध्यमांशीही नियंत्रण कक्षामार्फत संपर्क ठेवला जातो. शिबिराचे कार्य पूर्ण झाल्यावर त्याविषयीचा अहवाल नियंत्रण कक्षामार्फत जिल्हा प्रशासनाकडे पाठवला जातो.

७.८ आपत्तीची पाहणी

आपत्तीमुळे झालेल्या हानीची पाहणी करण्याचे कार्य हे बरेच गुंतागुंतीचे आहे. त्याविषयी अद्ययावत आकडेवारी घेणे, आपत्तीपूर्वीच्या आकडेवारीशी ती पडताळून पाहणे व त्यानंतर त्याचा वस्तुनिष्ठ अहवाल तयार करणे हे कामकाज तितके सोपे नाही. त्यासंदर्भात निर्माण होणाऱ्या समस्या अशा –

७.८.१ वस्तुत: कोणतेही बांधकाम झाले की, त्याविषयीची तपशीलवार माहिती नोंदवावी लागते. बांधकामाचे समोरून व दोन्ही बाजूंनी असे फोटो घ्यावे लागतात. जागेचा नोंदणी क्रमांक, बांधकामाचे मूल्य, बांधकाम पूर्ण केल्यानंतर उलटलेली वर्षे वगैरे माहिती लेखी स्वरूपात ठेवली, तरच नुकसानीचे एकूण मूल्य ठरवता येते. प्रत्यक्षात इमारतीच्या मालकाने याबाबत कोणतीही काळजी घेतलेली

नसते. अनेकदा बांधकामाच्या नोंदी सापडत नाहीत. जुन्या इमारतींबद्दल हा प्रश्न अधिक उद्‌भवतो. बांधकाम हे काही वेळेस अनधिकृत, बेकायदेशीर असते. नुकसान भरपाई ठरवताना या अडचणी येतात.

७.८.२ याचप्रकारे जमिनीत केलेली लागवड, आलेले पीक, फळझाडांपासून मिळणारे उत्पन्न, उत्पादनाचा प्रकार या संदर्भात कोणत्याही नोंदी शेतकरी ठेवत नाहीत. याविषयी ते पुरावेही देऊ शकत नाहीत. त्यामुळे महापुरामुळे किंवा आगीमुळे किती पीक जळाले, वादळात किती झाडे उन्मळून पडली, त्यामुळे नुकसान किती झाले, हे ठरवता येत नाही.

७.८.३ आजचा जमाना हा व्हिडिओ शूटिंगचा आहे.आपत्तीमुळे झालेल्या पडझडीचे, पिकांच्या झालेल्या नासाडीचे, मेलेल्या गुराढोरांचे तपशीलवार व्हीडिओ शूटिंग करता येते. स्टिल फोटोग्राफ्स्‌ घेता येतात. इमारतीच्या मालकाला किंवा शेतकऱ्याला घर नंबर, प्लॉटचा सर्व्हे नंबर, इमारतीबाहेर नोंदवण्याची सक्ती केली किंवा शेतकऱ्याला कुंपण घालून त्याच्या दर्शनी भागी जमिनीचा सर्व्हे नंबर नोंदवणे आवश्यक केले, तर व्हिडिओ शूटिंगद्वारे पुरावा देणे शक्य होईल. त्याच्या जोडीला शासकीय दप्तरातील नोंदी, पूर्वीच्या शेतीमालाच्या विक्रीच्या पावत्या वगैरे लेखी पुराव्याच्या आधारावर नेमके नुकसान ठरवता येईल. या संदर्भात लेखी नोंदी करणे व व्हिडिओ फोटोग्राफ्स घेणे हे एरवीच्या परिस्थितीतही, कायदेशीर तंटा उद्‌भवल्यास पुरावा म्हणून उपयोग होईल.

७.८.४ कायमस्वरूपी पाहणी यंत्रणा

शासनाने सर्वसामान्य परिस्थितीत, तसेच आपत्तीच्या पूर्वतयारीच्या संदर्भात व आपत्तीनंतर झालेल्या हानीची पाहणी करण्यासाठी कायमस्वरूपी पाहणी यंत्रणा निर्माण केल्या, तर त्यांचा मोठा उपयोग होईल. अनेकदा हानीचे आकडे फुगवून दिले जातात व शासनावर नुकसान भरपाईचा विनाकारण अधिक बोजा पडतो. याचा भार सरकारी तिजोरीवर पर्यायाने प्रामाणिक करदात्यांवर पडतो. एका बाजूला देश हा महासत्ता व्हायची स्वप्ने बघतो आहे, प्रत्यक्षात मात्र भ्रष्टाचाराबाबत तो जगात वरच्या क्रमांकावर असल्याचे अहवाल आहेत. हे होऊ नये म्हणून नि:स्वार्थी तज्ज्ञांच्या कायमस्वरूपी पाहणी समित्या सरकारने तयार कराव्यात व त्यांच्या अहवालात पारदर्शिता ठेवावी. यामुळे निदान आपत्तीचा गैरफायदा घेण्याचे प्रकार तरी होणार नाहीत.

७.९ निष्कर्ष

मदतकार्य हे आपत्ती व्यवस्थापनात सुटकेइतकेच महत्त्वाचे कार्य आहे. दु:खी लोकांचे अश्रू पुसणे, त्यांना मदतीचा हात देणे हे महान पुण्यकर्म आहे. अगदी

आंतरराष्ट्रीय पातळीपासून ते स्थानिक पातळीपर्यंत या मदतकार्यात अनेकांचा हातभार लागतो. संस्था, संघटनांपासून ते अगदी सामान्य व्यक्तीपर्यंत अनेकांचे सहकार्य लाभते. राष्ट्राचे सामर्थ्य व लोकांची नैतिकता व संस्कृतीचे त्यामध्ये दर्शन होते. नेहमीच्या प्रशासनापेक्षाही आपत्तीच्या प्रसंगी सरकारने तत्काळ निर्णय घेऊन कमीत कमी वेळात आपद्ग्रस्तांची सुटका, मदत आणि पुनर्वसन याबाबत केलेले कार्य हे सरकारची कार्यक्षमता दर्शवते.

□

नमुना अभ्यास

नमुना क्रमांक २ : डिझास्टर मॅनेजमेन्ट ॲण्ड रिसर्च फाउंडेशन

(Disaster Management & Research Foundation (DiMaRF))

१. ही संस्था २६ जानेवारी २००१ रोजी अस्तित्वात आली व तिला रजिस्ट्रेशन २००३ साली मिळाले. ही संस्था समान विचारांच्या निवृत्त सैन्य अधिकारी, निवृत्त नागरी संरक्षण विभागातील अधिकारी व वैद्यकीय क्षेत्रातील लोकांनी स्थापन केली. या संस्थेजवळ आर्थिक पाठबळ जवळजवळ नव्हतेच; पण आर्थिक पाठबळ नसल्यामुळे खचून न जाता या संस्थेच्या सभासदांनी समाजात आपत्ती निवारणासंबंधी जागृतता आणायला सुरुवात केली. तरुणांना, शैक्षणिक संस्थांना व गृहरचना समूहांना प्रशिक्षण देण्याचा सपाटा त्यांनी सुरू केला व काही दिवसांतच जवळजवळ २०० तरुण कार्यकर्ते त्यांनी निर्माण केले.

२. जेव्हा त्सुनामीचे संकट ओढवले, तेव्हा जनतेला आवाहन केले व दोन दिवसांतच जनतेने प्रतिसाद दिला आणि आर्थिक पाठबळ निर्माण झाले. सुमारे ५०० बेघर झालेल्या लोकांना दोन ते तीन महिने पोसण्याचे व शिबिरात आधार देण्याचे पाठबळ तयार झाले. सरकारशी संधान बांधल्यावर या संघटनेला केरळमध्ये जाण्याचा सल्ला देण्यात आला. या संस्थेने खालील काम नियोजनपूर्वक व शिस्तबद्धतेने केले.

२.१ कार्यकर्त्यांचे गट बनविले आणि गटांच्या कार्याचे वेळापत्रक बनविले.

२.२ कोल्लम जिल्ह्याच्या जिल्हाधिकाऱ्यांशी संपर्क साधून काय स्थिती आहे व कोणत्या गोष्टींची आवश्यकता आहे हे माहीत करून घेतले व त्याप्रमाणे वस्तूंची जुळवाजुळव केली.

२.३ पुणे ते कोल्लम प्रवास व सामान वाहतुकीचे नियोजन करून त्याप्रमाणे मनुष्यबळ व सामग्री पाठविली.

२.४ एक अत्यंत रेखीव, स्वच्छ आणि पद्धतशीर शिबिर स्थापन केले व त्यातील ११३ कुटुंबांचे पूर्ण व्यवस्थापन अडीच महिने केले.

२.५ कार्यकर्त्यांचा प्रत्येक गट १० दिवसांच्या पाळीने बदलला.

२.६ ११३ बेघर कुटुंबांना वैद्यकीय मदत, भोजन, तंबू, आवश्यक सामग्री, कपडे, रोगप्रतिबंधक लसीकरण, मानसिक उपचार, खेळ, करमणूक इत्यादी गोष्टी उपलब्ध करून दिल्या. त्यामुळे ही सर्व कुटुंबे पूर्वस्थितीला आली. त्यांनी कार्यकर्त्यांचे अमाप कौतुक केले.

२.७ भाषेतील फरकामुळे होणारा त्रास लक्षांत घेऊन द्विभाषकांची व्यवस्थाही संघटनेने केली होती. स्थानिक लोकांची पण यात मदत झाली.

२.८ स्थानिक लोकांना आपत्ती निवारणाचे प्रशिक्षण तर दिलेच, पण त्याशिवाय शिबिरांतले कामसुद्धा त्यांच्यावर सोपविले. त्यामुळे शिबिरातल्या आश्रितांना स्वावलंबी व्हायला मदत झाली.

२.९ केरळ सरकारने तात्पुरत्या निवाऱ्यासाठी पत्र्यांची घरे बांधून शिबिरातील आश्रितांचे स्थलांतर केल्यावर ही संघटना परतली.

३. या अनुभवांतून खालील गोष्टी निष्पन्न झाल्या –

तरुणांना आपत्ती निवारणाच्या कामाबद्दल प्रचंड आस्था असते; जर त्यांना प्रशिक्षण दिले तर ती एक देशव्यापी शक्ती बनते. संघटनेकडे आर्थिक पाठबळ कमी असले, तरी चांगले काम होऊ शकते. सरकारी प्रशासनाशी योग्य समन्वय साधला तर अशा समाजसेवी संघटना खूप चांगले काम करू शकतात.

□

८

विकास आणि पुनर्रचना
विध्वंसातून विजयाकडे !

हे महत्त्वाचे नाही की, काळाच्या ओघात किती साम्राज्ये नामशेष झाली. महत्त्वाचे हे आहे की, काय आपण जुन्या साम्राज्यांच्या अवशेषांतून आपल्या मनोबलाने नवीन साम्राज्ये निर्माण केली?

अशी साम्राज्ये की, जी पूर्वीपेक्षाही जास्त सुखकर आणि सुरक्षित आहेत !

८.१ प्रास्ताविक

इतिहास असे सांगतो की, जगात पूर्वीपासून अनेक साम्राज्ये निर्माण झाली व काळाच्या ओघात नष्टही झाली. देशांच्या सीमारेषा वारंवार बदलत गेल्या. भौगोलिक घडामोडींमुळे महासागरात अनेक बेटे लुप्त झाली तर नवीन बेटे भूपृष्ठ उचलले जाऊन निर्माण झाली. नद्यांनी आपले प्रवाह बदलले. पर्वत नाहीसे झाले, तसेच ते नव्याने अस्तित्वात आले. जुन्या संस्कृती लयाला गेल्या, नवीन संस्कृतीचा उदय झाला . या अशा प्रचंड उलथापालथीच्या परिस्थितीत, भौगोलिक बदलात एक गोष्ट मात्र स्थायी स्वरूपात राहिली ती म्हणजे मानवाची प्रचंड इच्छाशक्ती व दुर्दम्य जिद्द! त्यामुळेच भूतकाळात जुन्या संस्कृतीच्या जागी पूर्वीच्या संस्कृतीचा वारसा आणि नवी मूल्ये यांचा समन्वय साधणाऱ्या वर्तमानातल्या नव्या संस्कृतींचा उदय झाला. विध्वंसातूनच अधिक चांगली परिस्थिती अस्तित्वात आली व संपन्न भविष्यकाळाविषयी आशादायक चित्र निर्माण झाले. उद्‌ध्वस्त देशांची पुनर्रचना झाली व अधिक वेगाने त्यांचा विकास झाला. अनेक देशांच्या उदाहरणावरून ही गोष्ट ध्यानात येते.

८.२ आपत्ती हे विध्वंसाचे कारण आहे; पण त्यामुळेच जुन्या गोष्टींची साफसफाई होते. त्यात लोकांचे बळी जातात. अनेक जण जबर जखमी होतात. कित्येक कुटुंबे, संघटना व जमाती नाहीशा होतात. परंतु, या विनाशातच नावीन्याची सूक्ष्म बिजे दडलेली असतात. आपले आयुष्य, सर्वस्व, घरदार उद्‌ध्वस्त झालेल्या व्यक्ती आपण पाहतो. त्याचा विषाद वाटतो, दु:खही होते पण ते तात्कालिक असते; कारण काही काळ गेल्यानंतर तीच व्यक्ती डोळ्यांतील पाणी पुसून नेटाने पुन्हा उभी राहते.

कोसळलेले सर्वस्व नव्याने अधिक चांगल्या प्रकारे उभारते; अशा प्रसंगी इतर व्यक्तीही सहकार्याचा हात पुढे करतात. डोळ्यांतील अश्रू पुसून आयुष्य नव्याने सुरू करण्यासाठी मनाला उभारी देतात. जी गोष्ट एका व्यक्तीच्या – एका कुटुंबाच्या बाबतीत आढळून येते, तीच संपूर्ण राष्ट्राच्या संदर्भातही जाणवते. राष्ट्राचे सामर्थ्य व नैतिकता अशा प्रसंगातूनच वरच्या पातळीला जाते. सर्वस्व नष्ट झालेल्या देशाची पुनर्रचना आणि पुनर्वसन यांतूनच देशाच्या प्रगतीला चालना मिळते. पहिल्या प्रकरणात आपण आर्थिक प्रगती हा 'आपत्तीचा चांगला परिणाम' असे त्याचे विवेचन केलेले आहे; ही गोष्ट सर्वच आपत्तींच्या बाबतीत खरी आहे.

८.३ पुनर्रचनेमागील तत्त्वज्ञान

आपत्तीमध्ये अनेकांचा बळी जातो. बांधकामे उद्ध्वस्त होतात. शेतातील पिकांची नासाडी होते, कारखान्यातील कामकाज थंडावते, आपत्तीमुळे देशाची प्रचंड आर्थिक हानी होते व समाजापुढे विविध आव्हाने, विविध जबाबदाऱ्या पुढे उभ्या राहतात. अशा परिस्थितीत पुनर्रचनेसाठी होणाऱ्या प्रयत्नांमुळे जनजीवन स्थिरावते. यासाठी देशाने आपत्तीनंतर तत्काळ विधायक स्वरूपाच्या व व्यवहार्य अशा प्रयत्नांचा आरंभ करायला हवा. उद्ध्वस्त व्हायला काही तास, काही दिवस पुरतात तर त्याची नव्याने उभारणी करायला अनेक वर्षे लागतात. विकासाची व पुनर्रचनेची प्रक्रिया ही दीर्घकालीन असते. तिची कार्यवाही ही विचारपूर्वक सर्वच पातळ्यांवर करावी लागते. प्रत्येक आपत्तीच्या संदर्भात पुनर्रचनेचा विचार वेगळ्या प्रकारे कसा करावा लागतो आणि त्याच वेळी सर्व आपत्तींचे काही समान परिणाम कसे होतात, हेही ध्यानात घेऊन पुनर्रचना व पुनर्वसनाच्या संदर्भात निर्णय घ्यावे लागतात.

८.४ सर्व प्रकारच्या आपत्तींचे समान परिणाम

८.४.१ घरांची पडझड –

अनेक आपत्तींमध्ये इमारतींची, घरांची पडझड झाल्याचे आपल्याला आढळते. हे कशामुळे घडते? तर एकतर या इमारती चुकीच्या जागी बांधल्या जातात व त्यांचे बांधकामही पुरेसे मजबूत नसते. त्यामुळे पुनर्रचना करताना सदोष, कमकुवत भूपृष्ठावर, चुकीच्या जागी इमारती बांधण्यास परवानगी नाकारावी हेच योग्य! डोंगराचा उतार, किनारपट्टी, नदीकाठच्या जागा, जमिनीला पडलेली मोठी भेग यांसारख्या जागांवर बांधकामास मनाई करणे योग्य असते. दुसरी गोष्ट म्हणजे इमारतीच्या बांधकामास आराखडा तपासला जाणे महत्त्वाचे असते; मग ती आपत्ती

ओढवण्याची शक्यता अगदी १ % जरी असली तरीही बांधकाम करताना ती गृहीत धरायलाच हवी. तिसरे म्हणजे सर्व अनधिकृत बांधकामे, बेकायदेशीररीत्या केलेली बांधकामे करताना ही दंड आकारून नियमित न करता ती पाडूनच टाकली पाहिजेत. आधीच्या आपत्तीपासून योग्य तो बोध घेऊन बांधकामाविषयक नवीन नियम बनवणे, कोणत्याही आपत्तीत टिकून राहिल अशाच बांधकामाला फक्त परवानगी देणे, भूस्तरांची शास्त्रशुद्ध पाहणी करून काही ठिकाणी बांधकामाला प्रतिबंध करणे असे धोरण स्थानिक स्वराज्य संस्थेने ठेवायला हवे. उद्ध्वस्त झालेल्या बांधकामाबद्दल आपद्ग्रस्त मालकांना नुकसान भरपाई द्यावी लागते. त्यात काही गैरही नाही; कारण तेही समाजाचाच एक दुर्दैवी घटक असतात. परंतु, जेव्हा ही नुकसान भरपाई देणे सरकारला पेलवत नाही अशावेळी सरकारलाही कठोर निर्णय घ्यावे लागतात. अनधिकृत, बेकायदेशीर बांधकामे, बांधकाम विषयक अटींची पूर्तता न करणाऱ्या इमारती, अतिक्रमणे वगैरेंना पडझड झाल्यावर नुकसान भरपाई नाकारणे हे वाजवीच आहे. तसेच पूर्वी वर्णन केलेली एक संरचना प्रत्येक तालुक्यात, प्रत्येक गटात उभारणे सोईस्कर असते. त्या ठिकाणी बांधकाम पूर्ण होईपर्यंत आपद्ग्रस्तांची सोय करता येते. तसेच त्या जागेत एन.सी.सी., एन.एस.एस., स्काऊट वगैरेंची शिबिरेही इतर वेळी घेता येतात. सरकारचा बांधकामावर प्रचंड खर्च होत असतो. त्यामुळे पुनर्रचित घरांच्या दर्जाबाबत सरकारने कोणतीही तडजोड करू नये. लातूरच्या भूकंपानंतर जनतेला जी घरे बांधून दिली, तिचा दर्जा खूपच निकृष्ट असल्याचे आपद्ग्रस्त लोकांचेच म्हणणे आहे; तसेच जागांची निवडही योग्य व्हायला हवी.

८.४.२ पायाभूत संरचनेचा विध्वंस

धरणे, कालवे, बंदरे, विमानतळ, ऊर्जानिर्मिती केंद्र, रस्ते, पूल, रेल्वेमार्ग अशा अनेक प्रकारच्या पायाभूत संरचना आपत्तीमुळे उद्ध्वस्त होतात. यांची पुनर्रचना करताना सदोष जागा निवडू नये. उदाहरणार्थ, अणुभट्टी, भूकंपप्रवण क्षेत्रात उभारली तर भूकंपामुळे भेगा पडून किरणोत्सर्गाचा धोका संभवतो. पूल बांधताना नद्यांच्या पुराची कमाल पातळी व पाण्याचा वेग ध्यानात घ्यायला हवा. हल्लीच्याच एका रेल्वे अपघाताच्या संदर्भात असे आढळले की, धरणात पाण्याचा साठा मर्यादेपेक्षा वाढल्याने पाटबंधारे खात्याने पाणी अधिक प्रमाणात सोडण्याचा निर्णय घेतला. त्या पाण्याच्या वेगाने नदीवरील रेल्वे पुलाच्या खांबांचा पाया वाहून गेला व पूल आणि रेल्वे दोन्हीही कोसळले. याचाच अर्थ असा की, रेल्वेचा पूल बांधताना हा घटकच विचारात घेतला नव्हता. त्सुनामीच्या संकटामुळे कल्पकम् येथील अणुशक्ती केंद्राला धोका निर्माण झाला का, अशी शंका निर्माण झाली होती. अपघात झाला नाही हे देशाचे

सुदैव ! अनेकदा मतांसाठी राज्यकर्ते चुकीचे निर्णय घेतात, त्याची झळ जनतेला पोहोचते. आपत्ती ओढवल्यानंतर पुनर्रचनेचा विचार होऊ नये तर आपत्ती प्रतिबंधक म्हणून ही पुनर्रचनेचा विचार व्हावा. भूकंपामुळे कोयना धरणाला धोका उत्पन्न होऊ शकतो, हे कळून चुकल्याने सावधगिरी म्हणून सरकारने ते अधिक मजबूत करण्याचा निर्णय अंमलात आणला. याचप्रकारे सर्वच संरचनांची वेळोवेळी पाहणी करून काळजीपूर्वक तपासणी करून या संरचना अधिक मजबूत, अधिक सुरक्षित कराव्यात. कठीण परंतु व्यवहार्य अशा पद्धतीने या सर्व गोष्टींची पुनर्बांधणी करावी म्हणजे आपत्ती ओढवल्यावर पश्चात्तापाची वेळ येणार नाही. विविध प्रकारच्या आपत्तींच्या विश्लेषणाच्या आधारे या सर्व संरचना चांगल्या मजबूत कराव्यात. एक घर कोसळले तर होणारे नुकसान मर्यादित असते, परंतु एक संरचना उद्ध्वस्त झाली तर याचे परिणाम लाखो लोकांना भोगावे लागतात; त्यामुळे हानीचे विश्लेषण करून त्याप्रमाणे बांधकामाचे नियोजन करावे व मजबुती विश्लेषणाच्या किमान ५०% जास्त ठेवावी.

८.४.३ औद्योगिक हानी

त्सुनामीच्या आपत्तीनंतर तसेच मुंबईतल्या महापुरानंतर सर्वाधिक नुकसान हे लघुउद्योगांचे झाले. पाण्यामुळे यंत्रसामग्री नादुरुस्त, निकामी झाली. कचरा व चिखलामुळे संपूर्ण कच्चा माल, पक्का माल नष्ट झाला. केरळातील करुणागपल्ली तालुक्याला मी भेट दिली, तेव्हा काथ्या उद्योगाचे मोठे नुकसान झाल्याचे आढळते. मच्छीमारांच्या बोटी, लाँच वाहून गेल्या. अनेक घरगुती व कुटिरोद्योगात कच्चा माल, तयार मालाच्या कोणत्याही नोंदी नव्हत्या. त्यामुळे त्यांना काहीच नुकसानभरपाई देता आली नाही. आंब्यांच्या व नारळांच्या झाडांपासून प्रतिवर्षी मिळणारे उत्पन्न हे अनेकांच्या उपजीविकेचे साधन होते, परंतु मालकांच्या अज्ञानामुळे त्यांच्या नोंदीच झालेल्या नव्हत्या. त्यांचा विमाही उतरवला जाणे शक्य नव्हते. त्यामुळे त्यांना स्वतःलाच सारे नुकसान सोसावे लागले. चहा, कॉफी, रबर यांसारख्या मळे उद्योगांमध्ये नारळ व आंब्यांचाही समावेश झाला पाहिजे. मालकांना त्यांचाही विमा उतरवता आला पाहिजे. यासाठी सरकारने योग्य ती कायदेशीर तरतूद करायला हवी. जनतेलाही त्याबाबत माहिती मिळायला हवी.

८.४.४ आर्थिक पिछेहाट आणि बेरोजगारी

अशा आपत्तीनंतर काही काळ कामधंदे बंद पडून स्थानिक पातळीवर बेरोजगारी निर्माण होते. स्थलांतरामुळे परिसर ओसाड होतो, पाणी व वीजपुरवठा खंडित होतो, संपर्क साधने बंद पडतात. लोक कामावर येत नाहीत, त्यामुळे उद्योग व व्यापार क्षेत्राची हानी होते. शेतकऱ्यांच्या पिकाची नासाडी होते; अशा परिस्थितीत सरकारने पुढे येऊन

नुकसान भरपाई द्यायला हवी. सुटका व मदत कार्याप्रमाणेच सोयीसुविधा दुरुस्त करण्याचे कार्य युद्ध पातळीवर केले पाहिजे. सामान्यत: आर्थिकदृष्ट्या सुस्थितीत असलेल्या सुशिक्षित कर्मचाऱ्यांना काही काळानंतर रोजगार मिळू शकतो. परंतु, अकुशल, अशिक्षित श्रमिकांना रोजगार मिळू शकत नाही; कारण पोटासाठी ते आपला परिसर सोडून अन्यत्र जायला तयार होत नाहीत. त्यामुळे सरकारने पुनर्रचना आणि पुनर्वसनाच्या कार्यात या मनुष्यबळाचाच उपयोग करून घ्यावा. याबाबतीत खालील गोष्टी करता येतील.

८.४.४.१ कुशल आणि अकुशल श्रमिकांना हंगामी रोजंदारी पुरवावी. आपद्ग्रस्तांमधूनच या श्रमिकांची निवड करावी. रस्ते, इमारती, कॅनॉलचे बांधकाम, शेतजमिनीचा विकास अशी कामे या लोकांकडून करून घ्यावीत.

८.४.४.२ आपत्तीपश्चात पाहणी गट नियुक्त केल्यानंतर सरकारने त्यांच्या मदतीसाठी सुशिक्षित तरुणांना पाहणीपत्रके भरणे, प्रश्नावली भरून घेणे वगैरे कामे द्यावीत; त्यांना सरकारी कर्मचाऱ्यांनी योग्य ते मार्गदर्शन द्यावे.

८.४.४.३ छोटे व्यावसायिक, स्वयंरोजगार करणाऱ्या व्यक्तींना आपत्तीनंतर पुन्हा उभे राहण्यासाठी सोईस्कर अटींवर कमी व्याजाने कर्जे द्यावीत.

८.४.४.४ योग्य ते अर्थसाहाय्य देऊन बेरोजगारांना सहकारी तत्त्वावर व्यवसाय संस्था सुरू करण्यास प्रोत्साहन द्यावे; अशा अर्थ साहाय्यासाठी स्वतंत्र कक्ष निर्माण करावेत.

८.४.४.५ अल्प भूधारकांना सरकारी जमिनी खंडाने कसण्यासाठी द्याव्यात किंवा नफा वाटणीच्या तत्त्वावर जमिनी द्याव्यात.

८.४.४.६ उद्योगधंद्यांना, मोठ्या कारखान्यांना आपद्ग्रस्त परिसराजवळ कारखाना सुरू करण्यास व तेथे आपद्ग्रस्तांना काम पुरवण्यासाठी विशेष सवलती द्याव्यात.

८.५ विशिष्ट आपत्तीनुसार करावयाचे पुनर्रचना व विकासाचे प्रयत्न
८.५.१ महापूर

महापुरांच्या कारणांचा शोध घेतला तर सांडपाण्याचा निचरा व्यवस्थित न होणे, पूर नियंत्रण प्रभावीपणाने करता न येणे, अनपेक्षितपणे प्रचंड मुसळधार पाऊस पडणे अशी प्रमुख कारणे आढळतात. त्यामुळे गटारे स्वच्छ ठेवणे, नवीन गटारे बांधणे, गटारांचा उतार योग्य ठेवणे, गावात पाणी शिरणार नाही असे संरक्षक बंधारे बांधणे, किनाऱ्यालगत घरे किंवा झोपड्या बांधण्यास मनाई करणे, तेथील लोकांना सुरक्षित

पर्यायी जागा उपलब्ध करून देणे, पुराचे इशारे देणारी यंत्रणा कार्यक्षम ठेवणे, तातडीने स्थलांतराची व्यवस्था करणे असे अनेक उपाय अवलंबता येतात. पुनर्रचनेमध्ये वरीलपैकी अनेक गोष्टी निर्माण करता येतील. हा मुख्यत: राज्य सरकारच्या अखत्यारीतला विषय आहे. या पुनर्रचनेचा खर्चही मोठा असल्याने राज्य सरकारला आंतरराष्ट्रीय संस्था, केंद्र सरकार यांच्याकडून अर्थसाहाय्य घ्यावे लागेल. त्यांना आवश्यक त्या सोयीसुविधा पुरवाव्या लागतील. इतरांच्या जागा / जमिनी ताब्यात घेण्यासाठी नुकसान भरपाई जास्त द्यावी लागेल. कायदेशीर अडचणी येतील, आंदोलने उभी राहतील, राजकीय हस्तक्षेप होईल; पण हे सर्व करावेच लागेल. तसेच शेतकऱ्यांना त्यांच्या पीक रचनेत योग्य ते बदल करण्यासाठी, पूरक व्यवसाय, फळबागा वगैरेंसाठी प्रोत्साहन द्यावे लागेल. अल्पकाळात तयार होणारी पिके लावण्यास शेतकऱ्यांना प्रवृत्त करावे लागेल. हे केले तरच त्यांचे नुकसान कमी होईल.

८.५.२ वादळे व झंझावात

वादळांचा सर्वांत भीषण परिणाम हा किनारपट्टीवर होतो. सोसाट्याच्या वाऱ्यांमुळे इमारतींच्या वरील मजल्यांची पडझड होते, तर पाठोपाठ येणाऱ्या संततधार व पुराच्या संकटात पाया भिजून कमकुवत होतो व इमारत पूर्णपणे जमीनदोस्त होते. यासाठी योग्य मार्ग म्हणजे किनारपट्टीपासून ५०० मीटर आतपर्यंत कोणत्याही प्रकारच्या कच्च्या वा पक्क्या बांधकामाला परवानगी न देणे हा आहे. ज्यांची पूर्वीची घरे आहेत त्यांनी भक्कम दगडी भिंतीची ६ ते ७ फूट उंचीचे कंपाउंड बांधावे. त्यातही किनारपट्टीच्या दिशेला त्यांचे कोपरे यावेत म्हणजे वाऱ्याचा झोत दुभंगून प्रतिकार कमी होईल. त्याखेरीज या इमारतीत हवा खेळती राहायला भरपूर खिडक्या असल्या तर त्यातून वारे आरपार निघून जातील व पडझड कमी होईल.

बांधकाम आयताकृती असले तर वाऱ्याच्या जोरापुढे ते टिकाव धरणार नाही. षट्कोनी किंवा अष्टकोनी बांधकाम केले तर वारे त्याच्या बाजूंनी निघून जातील व त्याचे नुकसान कमी होईल.

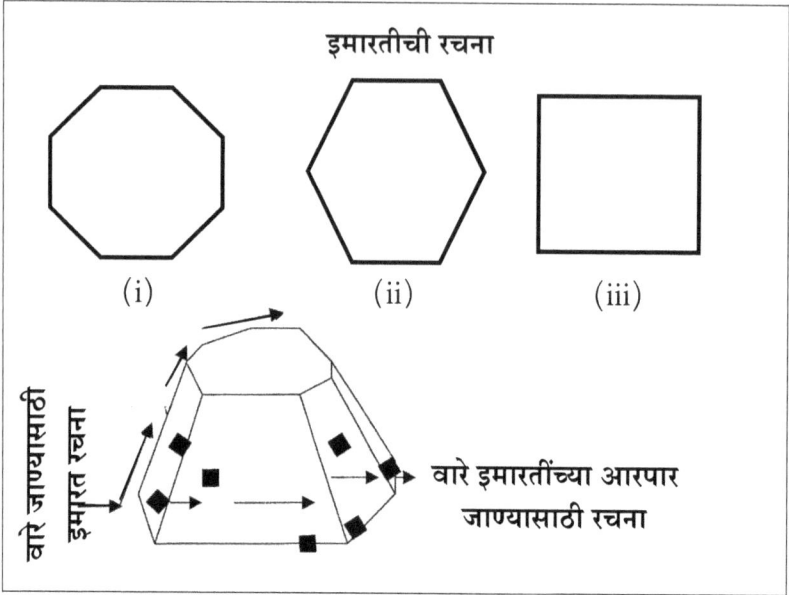

इमारतीची रचना
(i)
(ii)
(iii)
वारे जाण्यासाठी इमारत रचना
वारे इमारतींच्या आरपार जाण्यासाठी रचना

आकृतीत दर्शवल्याप्रमाणे खाली पसरट व वर निमुळते असे बांधकाम केले व त्याला हवा निघून जायला समोरासमोर खिडक्या केल्या तर इमारतींची पडझड होणार नाही; तसेच वरची बाजू निमुळती असली तर वाऱ्याची दिशा बदलून ते खालून वर जाईल व त्यामुळे बांधकाम शाबूत राहील. मुंबईच्या पेडर रोडवर अशी इमारत बांधली गेली आहे.

बांधकाम क्षेत्रांतील तज्ज्ञांनी वेळोवेळी संशोधन करून या अडचणी दूर करणारी डिझाइन्स बनवायला हवीत. आत शिरलेले पाणी तत्काळ बाहेर जाईल अशा तऱ्हेने जमिनीला ढाळ द्यायला हवा. अमेरिकेतील न्यू जर्सी शहराचे उदाहरण आहे. तेथील बंधारा बांधताना उताराचा विचार केला गेला नाही. त्यामुळे झंझावातानंतर पाणी साचून राहिले. ते पंपाने काढून टाकण्याचा खर्चीक मार्ग स्वीकारावा लागला; अशा परिस्थितीत जमिनीचा उतार ध्यानात घेऊन बांधकाम करावे किंवा ठिकठिकाणी आवश्यकतेनुसार चेंबर्स बांधून पाणी उताराच्या दिशेला वळवावे.

८.५.३ त्सुनामी

या आपत्तीनंतर करायच्या पुनर्रचनेसंबंधी काही वैशिष्ट्ये आहेत. एक म्हणजे किनारपट्टीपासून सुमारे १ कि.मी. आतील प्रदेश हा पूर्णपणे रिकामा, बांधकामविरहित ठेवला पाहिजे. दुसरी गोष्ट ही करायची की, जेथे लाटांचा तडाखा जोरदार बसलेला

आहे, त्या ठिकाणी लाटा दुभंगतील किंवा अनेक छेद होऊन त्या क्षीण होतील अशा प्रकारची बांधकामे केली पाहिजेत. ४५° च्या कोनात समुद्रात जागोजागी ४ ते ५ मीटर उंचीच्या पडावातून चढउतार करण्यास उपयुक्त अशा जेट्टी बांधल्या किंवा किनारपट्टीवर सर्वत्र २ ते ३ मीटर अंतरावर माड लावले तर त्यावर आपटून व दुभंगून लाटांचा जोर खूपच कमी होईल व प्राणहानी व अन्य नुकसान टाळता येईल. मुंबईत मरीन ड्राईव्हवर संरक्षक भिंत बांधली, यानंतर तिचे नुकसान होऊ नये म्हणून जागोजागी काँक्रीटचे त्रिकोणी आकाराचे ठोकळे किनाऱ्यावर पसरलेले आपण पाहतो. त्यामुळे समुद्रात उसळणाऱ्या लाटांपासून भिंतीचे रक्षण झालेले आहे. सन २००४ मधल्या त्सुनामी आपत्तीनंतर केरळमधील कायंकुलम तालुक्यात मजुरांच्या मदतीने प्रचंड आकाराचे दगडांचे गोटे किनाऱ्यावर आणून टाकले. त्यामध्ये फटी ठेवण्यात आल्या; त्यामुळे आता पुढील काळात ही आपत्ती ओढवली तर लाटा छेदल्या जाऊन हानी कमी होईल. तसेच १ कि.मी. परिसरातली वस्ती उठवली की, किनारपट्टी स्वच्छ राहील व प्राणहानीही होणार नाही. राज्य शासनाने व जिल्हा प्रशासनाने किनारपट्टी– लगत ५०० मीटर ते १ कि.मी.चा पट्टा बांधकाम विरहित ठेवणे हा चांगला उपाय कायद्याने अवलंबायला हवा; अशा प्रकारचे अधिकाधिक उपक्रम हाती घेतले पाहिजेत.

८.५.४ भूकंप

आज वास्तुविशारदांनी बांधकामाचे भूकंप प्रतिबंधक तंत्र विकसित केलेले आहे; त्यामुळे इमारती थरथरतील, त्यांना हादरे बसतील परंतु त्या कोसळणार नाहीत. पुनर्रचना करताना विस्तार अधिक असून उंची कमी असणाऱ्या व भूकंपप्रतिबंधक तंत्रानुसार इमारती बांधायला प्राधान्य द्यावे. प्रशासनाने केवळ अशाच इमारतींचे प्लॅन्स मंजूर करावेत. बांधकाम व्यावसायिकांनी आपल्या ग्राहकांना निवाऱ्याबरोबर सुरक्षितता ही पुरवायला हवी.

८.५.५ रोगांच्या साथी

पूर्वी लोकांचे आरोग्यमान व स्वच्छता कमी असताना दरवर्षी रोगांच्या साथी येऊन त्यात मोठ्या प्रमाणत मनुष्यसंहार होत असे. आज हे प्रमाण खूपच कमी जवळजवळ नाहीसे झालेले आहे. तरीही भूकंप, महापूर वगैरे आपत्तीनंतर पुढील टप्प्यांत दूषित पाण्यामुळे, प्रदूषणामुळे विविध आजार उद्भवतात. सांडपाण्याचा निचरा व्यवस्थित होत नसल्याने भारतात आपत्तीनंतर आलेल्या साथीत अनेकांना रोगांची लागण होते; तसेच भारतात सामाजिक पातळीवर स्वच्छता पाळलीच जात नाही. विशेषत: ग्रामीण भागात बालकेच नव्हे तर प्रौढ व्यक्तीही उघड्यावर प्रातर्विधी

उरकतात. घरासमोरच सांडपाणी तुंबून घाणीचे साम्राज्य पसरते. शहरात आणि खेड्यात कोठेही थुंकायची घाणेरडी सवय लोकांना आहे. भटकी गुरे-ढोरेही रस्त्यावर घाण करतात. घरातला कचरा रस्त्यावर कसाही लोटला जातो. शहरात लोकवस्ती दाट होऊन झोपडपट्ट्या अधिकृत वा अनधिकृत वाढत गेल्या की, सांडपाणी व आरोग्य समस्या अधिकच बिकट होतात. मुंबईत सकाळच्या वेळी रेल्वेतून प्रवास करताना बाहेरच्या बाजूला बघणेही शक्य होत नाही. रायगड जिल्ह्यात मदतीसाठी गेलेल्या वैद्यकीय पथकाला सर्वत्र घाणीचे साम्राज्य आढळून आले. आज एड्स निर्मूलन, पोलिओ प्रतिबंध याबाबत मोहिमा आखून सरकार ज्याप्रमाणे जनतेतील जागरूकता वाढवते आहे, तसेच स्वच्छता अभियान (उदा. संत गाडगेबाबा स्वच्छता अभियान) सर्वच राज्यांनी कार्यक्षमपणाने राबवले पाहिजे. लोकांना स्वच्छतेची सवय लागेल हे पाहिले पाहिजे. आवश्यक त्यावेळी स्वच्छता न पाळणाऱ्या लोकांना कठोर शासन, दंड केला पाहिजे. मुंबईतील प्रदूषित झालेली मिठी नदी, स्वच्छ करण्यासाठी आज ज्याप्रमाणे अभियान हाती घेतले आहे तसेच अभियान सर्व नद्या, गावे, शहरे स्वच्छ करण्यासाठी भारतभर चालवले पाहिजे; इतर आपत्तीमध्ये प्रचंड खळबळ माजते व त्यातून मोठी हानी होते; पण अस्वच्छतेची आपत्ती शांतपणाने ही हानी घडवते. त्यामुळे आजारांना, रोगराईला निमंत्रण मिळून मोठ्या प्रमाणात संहार होतो. जगातल्या सर्वच गरीब व अल्पविकसित देशांपुढे आरोग्य व स्वच्छता हे फार मोठे आव्हान आहे.

८.५.६ दुष्काळ

पूर्वीपासूनच दुष्काळ भारताच्या पाचवीलाच पुजलेला आहे. शंभर वर्षांचा आढावा घेतला तर सरासरीने ५ वर्षातून फक्त एकाच वर्षी समाधानकारक पाऊस होतो. वास्तविक नद्या एकमेकांना जोडण्याचा प्रकल्प हा दुष्काळ निवारणाच्या संदर्भात महत्त्वाचा आहे. त्यामुळे प्रतिवर्षी उद्भवणारे महापुराचे संकटही टाळता येईल; परंतु पैशांची कमतरता, दप्तर दिरंगाई आणि राजकारण हे या मार्गतले मोठे अडथळे आहेत. त्यामुळे वर्षानुवर्षे अनेक राज्यांना या आपत्तीला तोंड द्यावे लागत आहे. अनेक ठिकाणी स्थानिक पातळीवर दुष्काळ निवारणाबाबत चांगले प्रयत्न झाले आहेत, होत आहेत. महाराष्ट्रातील राळेगणसिद्धी या छोट्या गावात अण्णा हजारे यांनी पडणाऱ्या पावसाचा प्रत्येक थेंब अडवून, ओढ्यांना बंधारे घालून, पाणी जिरवून परिसराचा हा प्रश्न सोडवला आहे. त्यामुळे गावातल्या लोकांना रोजगार मिळाला. इतरत्रही यासारखे प्रयत्न आढळून येतात. शहरातही पावसाचे वाहून जाणारे पाणी इमारतींच्या खाली असणाऱ्या पाण्याच्या टाक्यात साठवून त्याचा कित्येक महिने वापर केला जातो.

राष्ट्रीय सेवा योजनांमार्फत महाविद्यालयीन विद्यार्थ्यांची शिबिरे घेऊन बंधारे, पाझर तलाव यांसारखी कामे जास्त प्रमाणात करणे आवश्यक आहे. त्याचप्रमाणे रोजगार हमी योजनेअंतर्गत या प्रकारची कामे घेऊन तेथे दुष्काळग्रस्तांना, युवकांना रोजगार दिला जायला हवा; मात्र, या संदर्भात सर्वंकष धोरण आखून राष्ट्रीय पातळीवरील नियोजनात देशातील दुष्काळ प्रतिबंधाच्या कार्यक्रमांची अंमलबजावणी झाली पाहिजे. त्यातील जनसमुदायाचा सहभाग जितका वाढेल तितकी समाजवादी समाजरचना प्रत्यक्षात येईल.

८.५.७ महायुद्ध

आजच्या युद्धाचे स्वरूप पूर्वीपेक्षा भीषण, संहारक झालेले आहे. महायुद्धाची झळ पराभूत देशांप्रमाणे जिंकणाऱ्या देशांनाही मोठ्या प्रमाणात पोहोचते. त्याचबरोबर आजच्या क्षेपणास्त्रामुळे किंवा हवाई हल्ल्यांमुळे आपल्याला हव्या तेवढ्या भागातच विध्वंस व प्राणहानी घडवता येते. बाकीचे प्रदेश सुरक्षित राहतात. मात्र, युद्धांत हरलेल्या देशांत इतका पराकोटीचा विध्वंस होतो की, तेथे पुनर्रचना व पुनर्वसनासाठी साधनसामग्रीच शिल्लक राहात नाही. अमेरिकेच्या इराकबरोबरील तसेच अफगाणिस्तानमधील युद्धात हेच घडले. सर्व प्रदेश बेचिराख झाले. इमारती कोसळल्या, रस्ते, लोहमार्ग व पूल उद्‌ध्वस्त झाले. शेती, उद्योग, व्यापार सेवा क्षेत्रांची अपरिमित हानी झाली. त्यामुळे अशा देशांच्या पुनर्वसनाची व पुनर्रचनेची जबाबदारी आंतरराष्ट्रीय संघटनांना तसेच आर्थिकदृष्ट्या प्रगत देशांनाच मानवतेच्या भूमिकेतून घ्यावी लागते.

८.६ पुनर्रचनेची प्रक्रिया

ओढवलेल्या आपत्तीमुळे किंवा आपत्तीपश्चात झालेल्या पाहणी व विश्लेषणामुळे पुनर्रचनेच्या कार्यांना चालना मिळते. आरंभी कोसळलेल्या इमारतींचे ढिगारे हालवून परिसर साफ केला जातो. त्यानंतर होणाऱ्या बांधकामासाठी आपत्ती प्रतिबंधक तंत्रांचा अवलंब होतो; तसेच आपद्ग्रस्तांसाठी काही काळ तात्पुरत्या आश्रयाच्या जागा निर्माण केल्या जातात. नवीन बांधकाम करताना अंशत: पडझड झालेल्या इमारती अधिक मजबूत बनवल्या जातात. आपद्ग्रस्तांच्या सुरक्षिततेला प्राधान्य देऊन जर त्यांच्या मुळच्या वास्तव्याच्या परिसरात धोक्याचे प्रमाण जास्त असल्याचे आपत्ती विश्लेषणात आढळले तर, त्यांचे इतरत्र सुरक्षित जागी घरे बांधून तेथे कायमचे स्थलांतर करण्यात येते. मात्र, ही गोष्ट सोपी नसते. त्यात कायदेशीर

अडचणी उभ्या राहतात, सामाजिक असंतोष वाढतो. राजकीय पक्ष या संधीचा गैरफायदा घेऊन आंदोलने घडवतात. त्यातून दंगल उसळते. त्यामुळेही सरकारला तडजोडी कराव्या लागतात. पुनर्रचनेत होणाऱ्या बांधकामाचा दर्जाही संशयास्पद असल्याने आपद्ग्रस्त तेथे जायला तयार होत नाहीत. कालांतराने सरकारपुढेही नव्या समस्या उभ्या राहिल्या की जुन्या समस्या मागे तशाच पडून राहतात. आपद्ग्रस्तांना योग्य ती नुकसान भरपाई मिळत नाही. त्यांच्या पुनर्वसनाचे काम रेंगाळते. त्यातूनच नर्मदा आंदोलनासारखी आंदोलने उभी राहतात. पुनर्रचना व पुनर्वसनाच्या संदर्भात राजकीय व सामाजिकदृष्ट्या गुंतागुंतीच्या समस्या उभ्या राहतात; असे म्हटले जाते की, भारतात कोणी इतरांनी लोकांचे अनहित करायची गरज नसते; तर लोक स्वतःच आपले शत्रू बनतात. राजकीय नेत्यांनी चिथावणी दिली, भलतीसलती प्रलोभने दाखवली की ते स्वतःच सरकारविरुद्ध आंदोलनात सहभागी होऊन आपल्याच पायांवर धोंडा पाडून घेतात. कोणत्याही समाजाचे मोठेपण हे त्यांनी आपद्ग्रस्तांची सुटका कशी केली, त्यांना मदत कशी दिली यावर अवलंबून नसते, तर त्यांचे पुनर्वसन कशा प्रकारे केले, पुनर्रचना करताना बांधकामांचा दर्जा अधिक कसा वाढवला व हे काम कमीत कमी वेळात कसे करून दाखवले आणि समाजाला जास्त सुरक्षितता कशी बहाल केली, यावरच अवलंबून असते. थोडक्यात, आपत्ती व्यवस्थापनाचे यश हे सुटका, मदत, पुनर्वसन आणि पुनर्रचना अशा चार घटकांवर अवलंबून असते.

नमुना अभ्यास

नमुना अभ्यास क्रमांक २ : हानी व पुनर्रचना याबद्दलचे आर्थिक मूल्यमापन

८.८ केरळच्या कोल्लम जिल्ह्यातील त्सुनामीमुळे झालेली हानी व पुनर्वसनाचा आर्थिक अंदाज

केरळच्या कोल्लम जिल्ह्यात त्सुनामीमुळे झालेली हानी व तदनंतर होत असलेल्या पुनर्वसन व पुनर्रचनेच्या आर्थिक अंदाजांबद्दल आपण पाहू. यात नमूद केलेले आकडे हे अदमासाचेच आहेत; पण त्यावरून या बाबतीतील बऱ्याच अंशी अंदाज येऊ शकतो. हे आकडे अदमासाचे आहेत कारण हानीचे मोजमाप अचूकपणे होणे शक्य नव्हते व पुनर्रचना आणि पुनर्वसन ही कार्ये अजून पूर्ण झालेली नाहीत. या जिल्ह्यातल्या हानीचा अंदाज जिल्हा प्रशासनाने रु. ११५ कोटी असा नमूद केला आहे. त्यांत खालील गोष्टींचा समावेश आहे.

८.८.१ घरांची पडझड

अंदाजे २००० घरे पूर्णतया जमीनदोस्त झाली. तेवढीच घरे काही प्रमाणात क्षतिग्रस्त झाली. त्याचे अंदाजे रु.१०,०००/- ते रु. २५,००० प्रत्येकी एवढे आहेत. चल संपत्तीसुद्धा क्षतिग्रस्त झाली, पण याबाबत लोकांनी सांगितलेला अंदाज शासनाने पूर्णपणे ग्राह्य मानला नाही.

८.८.२ पिकांचे नुकसान

त्सुनामीच्या वेळी भाताची कापणी पूर्णपणे संपली होती. त्यामुळे उभ्या पिकांचे नुकसान जास्त झाले नाही. नारळांच्या बागांचे झालेले नुकसान लक्षात घेतले गेले. सुदैवाने नारळाची बरीच झाडे त्सुनामीला तोंड देऊ शकली. त्यामुळे हे नुकसान जास्त झाले नाही.

८.८.३ सरकारी मालमत्ता व पायाभूत संरचनेचे नुकसान

खालील गोष्टींचा समावेश केला गेला.

८.८.३.१ विद्युत तारा, खांब, दूरध्वनी तारा व खांब यांचे किनाऱ्यालगतच्या पट्ट्यात खूप नुकसान झाले.

८.८.३.२ सरकारी इमारतींचे थोड्या प्रमाणात नुकसान झाले.

८.८.३.३ बंदराचे थोड्या प्रमाणात नुकसान झाले.

८.८.३.४ समुद्रतटाच्या सुरक्षा भिंतींचे बऱ्याच प्रमाणात नुकसान झाले.

८.८.३.५ प्रामुख्याने एकच महत्त्वाचा रस्ता नुकसान प्रवणक्षेत्रात होता. त्या रस्त्याचे थोडे नुकसान झाले.

८.८.४ व्यापार व्यवसाय

या भागात मच्छीमारीचा व्यवसाय हा प्रमुख आहे. मोठ्या मच्छीमारांच्या बोटी व लाँचेस तुटल्यामुळे नुकसान झाले. या वेळी छोट्या मच्छीमारांनी पण नुकसानीचे खोटे दावे केल्याचे आढळून आले. सरकारने त्याची योग्य शहानिशा करण्याचा प्रयत्न केला.

८.९ पुनर्रचना व पुनर्वसनाचे आर्थिक अंदाज

नुकसानीचा अंदाज ११५ कोटी रुपये होता; पण पुर्नरचना कार्यासाठी सुमारे १८० कोटी रुपयांचा अंदाज आहे. हा आकडा थोडा वाढूही शकतो. त्याबाबतचे अंदाज खालील नमूद केल्याप्रमाणे :

(ही सगळी आकडेवारी लेखक व तेथील जिल्हाधिकारी यांच्यात झालेल्या चर्चेतून घेतली आहे.)

८.९.१ घरांची उभारणी

सुमारे २००० घरे सरकारने जमिनी विकत घेऊन उभारली (प्रक्रिया अजूनही चालूच). ही घरे आपत्तींना तोंड देण्यासाठीच्या तज्ज्ञांच्या आराखड्याप्रमाणे भक्कम बांधणीची आहेत. प्रत्येक घरासाठी ७.५ मीटर खोल पाया घेऊन 'पायलन' बांधून उभारणी करण्यात आली आहे. प्रत्येकी ४.५ लाख एवढा खर्च सरकारने केला आहे, म्हणजे ९० कोटी रुपये तसेच १००० घरेही किनारपट्टीपासून दूर प्रत्येकी २.८ लाख रुपये एवढी रक्कम खर्चून बांधली आहे - म्हणजे २८ कोटी रुपये.

८.९.२ पूल

त्सुनामीच्या वेळी लोकांना दळणवळणाच्या अभावी अनेक प्रश्न उद्भवले होते.

सरकारने 'बॅक वॉटर्स' वरती प्रत्येकी १६ कोटी रुपये खर्चून २ पूल बांधले आहेत.

८.८.३ बंदर, रस्ता व तटीय भिंत

याबाबतच्या खर्चाचा अजून अंदाज आलेला नाही; कारण काम सुरू व्हायचे आहे; पण सुमारे ४० कोटी रुपये लागतील असे वाटते.

८.९.४ संकीर्ण खर्च

थोड्या प्रमाणावर क्षतिग्रस्त झालेल्या घरांसाठी दिलेली नुकसान भरपाई ही सुमारे ६ कोटींच्या घरातली आहे व त्याशिवाय अत्यावश्यक सामान आणि संसारोपयोगी वस्तूंच्या वाटपात, मृत व जखमींना दिलेल्या नुकसान भरपाईच्यासाठी आणखीन काही कोटी रुपये खर्च झाले आहेत. तसेच मच्छीमारांना बोटींच्या नुकसान भरपाईसाठी पैसे देण्यात आले आहेत. एक चांगली गोष्ट म्हणजे काही अशासकीय संघटनांनी या सर्व पुर्नरचनेत आर्थिक सहभाग घेतला आहे.

८.१० निष्कर्ष

वरील अंदाजावरून एक गोष्ट लक्षात येते की, नुकसानीच्या दीड पट जास्त पुनर्रचनेसाठी खर्च होतो व पुनर्रचना व पुर्नवास या दोन्ही गोष्टी लक्षात घेता नुकसानीच्या दुप्पट खर्च होतो. या गोष्टींवर आणखीन अभ्यास करणे गरजेचे आहे. या पुस्तकाच्या आवाक्याबाहेर ही गोष्ट असल्याने इथे यावर आणखीन प्रकाश टाकण्यात येत नाही.

□

नमुना अभ्यास

नमुना अभ्यास क्रमांक ३ : भारतीय जैन संघटनेचे पुनर्रचना कार्य

८.११ भारतीय जैन संघटनेचे कार्य

'भारतीय जैन संघटना' ही या अगोदर ' महाराष्ट्र जैन संघटना' म्हणून अस्तित्वात आली होती. ऑक्टोबर १९९३ मध्ये त्याचे पुन:श्च नामकरण झाले. समाजात शिक्षण क्षेत्रांत शैक्षणिक पातळी वाढवून समाजातल्या आर्थिकदृष्ट्या मागासलेल्या विद्यार्थ्यांना मदत करण्याचे महत्त्वाचे काम ही संघटना करत असे. त्याचबरोबर, देशाच्या सर्वांगीण विकासासाठी या संघटनेने अनेक योजना राबवायला सुरुवात केली व सामाजिक बांधिलकीला स्मरून आपत्ती निवारणाचे कार्यही करण्यास सुरुवात केली. या संघटनेची यासंबंधी कार्ये खालील प्रमाणे आहेत :-

८.११.१ शैक्षणिक पुनर्वसन केंद्र

पुण्याजवळ वाघोली येथे १९९७ मध्ये एका शैक्षणिक पुनर्वसन केंद्राची स्थापना केली (WERC). येथे महाराष्ट्राच्या मेळघाट प्रदेशातून मागासलेल्या जमातीच्या (टोळी) ३५० विद्यार्थ्यांना मोफत शिक्षण व संगोपन करण्याचे मोलाचे काम संघटनेने केले. त्यानंतर लातूर भूकंपपीडित १२०० मुले याच केंद्रात वाढवली व त्यांचे संगोपन व शिक्षण मोफत केले. २००५ च्या काश्मीरमधल्या भूकंपानंतर तेथील ५०० मुले अशाच 'संगोपनासाठी व शिक्षणासाठी' आणली.

८.११.२ त्सुनामी पश्चात पुनर्वसन कार्य

या संस्थेने त्सुनामीनंतर अंदमान-निकोबार द्वीपसमूहांत पुनर्वसन व पुनर्निर्माण कार्य पूर्णत: स्वत:च्या खर्चाने खालीलप्रमाणे केले :

८.११.२.१ शैक्षणिक कार्य

२० शाळांचे पुनर्निर्माण करून अत्याधुनिक शैक्षणिक सोयींनी त्या शाळा सुरू केल्या.

८.११.२.२ वैद्यकीय मदत

३० प्राथमिक वैद्यकीय उपकेंद्रे व ४ प्राथमिक केंद्रे अद्ययावत सामग्रीसह पुनर्निर्माण केली; तेथे ॲम्ब्युलन्स गाड्याही दिल्या.

८.११.३ मदतकार्य

तमिळनाडू व पाँडिचेरी येथे संस्थेने सहा मदत शिबिरे स्थापन करून ५० पेक्षा

जास्त गावांना सुमारे १० कोटींची मदत केली.

८.११.४ गुजरातमधील पुनर्वसन व मदतकार्य आणि काश्मीरमधील मदतकार्य

संस्थेने २००१ साली गुजरातच्या भूकंपानंतर 'प्री – फॅब्रिकेटेड' सामग्री वापरून घरे व शाळा बांधल्या. याच सामग्रीला पुनर्वापरातून काश्मीरमध्ये भूकंपानंतर हलवण्यात आले व त्यातूनच आपत्तिग्रस्तांसाठी निवारे बांधण्यात आले.

८.१२ संस्थेच्या कार्याचे विश्लेषण

८.१२.१ जर प्रबळ इच्छा असेल तर राष्ट्राला घडवण्याचे काम करता येते. या संस्थेने मनोबलाने व व्यवस्थापकीय कार्यक्षमतेतून आपत्ती निवारणाच्या संदर्भात महत्त्वाची भूमिका बजावली आहे.

८.१२.२ ही संस्था वस्तुनिष्ठ असून, आपत्तींमध्ये गरजेप्रमाणे मदतीचे ध्येय ठरवून पुनर्वसन व पुनर्निर्माण कार्य करते.

८.१२.३ या संस्थेची ताबडतोब प्रतिसाद देण्याची क्षमता आहे.

८.१२.४ अशा संस्थांना त्यांच्या चांगल्या कामासाठी जनताही सढळ हाताने मदत करते. तसेच सरकारी यंत्रणाही त्यांच्याशी योग्य समन्वय साधते.

▢

नमुना अभ्यास

नमुना अभ्यास क्रमांक ४ : माता अमृतानंदमयी आश्रम. कोल्लम जिल्हा.

८.१३ माता अमृतानंदमयी आश्रम यांचे कार्य (कोल्लम जिल्हा)

हा आश्रम कोल्लम जिल्ह्यात किनारपट्टीवर वसलेला आहे. या आश्रमात तत्त्वज्ञान व धर्म यांच्या आधारे सर्वसामान्य जनतेला त्या मार्गदर्शन करतात. या आश्रमात खूप संख्येने भाविक येतात. 'माता अमृतानंदमयी' या धर्मसहिष्णू असून लोकांना मदत करतात.

८.१३.१ त्सुनामीनंतर बेघर झालेल्या अनेक निराधार लोकांना आश्रय देऊन त्यांच्या गरजा पुरविल्या. लोकांना सहानुभूतिपूर्वक व्याख्याने देऊन त्यांचे मनोधैर्य वाढवले.

८.१३.२ १०० कोटी रु. पेक्षा अधिक खर्च करून लोकांसाठी घरे बांधली.

८.१४ विश्लेषण

'मानवतावाद' हा सर्व धर्मांपेक्षा श्रेष्ठ असतो, हेच 'माताजींनी' देशाला दाखवून दिले. पैसा सरकारच्या ताब्यात देण्याऐवजी, त्याच पैशांचा लोकांच्या गरजा भागवण्यासाठी शासनाबरोबर समन्वय साधून योग्य उपयोग केला.

☐

९

आपत्ती व्यवस्थापनाचा एकात्मिक व सर्वसमावेशक विचार

आपत्तीला तोंड देण्यासाठी जगातील संपूर्ण मानवांनी एकत्र येणे, यातच मानवी सामर्थ्याची कसोटी आहे.

९.१ प्रास्ताविक

आजच्या काळात 'जागतिकीकरण' हा परवलीचा शब्द झालेला आहे. सर्वंकष दृष्टिकोनातून विचार मांडणारे विचारवंत, तत्त्ववेत्ते 'जग एक मोठे खेडे' असे जगाचे वर्णन करतात. खेड्यात ज्याप्रमाणे सर्व लोक एकमेकांना ओळखतात, आनंदात सहभागी होतात, अडचणीच्या वेळी धावून जातात तशीच परिस्थिती आजच्या जगात आहे. कधी नव्हे ते सर्व देश एकमेकांच्या जवळ आलेले आहेत. येत आहेत. देश, धर्म, वंश, जात, भाषा, संस्कृती वगैरे सारे भेद विसरून आज मानव समाज हा एक होऊ पाहात आहे. आंतरराष्ट्रीय सहकार्य वाढले आहे. एका देशाच्या प्रगतीची फळे इतर देशांनाही उपलब्ध होतात. आपत्ती एखाद्या देशावर ओढवली तर लगेच संपूर्ण जगाकडून सहकार्याचा हात पुढे होतो. पूर्वी एका देशाचा विचार केला जात असे. आता युरोपीय सामाईक संघ, आशियाई देशांचा संघ, दक्षिण आशियाई देशांची संघटना वगैरे स्थापन झालेल्या असून व्यापार, दळणवळण वगैरेंबाबत देशांच्या सीमा पुसल्या जात आहेत. एका देशातील आपत्ती निवारणासाठी जगातील सर्व देश एकत्र येतात. त्यासाठी संयुक्त राष्ट्र संघटनाही पुढाकार घेते. या जागतिक खेड्यात आपत्ती निवारणाचे कार्य कसे होते याचा आपण वस्तुनिष्ठ व पद्धतशीर विचार करू.

९.२ एकात्मिक पद्धतीचा दृष्टिकोन

आपत्ती निवारणासाठी आज जगातील विविध देश, विविध देशांचे समूह हे समान आणि ऊर्ध्व अशा दोन्ही पातळ्यांवर आपले प्रयत्न एकवटताना आढळून येतात. पूर्वतयारी, निवारण आणि पुनर्वसन अशा प्रत्येक टप्प्यांत या सर्व देशांचे सहकार्य आपद्ग्रस्त देशाला लाभते. त्यासाठी प्रत्येक देशाच्या, सामाईक देश

समूहांच्या व संयुक्त राष्ट्रसंघाच्या पातळींवर वेगवेगळ्या संघटना निर्माण होणे आवश्यक आहे. पुढील आकृतीत ही पद्धती स्पष्ट केलेली आहे.

एका विभागीय संघटनेचे उदाहरण घेऊन आपण या आकृतीतील संकल्पना समजावून घेऊ. दक्षिण आशिया विभागातील देशांची 'सार्क' ही संघटना आहे.

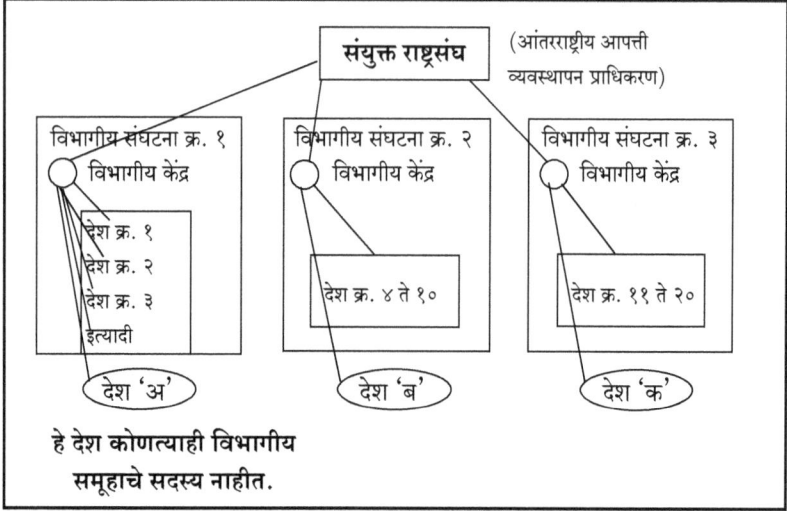

तिच्या सदस्य देशांनी एकमेकांना आपत्तीच्या प्रसंगी सहकार्य करण्याचा निर्णय घेतला, तर तो कसा अमलात आणला जाईल याचे विवेचन खालील आकृतीत केलेले आहे. संघटनेच्या पातळीवर एक मध्यवर्ती आपत्ती निवारण केंद्र स्थापन होईल. देशाच्या पातळीवर असलेली आपत्ती निवारण केंद्रे ही या केंद्राच्या संपर्कात राहून, त्याच्या सहकार्याने आपल्या मदतकार्याच्या योजना बनवतील.

आकृती 'क' आपत्ती निवारणासाठी बनवलेला विभागीय आकृतिबंध

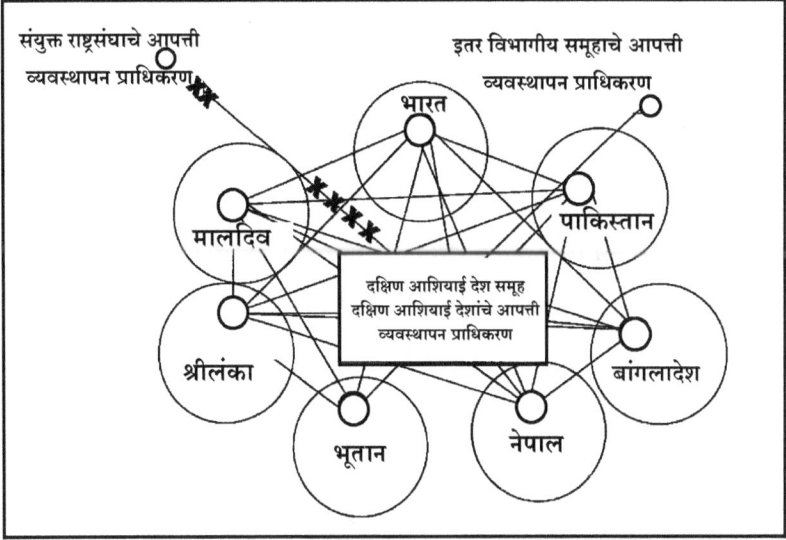

सार्कचे विभागीय प्राधिकरण हे जागतिक व अन्य विभागीय प्राधिकरणांशी संपर्क साधून त्यांच्याकडून साधनसामग्रीची मदत व योग्य ते तंत्रज्ञान प्राप्त करून घेईल व ते तत्काळ आपद्ग्रस्त देशांना उपलब्ध करून देईल. तसेच संघटनेतील इतर देशही सार्कच्या माध्यमातून मदतकार्यात सहभागी होतील. अर्थात, यासाठी सार्क संघटना प्रभावी होण्याची आवश्यकता आहे. पाकिस्तानात व भारताच्या काश्मीर राज्यात २००५ मध्ये भूकंप झाला. परंतु, संघटना पुरेशी प्रभावी असती तर वाटाघाटी करायची गरजच पडली नसती व मदतकार्य वेळेवर झाल्याने मालमत्तेचे नुकसान व प्राणहानी यांचे प्रमाण कमी झाले असते. असे म्हटले जाते की, अशा आंतरराष्ट्रीय संघटना या शांतता प्रस्थापनासाठी, मतभेद असणाऱ्या देशांचे परस्परसंबंध सुधारण्यासाठी निश्चितच उपयोगी ठरतात. तसेच उभय देशही अशा प्रसंगी समजुतदारपणा दाखवून आपले मतभेद बाजूला ठेवतात. सार्क संघटनाही आपद्ग्रस्त देशास इतर संघटनांकडून व सदस्य देशांकडून प्राप्त झालेले मनुष्यबळ व साधनसामग्री तत्काळ पाठवून आपत्ती निवारण प्रभावीपणे करू शकते. त्याचप्रमाणे विभागीय संघटनेमार्फत सभासद देशांत उद्भवणाऱ्या संभाव्य धोक्याची, आपत्तीची पाहणी व विश्लेषण करून प्रतिवर्षी ठराविक काळात येणाऱ्या ज्या आपत्ती आहेत, त्यांच्याबाबत आपत्ती उद्भवण्या- आधीच लोकांना सुरक्षित ठेवण्याच्या योजना राबवू शकते. उदाहरणार्थ, प्रत्येक वर्षी

हिमालयातून उगम पावणाऱ्या ज्या नद्यांना पावसाळ्यात प्रचंड पूर येऊन भारत व बांगलादेशाला त्याची झळ पोहोचते, त्याबाबतीत आंतरराष्ट्रीय संघटना निवारणाचे कार्य अधिक प्रभावीपणे करू शकतील; कारण एका देशाजवळची साधनसामग्री व मनुष्यबळ पुरेसे असत नाही. याच प्रकारे जगातल्या कोणत्याही भागात जरी आपत्ती ओढवली तर बाकीचे सर्वच देश मदतीसाठी धावून येतील व एकात्मता ही जागतिक पातळीवर प्रस्थापित होऊन संपूर्ण जग हे एक खेडे झाल्याचा साक्षात्कार आढळेल. आपल्याला हे कदाचित स्वप्नरंजन वाटेल. या गोष्टीची कुचेष्टाही होईल. परंतु, एक ध्यानात घ्यायला हवे की मानवाने जेव्हा पक्ष्यांप्रमाणे आकाशात उडण्यासाठी धडपड केली, त्यावेळी त्या प्रयत्नांची देखील कुचेष्टा झाली होती, हेटाळणी केली गेली. परंतु, आज केवळ आकाशातच नव्हे तर अंतरिक्षात, अन्य ग्रहांवरही माणूस जाऊ शकेल याचा विश्वास वाटतो.

९.३ आंतरराष्ट्रीय पातळीवरील प्रयत्न

या आधी पाहिल्याप्रमाणे राष्ट्रीय पातळीवरील प्रयत्नांप्रमाणेच आंतरराष्ट्रीय पातळीवरही आपत्ती निवारणाच्या योजना बनवता येतील, कार्यक्रम आखता येतील. त्यांचा लाभ जगातल्या सर्वच देशांना होईल. आपत्तीपूर्व, आपत्तीच्या काळात व आपत्तीच्या पश्चात अशा तीनही टप्प्यांत आंतरराष्ट्रीय संघटनांना आपत्ती निवारणाचे कार्य करता येईल. मात्र, त्यासाठी सर्वच देशांत, परस्परांत विश्वास असायला हवा, सद्भावना हवी, परस्पर सहकार्य हवे; तसेच एकमेकांशी योग्य तो समन्वय साधून हे कार्य व्हायला हवे. हे घडले तर लेखी करारमदार न करता देखील आपत्तीच्या काळात अन्य देश, आंतरराष्ट्रीय संघटना धावून येतील. कार्यक्रमांचा तपशील परस्परांच्या सोयीने व सहकार्याने ठरवता येईल. यासंदर्भात खालील घटक महत्त्वाचे असतात.

९.३.१ आपत्तीची पूर्वसूचना

वास्तविक अनेक नैसर्गिक आपत्ती ओढवण्यापूर्वी त्याचा बराच काळ आधी अंदाज घेणे आज शक्य झालेले आहे. उपग्रहाद्वारे मिळणाऱ्या संदेशांची त्या कामी मदत होते. तसेच त्सुनामीच्या आपत्तीला कारणीभूत होणाऱ्या पाण्याखालील भूकंपांची पूर्वसूचना देणारी यंत्रणाही अस्तित्वात आहे. तथापि, त्यासाठी जास्त खर्च होतो, तिची विश्वासार्हता तितकीशी नाही. त्यामुळेच त्सुनामीच्या आपत्तीची प्रचंड किंमत मोजावी लागली. कारणे काही का असेनात, अखेर प्रश्न हा संपूर्ण मानववंशाच्या संदर्भात आहे, हे ध्यानात घेऊन आंतरराष्ट्रीय संघटनेमार्फतच त्यासाठी आर्थिक तरतूद करून जगातल्या सर्वच देशांना तत्काळ पूर्वसूचना देण्याची व्यवस्था करणे महत्त्वाचे

ठरेल. कारण आपत्तीमुळे झालेली हानी व नुकसानभरपाईचा खर्च विचारात घेता पूर्वसूचना मिळताच पूर्वतयारीसाठी लागणारा खर्च हा तुलनेने खूपच कमी असतो. केवळ एका देशाच्याच नव्हे तर जागतिक साधनसामग्रीची बचत करण्याच्या संदर्भात ही गोष्ट महत्त्वाची आहे.

९.३.२ निधींची उभारणी

आपत्ती निवारण आणि पुनर्वसन यासाठी जसे विविध निधी आंतरराष्ट्रीय पातळीवर उभारले जातात व त्यातून आपद्ग्रस्त देशांना मदत दिली जाते. तशाच प्रकारे आपत्ती ओढवूच नये यासाठी आपत्ती प्रतिबंधासाठी एक स्वतंत्र निधी आंतरराष्ट्रीय पातळीवर बनवला जावा. उदाहरणार्थ – देशातल्या नद्या एकमेकांना जोडल्याने पुराचे संकट निर्माण होणारच नाही. भूकंपातही हानी होणार नाही असे बांधकामाचे तंत्रज्ञान विकसित केल्यास त्या संकटामुळे होणारी प्राणहानी व मालमत्तेचे नुकसान टाळता येईल. दहशतवादी चळवळच संपवली व त्यासाठी युद्धावर खर्च केला तर बॉंबस्फोट व अन्य दहशतीच्या कृत्यांमुळे होणारे नुकसान व प्राणहानी होणार नाही. अनेकदा इतर देश हे आपद्ग्रस्त देशांना स्वतंत्रपणे मदत करतात; तसे न करता जर त्यांनी हा निधी आंतरराष्ट्रीय संघटनेला दिला तर आपत्ती निवारणाचे, पुनर्वसनाचे व प्रतिबंधाचे कार्य अधिक सुसूत्रपणाने चांगल्या प्रकारे करता येईल.

९.३.३ साधनसामग्रीची उभारणी व वाटप

आपत्ती निवारण प्रभावी होण्यासाठी अनेक प्रकारच्या आपत्तींमध्ये उपयोगी पडू शकेल, अशा प्रकारची साधनसामग्री उभारण्यासाठी प्राधान्य दिले पाहिजे. यादृष्टीने संघटनेमार्फत जगातल्या सर्वच देशांची भौगोलिक परिस्थिती, हवामान, पर्जन्यमान, भूस्तररचना, लोकसंख्येची घनता, आर्थिक विकास वगैरे विविध घटकांच्या आधारे पाहणी करावी. तेथे कोणकोणत्या आपत्ती उद्भवू शकतील, त्यांच्या प्रतिबंधासाठी, तसेच निवारणासाठी कोणकोणती साधन-सामग्री लागेल, त्यापैकी देशान्तर्गत साधनसामग्री किती प्रमाणात उभारली जाईल, आंतरराष्ट्रीय संस्थांकडून किती साधनसामग्री द्यावी लागेल, याचा आढावा घेऊन त्या देशांना आधीच पुरेशी साधनसामग्री उपलब्ध करून द्यावी. उदाहरणार्थ, लोकसंख्येची घनता ध्यानात घेतली तर आपत्तीमुळे अधिक घनता असलेल्या देशात प्राणहानी जास्त होईल. जखमींची संख्याही अधिक असेल, त्या दृष्टीने वैद्यकीय साधनसामग्री अधिक द्यावी लागेल. ग्रामीण भागापेक्षा शहरी भागात भूकंपामुळे इमारतींची पडझड अधिक होईल. हे लक्षात घेऊन बांधकामविषयक साहित्य अधिक पाठवावे लागेल. ज्वालामुखीचा उद्रेक, स्फोट अशा आपत्तींच्या वेळी उद्भवणारा आगीचा धोका ध्यानात घेऊन अग्निशमनाची

उपकरणे अधिक प्रमाणात ठेवावी लागतील. सामान्यतः आपत्तीची झळ १०,००० लोकांना पोहोचते असे गृहीत धरून या साधनसामग्रीचे त्या हिशेबाने साठे करून ठेवावे लागतील. प्रभावी संपर्कयंत्रणेद्वारे जास्तीची साधनसामग्री तत्काळ अन्य ठिकाणाहून मागवून घ्यावी लागेल. तरच नियोजित कालावधीत आपत्ती निवारणाचे कार्य प्रभावीपणे करता येईल. सर्व साधनसामग्री एकाच देशात उपलब्ध होऊ शकणार नाही. अशावेळी आंतरराष्ट्रीय संघटनेमार्फत विविध देशांतून साधनसामग्री उभारून ती आपद्‌ग्रस्त देशाला पुरवणे श्रेयस्कर ठरेल.

९.३.४ आंतरराष्ट्रीय व राष्ट्रीय पातळीवरील विविध संघटनांमध्ये समन्वय : जागतिक पातळीवरील आपत्तीनिवारण संघटना व विभागीय पातळीवरील विविध संघटना यांच्यामध्ये समन्वय साधून त्या सर्वांचे प्रयत्न एकवटून आपत्ती निवारणाचे कार्यक्रम प्रभावीपणे राबवता येतील. आज दारिद्र्य निर्मूलन, अल्पविकसित देशांचा आर्थिक विकास, मानवाधिकारांची अंमलबजावणी, भुकेपासून मुक्तता – अन्नसुरक्षितता, लोकांचे आरोग्यमान उंचावणे, शेतीविकास, पुनर्रचना अशा विविध प्रश्नांच्या संदर्भात आंतरराष्ट्रीय संघटना कार्यक्रम आखतात, योजना बनवतात. विविध देशांच्या सहकार्याने विभागीय गटांशी समन्वय साधून कार्यक्रम ठरवता येतील. साधनसामग्री उभारता येईल व आपद्‌ग्रस्त देशात त्यांचा अवलंब करता येईल. अर्थात, गरजेच्या तुलनेत आंतरराष्ट्रीय संस्थांचे कार्यही अपुरे ठरेल म्हणूनच गरीब देशात कुपोषणामुळे बालके दगावतात. लोकांचे आरोग्यमान खालच्या पातळीवर असते. अन्नधान्याची जागतिक पातळीवर कमतरता जाणवते; असे असले तरी त्या प्रयत्न काही सोडून देत नाहीत.आपत्ती निवारणाची गोष्टही तशीच आहे.

९.४ सर्वंकष विचार

आपत्ती निवारणाच्या संदर्भात होणाऱ्या प्रगतीचा परामर्ष आपल्याला सहा स्तरांवर आणि तीन प्रकारांनी घेता येईल. हे सर्व स्तर आणि प्रकार एकमेकांशी निगडित असल्याचे आपल्याला आढळून येईल. याविषयीचे कोष्टक आता आपण विचारात घेऊ.

स्तर	पूर्वतयारी	निवारण	पश्चात्कार्य
आंतरराष्ट्रीय निवारण प्राधिकरण	○ स्वतंत्र संघटनेची निर्मिती. ○ निधी उभारणी. ○ साधनसामग्रीची उभारणी. ○ संपूर्ण खंडांच्या आणि विभागीय पातळीवर आपत्तीचे सर्वांगीण विश्लेषण. ○ साधनसामग्रीचे विविध विभागात समन्वय. ○ पूर्वसूचना देणाऱ्या पद्धती निश्चित करणे. ○ संपर्क यंत्रणा कार्यान्वित करणे. ○ विभागीय संघटनांशी संबंध प्रस्थापित करणे. ○ आपत्ती निवारणाचे शिक्षण देणे. ○ आपत्ती निवारणाच्या कार्यासाठी अद्ययावत यंत्रणा व तंत्रज्ञानाबाबत संशोधन व अवलंब याला प्रोत्साहन देणे.	○ जागतिक पातळीवर आपत्तीची पूर्वसूचना देणे. ○ आपत्तीच्या संभाव्य परिणामांविषयी माहिती मिळवणे. ○ मदतीसाठी तज्ज्ञांचे गट पाठवून त्यांचा विभागीय व राष्ट्रीय पातळीवरील संघटनांशी संपर्क व समन्वय साधणे. नियोजनात व कार्य- ○ सुटका आणि मदत कार्यावर देखरेख करणे. ○ गरीब देशांना अधिक मदत देऊन त्यांच्या परिस्थितीत सुधारणा घडवणे.	○ आपत्तीत झालेल्या हानीचा अंदाज घेऊन त्याबाबतीत पुनर्बांधणी /पुनर्वसन व नुकसान भरपाईसाठी आर्थिक मदत देणे. ○ आपत्तीच्या प्रसंगी आलेल्या अनुभवातून योग्य तो बोध घेऊन, चुका टाळून क्रमात योग्य ते बदल घडवून नियोजन अधिक कार्यक्षम व प्रभावी बनवणे.
विभागीय आपत्ती निवारण प्राधिकरण	○ स्वतंत्र संघटनेची निर्मिती. ○ निधी उभारणी. ○ साधनसामग्री	○ सदस्य देशांना आप-त्तीची पूर्वसूचना देणे. ○ आपत्तीच्या संभाव्य परिणामांविषयी माहिती	○ आपत्तीचा अंदाज घेऊन एकूण हानी निश्चित करणे. ○ आपद्ग्रस्त

	उभारणी. ○ विभागाच्या पातळीवर आपत्तीचे सर्वांगीण विश्लेषण करणे. ○ साधनसामग्री व मदतीसाठी बनवलेला गट सदस्य देशात पाठवणे. ○ पूर्वसूचनेच्या यंत्रणा निश्चित करणे. ○ राष्ट्रीय संघटनेशी संपर्क प्रस्थापित करणे. ○ संपर्काची साधने कार्यान्वित करणे. ○ सुटका व मदत कार्या-विषयी लोकांना शिक्षण देणे. ○आपत्ती निवारणास उपयुक्त अद्ययावत यंत्रणा व तंत्रज्ञानाबाबत संशोधन व अवलंबास प्रोत्साहन देणे.	मिळवणे. ○ साधनसामग्री स्वयंसेवकांचा गट आपद्‌ग्रस्त देशात राष्ट्रीय यंत्रणेशी संपर्क पाठवणे. ○ गरीब देशांना अधिक मदत देऊन त्यांच्या परिस्थितीत सुधारणा घडवणे. सहकार्य देणे.	देशाला आर्थिक साहाय्य देणे. ○ पूर्वीच्या अनुभवातून बोध घेऊन आपत्ती निवारणाचे साधून नियोजन व कार्यक्रम अधिक कार्यक्षम बनवणे. ○ पुनर्बांधणी व पुनर्वसन यासाठी आर्थिक व तांत्रिक ○ अधिक जबाबदारीने व विश्वसनीय रीतीने आपले संपूर्ण कार्य करणे.
राष्ट्रीय आपत्ती निवारण संघटना	○ स्वतंत्र आपत्ती निवारण संघटना उभारणे. ○ पैसा उपलब्ध करून देणे. ○ कायदेशीर अडचणी सोडवून निवारणातील अडथळे दूर करणे. ○ साधनसामग्री उभारून वाटप करणे.	○ पूर्वसूचना मिळाल्या-नंतर त्या संभाव्यआपद्‌ग्रस्त भागांना देणे. ○ निरीक्षक नियुक्त करून त्यांच्यावर आपत्तीचा आढावा घेण्याची जबाबदारी सोपवणे. ○ आपद्‌ग्रस्त भागात पैसा व साधनसामग्री	○ भविष्यातील आपत्तीसाठी पुन्हा नव्याने निधी उभारणे. ○ आलेल्या अनुभ-वांनुसार नियोजनात बदल करून चुका टाळणे.

	○ निवारण कार्यात सहभागी होणाऱ्यांना शिक्षण देणे. ○ संपर्क यंत्रणा कार्यान्वित करणे. ○ संबंधित राज्यांना पूर्वसूचना देणे. ○ पूर्वसूचनेच्या यंत्रणा निश्चित करणे. ○ आपत्तीपूर्व तयारी करणे.	पुरेशा प्रमाणात पाठवणे. ○ विभागीय व जागतिक निवारण यंत्रणांशी समन्वय साधणे. ○ जबाबदारीने काम करून आपली विश्वासार्हता वाढवणे.	○ हानीचा अंदाज घेऊन संबंधित राज्याला पुनर्रचना व पुनर्वसनासाठी अर्थसाहाय्य देणे. ○ आपत्ती निवारणाची योजना व कार्यक्रमात सुधारणा करून प्रगती वाढवणे. ○ विकास आराखड्यात आवश्यक ते बदल करणे. त्यातील कायदेशीर अडचणी सोडवणे.
राज्य नियंत्रण प्राधिकरण	○ स्वतंत्र संघटना उभारणे. ○ निधीचे तत्काळ वाटप करणे. ○ आपत्ती निवारणाचे शिक्षण देणे. ○ साधनसामग्री उभारून आपत्तीच्या जागी पाठवणे. हानीचा अंदाज घेणे. ○ राष्ट्रीय कक्षाच्या नियंत्रणाखाली कायदेशीर कार्यपद्धती निर्माण करणे.	○ पूर्वसूचना देणे. ○ आपत्ती निवारण योजना यांमध्ये अंमलबजावणी साधन सामग्री व मनुष्यबळाच्या साहाय्याने करणे. ○ राष्ट्रीय संघटनेशी समन्वय साधणे. ○ आपत्तीमुळे झालेल्या सुरू करणे.	○ धोक्याची तीव्रता व आपत्ती निवारण योजनेची आलेल्या अनुभवानुसार दुरुस्ती करणे. ○ दुरुस्ती, बांधकाम वगैरे गोष्टी तत्काळ ○ आपद्ग्रस्तांसाठी खर्च झालेल्या रकमांचे हिशेब घेणे.

	○ पूर्वसूचनेच्या यंत्रणा निश्चित करणे. ○ आपत्तीचे विश्लेषण करून धोका अजमावणे. ○ निवारणाच्या अनेक पर्यायांतून योग्य पर्याय निवडणे. ○ राष्ट्रीय संघटना व जिल्हा नियंत्रण केंद्रे यांच्याशी समन्वय साधणे. ○ वेळोवेळी पाहणी करून अद्ययावत माहिती व आकडेवारीच्या नोंदी ठेवणे. ○ कारखाने, अन्य संघटना वगैरेंशी समन्वय साधणे.		○ पूर्वसूचना यंत्रणेचे आधुनिकीकरण व पुनर्स्थापन करून ती प्रभावी बनवणे. ○ शिक्षणविषयक धोरणात आवश्यक ते बदल करणे. ○ पुनर्रचना व पुनर्वसनासाठी मिळालेल्या निधीचा विनियोग करणे. ○ विकास आराखड्याचे निकष परिस्थिती- नुसार बदलणे.
जिल्हा नियंत्रण प्राधि- करण	○ जिल्हा व तालुका पातळीवर आपत्ती निवारणाची योजना बनवणे. ○ आपत्ती विश्लेषणा- द्वारे जिल्हा पातळीवर धोक्याची तीव्रता अजमावणे. ○ अन्य संघटनांशी समन्वय साधणे.	○ आपत्तीची पूर्वसूचना देणे. ○ संघटना कार्यान्वित करणे. ○ आपत्ती निवारण गटांकडून कामे करून घेणे. ○ साधनसामग्री उपलब्ध करून देणे. ○ आपद्ग्रस्तांचे तातडीने स्थलांतर करणे. त्यासाठी शून्य क्षेत्रांतून मदत शिबिरापर्यंत वाहतूक व्यवस्था करणे.	○ पूर्वसूचना यंत्रणा व स्थलांतर कार्यक्रम अधिक प्रभावी बनवणे. ○ आपत्ती विश्लेषणा- द्वारे भविष्यातील धोक्याची तीव्रता अजमावणे. ○ विकास आराखड्यात बदल करणे.

	○अशासकीय स्वयंसेवी संस्थांशी संपर्क साधणे. ○साधनसामग्री पाठवणे. ○संपर्क साधने सुसज्ज ठेवणे. ○माहिती व आकडेवारी अद्ययावत करून घेणे. ○स्वयंसेवकांचे गट बनवणे. ○आपत्ती निवारणाचे शिक्षण सर्वांना देणे. ○आपत्तीविषयक पूर्वसूचना शून्य क्षेत्रात देण्यासाठी यंत्रणा ठेवणे. ○आधीच काळजी घेऊन भावी काळात उद्भवू शकणारी संकटे टाळणे.	○नुकसानीच्या पाहणीचा अहवाल तयार करणे. ○स्वयंसेवक व अशासकीय संस्थांवर जबाबदाऱ्या सोपवणे. ○मदत शिबिरे चालवणे, त्यात साधनसामग्रीचे वाटप करणे. ○नुकसानभरपाई व आर्थिक मदत देणे. ○पुनर्रचना व पुनर्वसनाची योजना बनवणे. ○सविस्तर नोंदी, रजिस्टरे व हिशेब व्यवस्थित ठेवून कार्याची विश्वासार्हता वाढवणे.	○मदतकार्य व निवारण योजनेमध्ये सुधारणा करणे. ○लोकांतील जागरूकता वाढवून, स्वयंसेवकांना शिक्षण देऊन भविष्यात आपत्ती आल्यास यंत्रणेची कार्यक्षमता वाढवणे.
स्थानिक प्रशासन सुटका व मदत केंद्र, स्वयं-सेवक व अशासकीय संघटना	○व्यक्तिगत व सामुदायिक पातळीवर आपत्ती निवारणाचे शिक्षण देणे. ○स्वयंसेवी मदत गट बनवणे, त्यांचा तहसील कार्यालयाशी संपर्क ठेवणे.	○पूर्वसूचना व धोक्याच्या इशाऱ्यांना अनुसरून आपद्ग्रस्तांचे स्थलांतर करणे. ○स्थानिक मनुष्यबळ व साधनसामग्रीच्या मदतीने सुटकेचे व मदतकार्य तत्काळ सुरू करणे.	○नुकसान भरपाई वाटताना शासकीय सूचनांचे पालन करणे, गरजूंना व्यवस्थित नुकसान भरपाई देणे. ○विकास आराखड्यातील सुधारणा अमलात आणणे.

↓	○सुटका व मदतीसाठी आवश्यक ती साधनसामग्री जवळ ठेवणे. ○आपत्ती निवारणासाठी वॉर्डनची नियुक्ती करणे.	बाहेरील यंत्रणा येईपर्यंत ही व्यवस्था कायम ठेवणे, त्यानंतर स्थानिक मनुष्यबळ त्या यंत्रणांच्या मदतीसाठी पाठवणे.	○आपत्तीचा प्रतिकार करण्यासाठी व्यक्ती, कुटुंबे व समाज या सर्वांना सुसज्ज बनवणे.
↓	○धोक्याचे इशारे देणाऱ्या यंत्रणांची माहिती घेणे व निवारण कार्यक्रम बनवणे.	○मृतांची योग्य प्रकारे विल्हेवाट लावणे. नोंदी व्यवस्थित ठेवणे. त्यांची तसेच स्थलांतरितांची मालमत्ता सुरक्षित ठेवणे.	○नुकसान भरपाईची आकडेवारी ध्यानात बिनचूक घेऊन त्यांचा भ्रष्टाचार टाळणे. ○अशासकीय संघटनांनी व इतरांनी केलेल्या कार्यांच्या बिनचूक नोंदी ठेवणे.
↓	○सुरक्षितता यंत्रणा प्रभावी बनवणे. ○निवारणाचे कार्यक्रम अद्ययावत बनवून त्यामध्ये विविध संघटना, संस्था, कारखान्यांचा समावेश करून घेणे; व प्रत्यक्ष निवारणातील त्यांचा सहभाग वाढवणे. ○कायदेशीर बाबींचे पालन करून त्यानुसार विकास आराखड्याचे निकष ठरवणे.	○मदतीसाठी उपलब्ध झालेल्या साधनसामग्रीचे वाटप करणे. ○आपद्ग्रस्तांना दिलासा देऊन त्यांचे दु:ख हलके करणे. ○साधनसामग्री व पैशांचा व्यवस्थित हिशेब ठेवणे. ○मदत शिबिरांत सर्व साहाय्य प्राप्त करून देणे.	○आपत्तीच्या संदर्भात जनतेची जागरूकता वाढवणे.

९.५ प्रक्रियांचे एकत्रीकरण

आंतरराष्ट्रीय स्तरापासून ते स्थानिक स्तरापर्यंत आपत्ती निवारणाचे कार्य करणाऱ्या संघटनांचा आपण विचार केला. आपत्तीपूर्व, आपत्तीच्या दरम्यान व आपत्तीपश्चात अशा तिन्ही टप्प्यांतील त्यांची कार्ये आपण विचारात घेतली. या सर्व

संघटना परस्परांशी कशा संलग्न असतात हेही आपण पाहिले. खालील आकृतीत त्यांच्या कार्यांचे एकत्रिकरण दर्शवलेले आहे.

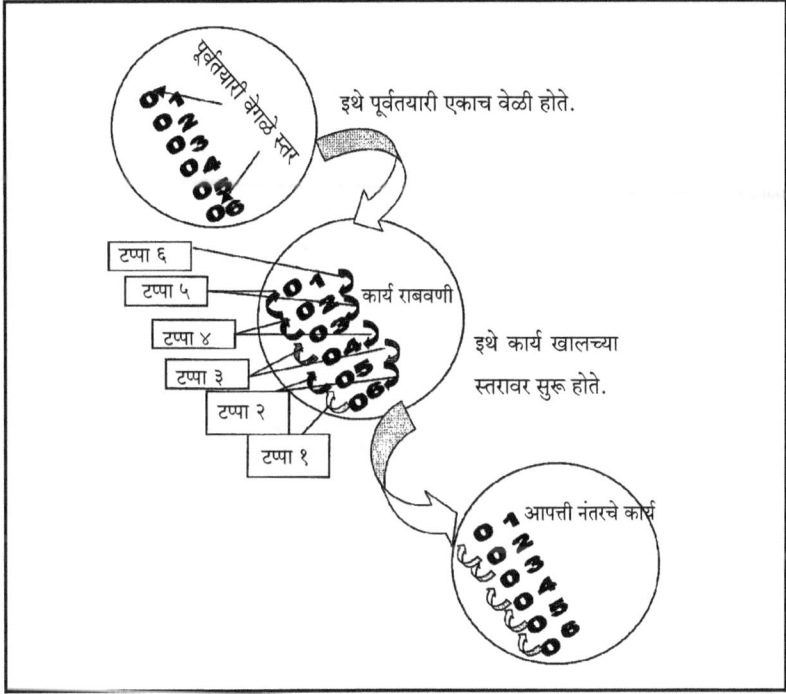

या प्रत्येक स्तरावरील कार्यासाठी नेमका लागणारा कालावधी ठरवणे कठीण आहे. तसेच परिस्थितीनुसार कामांचे टप्पे पुढे–मागे होऊ शकतात किंवा विविध स्तरांवरील संघटनांचे परपस्परांच्या क्षेत्रांत कार्य होऊ शकते. आपत्तीची तीव्रता ध्यानात घेऊन सर्व यंत्रणा गतिमान करून मिळालेल्या माहितीनुसार निर्णय प्रक्रिया लवचिक ठेवून प्रत्येक स्तरावरील संघटना हे कमीत कमी वेळात आपत्तीचे निवारण करू शकली तर त्यानुसारच या एकात्मिक प्रक्रियेचे यश अवलंबून असेल.

९.६ आपत्ती निवारण प्रक्रियेचे स्वरूप

आपत्ती निवारणाची ही संपूर्ण यंत्रणा एकसंधपणाने समान आणि ऊर्ध्व–पातळ्यावंर आपली कार्ये करते. आपत्तीचा आरंभ हा स्थानिक स्तरावर होतो व त्याची प्रतिक्रिया प्रत्येक वरच्या स्तरावर होत जाते. उपलब्ध झालेल्या माहितीनुसार प्रत्येक

पातळीवर निर्णय घेतले जातात. तथापि, आपत्ती निवारण योजनेची / कार्यक्रमांची, आखणी मात्र प्रथम सर्वांत वरच्या स्तरावर होते. त्यानुसार जसजशी साधनसामग्री प्राप्त होईल तसतशी खालच्या प्रत्येक स्तरावर ती योजना कार्यान्वित होते. अर्थात, कार्यक्रमांची तातडीने होणारी अंमलबजावणी आणि विविध स्तरांवरील संघटनांचा एकमेकांशी असणारा संपर्क व समन्वय तसेच एकाच पातळीवर असणाऱ्या विविध संस्था व संघटनांच्या कार्यामधील समन्वयावरच योजनेचे यश अवलंबून असते. आपत्तीनंतर सुटका व मदतकार्य पूर्ण झाले व आपद्ग्रस्तांचे पुनर्वसन व्यवस्थित झाले की, त्यानंतर प्रथम स्थानिक पातळीवर कार्याबाबतची त्यात उद्भवलेल्या विषयीची निरीक्षणे नोंदवली जातात. त्या विषयीचा सविस्तर अहवाल वरच्या स्तरावर पाठवला जातो; अशा तऱ्हेने खालच्या स्तरापासून वरच्या स्तरावरील प्रत्येक संघटन आलेल्या अहवालानुसार आपत्ती निवारणाची नवी योजना तयार करते; त्यानुसार विकासाच्या आराखड्यात बदल केले जातात; असे म्हणतात की, आधी झालेले युद्ध हे जितांसाठी तसेच जेत्यांसाठी मार्गदर्शक असते. त्यायोगे पुढील युद्धप्रसंगी डावपेच आखताना, व्यूहरचना ठरवताना योग्य ते बदल केले जातात. मात्र, प्रत्येक आपत्तीबाबत हे खरे असेलच असे नाही; कारण प्रत्येक आपत्तीचे स्वरूप वेगळे असते. त्यामुळे सर्वांसाठी समान योजना ठरवता येत नाही; असे असले तरी आधीच्या आपत्तीपासून काही धडे निश्चित घेता येतात. एक म्हणजे आधी झालेल्या चुका यानंतर टाळता येतात; दुसरे असे की, त्या देशात ती आपत्ती जरी प्रथमच आलेली असली तरी पूर्वी ती अन्य कोणत्यातरी देशात येऊन गेलेली असते. देशादेशांतील सहकार्य वाढल्यामुळे आपद्ग्रस्त देशाला दुसऱ्या देशाकडून ही माहिती तत्काळ मिळते व त्याच्या आधाराने निवारण व पुनर्वसनाची योजना बनवता येते. तसेच आजच्या प्रगत माहिती व तंत्रज्ञानाच्या युगात इंटरनेटवरून माहिती घेऊन प्रत्येक आपत्तीसाठी स्वतंत्र योजना बनवता येते. तसेच या संदर्भात एकाच संगणक प्रणालीचा अवलंब झाला की, कार्यपद्धती व भाषाही समान होते. तसेच परिस्थितीनुसार त्यात बदल करण्यासाठी, नियोजनात लवचिकता आणण्यासाठी संगणकीय कौशल्याचीच मदत होते; अशा तऱ्हेने आपत्ती निवारणाची संपूर्ण कार्यपद्धती ही एकात्मिक स्वरूपाची, एकाच प्रकारच्या संगणकीय भाषेत बसवणे शक्य झालेले आहे. त्यामुळेच आता संपूर्ण जग हे एक झालेले आहे असे आपल्याला म्हणता येते.

□

www.ingramcontent.com/pod-product-compliance
Lightning Source LLC
Chambersburg PA
CBHW071653200326
41519CB00012BA/2505
9788189724139